増強改訂版

［著］ユースフル
（長内孝平）

インプレス

はじめに

アフターコロナにおける Excel実務の最適解を改めてお届けしたい

本書を手に取っていただき、ありがとうございます。ユースフル株式会社の長内孝平です。本書は2019年2月に発刊したExcel現場の教科書の増強改訂版となります。なぜ増強改訂版を出すのか、その理由は、働き方の大幅な変化に伴うExcel実務のアップデートが走ったからです。ビフォーコロナとアフターコロナで私たちの働き方は変わり、Microsoft Excelの機能も大きく進化しました。本書では、次のような観点で新たなレッスンを追加、本文をリライトしています。

・オフィス出社型、リモート在宅型のハイブリッドな働き方にも通じるExcel活用法であること
・前著では誌面の関係上伝えきれなかったモダンExcelやAI技術に関する導入知識を補強すること
・そもそもExcelの全体像を把握して学習を進めたい方に対しExcel学習のロードマップを示すこと

今の時代に求められる知識を、わかりやすく、体系的に。

この思想は前著と変わりません。もともと私は、総合商社で働きながら、Excelを教えるYouTuberとして2014年から活動していました。Excelの使い方1つで、個人や組織の生産性が大きく変わることを身をもって体験したからこそ、その最適解をストレートにお届けしたい。前著では「動画×本」の新しい学びのフォーマットに大変好評をいただき、1,000件を超えるAmazonレビューにはすべて目を通しました。「あのとき、会社を辞めて挑戦して本当によかった……」と実感させてくださる読者の皆様のおかげで、このたび増強改訂版の機会をいただくことができました。お忙しい皆様にとって、本当に役に立つ知識を凝縮してお届けしようというコンセプトで、現場の教科書シリーズを執筆しています。

新たに11レッスンを追加。動画×本の上質な学習体験をどうぞ。

2018年にユースフルという人材教育・研修会社を創業して以来、明日の働き方が変わる感動体験をお届けする、をミッションに優秀な仲間たちが集まり、大きな組織に生まれ変わりました。1人で執筆・撮影した前著とは異なり、今の私には信頼できる大好きな仲間たちがいます。本作は彼らの力を借りながら、新たに11テーマの新動画を撮り下ろしました。それぞれの専門領域で集合知を持ち寄り、1レッスンごとにわかりやすいテキスト解説も施しました。チームで作った初めての書籍であり、チームだからこそ生まれた学習体験をどうぞお楽しみください。

Microsoft MVPとして日本中にテクノロジーの実務活用術を広めたい。

2021年、2022年、2023年と「Microsoft MVP for Microsoft 365」を受賞させていただきました。マイクロソフト本社が認めるテクノロジーの専門家として、私には身に余るありがたい称号です。年に一度グローバルサミットにお呼びいただいたり、Excel開発現場にフィードバックをさせていただく立場としても活動をしております。昨今の新しい技術の登場には目を見張るものがあり、私たちユースフルとしても、このワクワクをより加速度的に日本中の皆様に広めていきたいと考えています。本書でもExcel×AIというテーマで、第6章に新規レッスンを追加しています。現時点で誰もがアクセスできるAI技術、ChatGPTをどうExcel実務に利用できるかという視点で解説しました。仕事でExcelを使うすべての人にご満足いただける最頻出テーマに加え、新技術の使いこなしについても学びをお届けします。

最後に。

本書は、Excelを触る人であれば、どのレベル感にいる方でも、新しい発見が得られるよう情報を取捨選択しています。この本はビジネスの現場でサッと情報にアクセスしたいときに手に取れる教科書であり、同時に家でじっくりYouTubeを見ながらExcelを学びたいときに使える参考書でもあります。この本を通じて皆様の業務時間が少しでも短縮され、新しいチャレンジを後押しできるきっかけになれれば本望です。それでは一緒にExcelを学んでいきましょう！

2024年2月　ユースフル（長内孝平）

神戸大学時代にルームシェアの自室で撮った最初の動画（2014年12月）

ユースフルの仲間と一緒に撮影する最近の動画（2024年2月）

「ユースフル/スキルの図書館」チャンネル：https://www.youtube.com/@youseful_skill

本書で紹介する操作はすべて2024年2月現在の情報です。

- 本書では「Windows10」または「Windows 11」と「Microsoft 365」がインストールされているパソコンで、インターネットが常時接続されている環境を前提に画面を再現しています。なお、Macの場合、操作が異なりますのでご注意ください。
- 本文中では、「Microsoft 365のExcel」のことを「Excel」と記述しています。
- 本文中で使用している用語は、基本的に実際の画面に表示される名称に則っています。

CONTENTS

CHAPTER 1
「インプット」の速度を上げる習慣を身につける

CHAPTER 2

「アウトプット」は手作業せずに関数とグラフを使う

CHAPTER 3

現場で「VLOOKUP関数」をとことん使い倒す

CHAPTER 4

データを最適な「アウトプット」に落とし込む

CHAPTER 5

「シェア」の仕組み化でチームの生産性を上げる

CHAPTER 6

ChatGPTでExcel仕事をさらに効率化する

練習用ファイルについて

本書で紹介している練習用ファイルは、弊社Webサイトからダウンロードできます。
練習用ファイルと書籍・動画を併用することで、より理解が深まります。

練習用ファイルのダウンロードページ

https://book.impress.co.jp/books/1123101093

本書の読み方

各レッスンには、操作の目的や効果を示すレッスンタイトルと機能名で引けるサブタイトルを付けています。2～4ページを基本に、テキストと図解で現場で使えるスキルを簡潔に解説しています。

練習用ファイル

解説している機能をすぐに試せるように、練習用ファイルを用意しています（詳しくは13ページを参照）。

動画解説

動画が付いたレッスンは、ページの右上に表示された二次元コードまたはURLから動画にアクセスできます。

YouTuberによる動画講義

レッスンで解説している操作を動画で確認できます。著者の解説とともに、操作の動きがそのまま見られるので、より理解が深まります。すべてのレッスンの動画をまとめたページも用意しました。

インターネットに接続している環境であれば、パソコンやスマートフォンのウェブブラウザから簡単に閲覧できます。アプリのインストールや登録の手続きなどは不要です。

本書籍の動画まとめページ

http://dekiru.net/ytex

PROLOGUE

仕事ができる人は Excelを どう学んでいるのか

01

本書の特徴

Excelをマスターできない、たった1つの理由

本×動画の新しい学び方

「Excelって、学んでもいまいち頭に入ってこない……」このような悩みを抱えていませんか。私もかつては同じでした。解説書を手に取るものの、まったく理解が進まず、そのまま読むのをやめた本がたくさん眠っています。

頭にスッと入るExcelの学習法とは何か。そんなことを数年にわたって考え続けた結果、ある1つの答えにたどり着きました。それが「コンテンツミックス」という学習法です。端的にいえば、文章・画像・音声・動画という4種類のコンテンツ形式をすべてミックスした学びの体験を指します。それぞれの形式のメリットを生かすのが特徴であり、とくにExcel学習においてはこの学び方が極めて効果的です。それはExcelの学習が、断片的な知識ではなく、連続的な操作を学ぶものだからです。連続的な操作は動画での学習が最適ですが、忙しい人は動画で学ぶ余裕がありません。だからこそ、情報の要点をつかみやすい本と、わからない個所を深掘りできる動画の組み合わせが、Excel学習の最適解なのです。

[コンテンツの形式の違いによる特徴（図表0-01）]

コンテンツの形式	断片的な情報へのアクセスのしやすさ	連続的な情報へのアクセスのしやすさ	配信形式ごとのメリット
文章	○	×	情報の要点をつかむのに向いている（本）
画像	○	×	
音声	×	○	情報の流れをつかむのに向いている（動画）
映像	×	○	

POINT：

1 本は情報の要点をつかみやすい

2 動画は情報の流れをつかみやすい

3 本書は両者のメリットを生かせる

これまでExcelがマスターできなかったのは、けっして皆さんのせいではありません。動画コンテンツが流通しづらい時代のせいだったのです。今はもうYouTubeがありますね！

YouTuberが行うコンテンツミックスの価値は、次の3つが挙げられます。

・本を読んでわからなくても、動画を見れば直感的にわかる
・動画を見る時間がなければ、本を読んで要点をつかめる
・それでもわからないことがあれば、YouTubeで質問ができる

『できるYouTuber式』シリーズは、YouTubeを使ったコンテンツミックス学習の先駆けとして、多くの読者に新たな価値を提供してきました。

［ コンテンツミックス学習ができる本書の価値（図表0-02） ］

02

学習

読む前に知っておきたいExcel学習の3要素

Excelを使う理由と学びの3要素

私たちは、なぜExcelを使うのでしょうか。それは、データを情報として「見える化」するためです。Excelは、膨大なデータを価値のある情報に変え、それを視覚に訴える形でアウトプットできる優れたソフトウェアです。だからこそ、データ量が膨れあがるビッグデータ時代のビジネスにおいて、その使いこなし術がよりいっそう求められるのです。

では、そもそもExcelでは何を学ぶのでしょうか。その答えは、「機能」、「関数」、「VBA」という3つの要素です。

1. **機能　コピーや印刷のように、特定の機能の実行を指示する命令**
2. **関数　複雑な計算を1つの数式で簡潔に記述できる計算の仕組み**
3. **VBA　処理を自動化するときに用いるExcelのプログラミング言語**

これら3つの要素を場面ごとに使い分けられる能力が、実務で求められるExcelスキルです。ただし、頻繁に使うものは暗記をすべきですが、あまり使わないものは「こういうのがあったな」と覚えておくだけで十分でしょう。なお、本書ではExcelのプログラミング言語であるVBAについては解説しません。本書で機能や関数を学んだ後に、ぜひチャレンジしてみてください。

Excelの全体像をつかんでから実践に入ると、自分が何をしているか安心して学べるため、効率よくスキルアップできます。

POINT：

1 Excelは、データを意味のある情報に変えるアプリケーション

2 Excelの学習は、機能、関数、VBAの3要素を学ぶ

3 機能は暗記。関数は暗記して組み合わせ

関数は暗記するだけでは使えない

さて、これからExcelを学習し、現場の実務で使おうとすると「あれ、学んだはずなのにできない……」とつまずくタイミングがやってきます。数学のテストと一緒です。公式を丸暗記して解けるのは問1だけ。問2以降は、公式を組み合わせるなど、発想の転換が必要です。Excelの学習においては、機能は丸暗記すればいいのですが、関数は組み合わせる発想力が必要なのです。

でもご安心ください。本書では、個々の関数を学んだ後に、実務で頻繁に用いる組み合わせパターンについても学習していきます。

理解を深めるHINT

現場では関数を組み合わせて使うことが多い

詳しくは後述しますが、関数の組み合わせとは、関数の式の中に別の関数を入れ子することです。これを関数のネストといいます。数式だけ見ると難しく感じるかもしれませんが、本書を読み進めていくと実務でも自分で関数の組み合わせができるようになります。

関数のネストの例

=IFERROR(VLOOKUP(H3,A1:D10,2,0),"")

IFERROR関数の中にVLOOKUP関数を指定して計算することもできる。

03

実務フロー

現場のExcel実務は3つのフローから成り立つ

仕事の流れを分解してみよう

「Excel 現場の教科書」と題された本書では、現場のExcel業務を3つのフローに分けて、機能や関数を紹介していきます。その3つのフローとは、インプットとアウトプット、そしてシェアです。

Excelに何かしらのデータを入力し（インプット）、それを意味のある情報に集計・加工し（アウトプット）、最終的にチームやクライアントに共有する（シェア）。これがどの会社で働く方にも共通する、Excel実務の業務フローになります。この流れの中で、どのような機能や関数の使い方ができるかを体系的にまとめたのが本書です。そのため、日々の仕事で立ち止まることがあれば、自分が今どのフローの作業をしているかを考え、フロー別のページを改めて読み返してみてください。きっと役に立つヒントが見つかるはずです。

さらに実務では、同じExcelファイルを四半期ごとに使い回すという運用が多いため、ある一定期間で業務を俯瞰（ふかん）すると、この業務フローはループを描きます。このループがきれいに回る仕組みを作ることで、効率的なExcelの運用を実現できます。

[**Excel実務の3つのフロー**（図表0-03）]

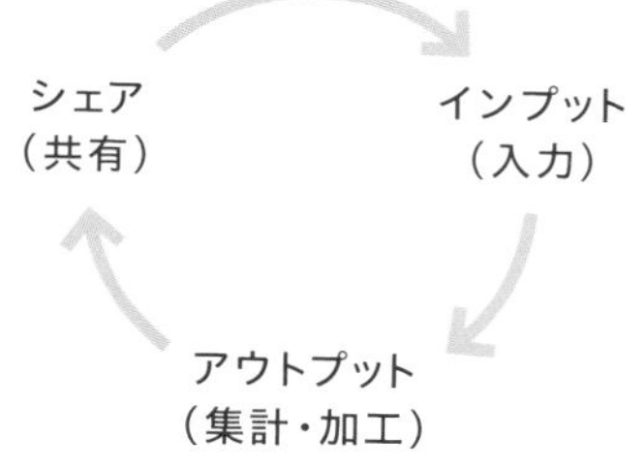

シェア（共有）

インプット（入力）

アウトプット（集計・加工）

POINT：

1 Excelの実務は、インプット→アウトプット→シェア

2 自分が今どのフローか確認しよう

3 効率的な運用の鍵はループが回る仕組み作り

Excel実務の3つのフロー

インプット＝入力

第1章でデータの取り込み、表記の統一などの入力ワザを紹介。それに合わせてExcelデータの基礎知識も解説します。

	A	B	C	D	E
1					
2		従業員ID	氏名	日付	売上
3		EMP-1003	伊藤 修平	2020/5/6	999,995
4		EMP-1003	伊藤 修平	2020/3/26	999,964
5		EMP-1003	伊藤 修平	2019/6/27	995,053
6		EMP-1003	伊藤 修平	2020/1/20	969,782
7		EMP-1003	伊藤 修平	2019/2/23	968,789
8		EMP-1003	伊藤 修平	2019/10/4	955,605
9		EMP-1003	伊藤 修平	2018/12/20	951,792

アウトプット＝集計・加工

第2章～第4章では、関数を使ったデータの集計から、データの抽出、ピボットテーブルの作成方法を解説します。

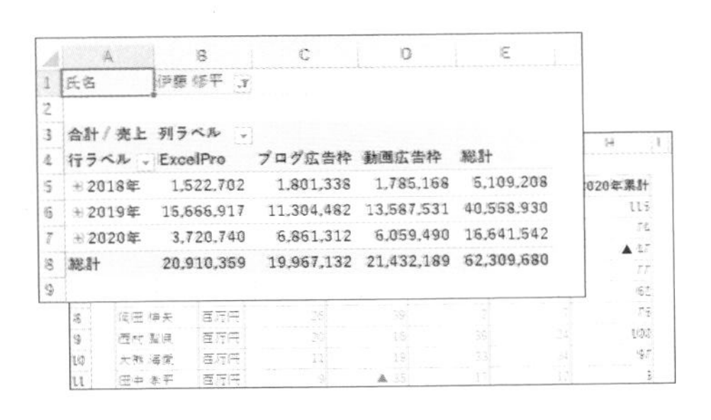

	A	B	C	D	E
1	氏名	伊藤 修平			
2					
3	合計 / 売上	列ラベル			
4	行ラベル	ExcelPro	ブログ広告枠	動画広告枠	総計
5	⊞2018年	1,522,702	1,801,338	1,785,168	5,109,208
6	⊞2019年	15,666,917	11,304,482	13,587,531	40,558,930
7	⊞2020年	3,720,740	6,861,312	6,059,490	16,641,542
8	総計	20,910,359	19,967,132	21,432,189	62,309,680
9					

シェア＝共有

第5章では、Excelのブックを共同で編集することを想定し、第三者による誤操作を発生させない仕組みの作り方や、印刷の便利技を紹介します。

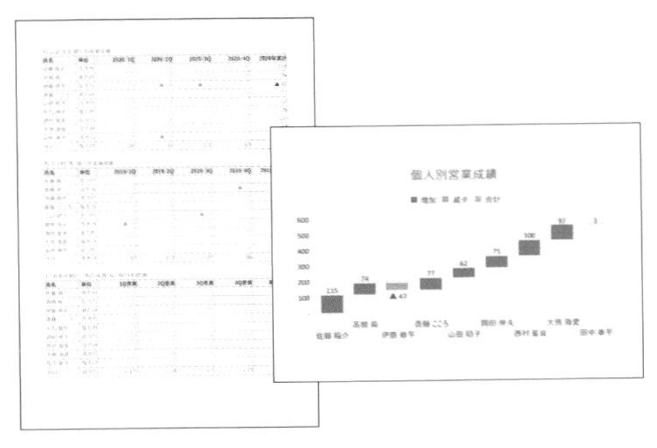

また、第6章にて生成AIと組み合わせた、3つのフロー全体の加速に繋がる技を紹介します。

04

学びのロードマップ

Excel学習の完全ロードマップ

Excel学習の3ステージを知ろう

Excel学習の世界はまるで未知の冒険。キャリアアップ・スキルアップに繋がるこの冒険には攻略本があり、まさにこのExcel現場の教科書が、最初に手に取るべき1冊。この世界では、数式や関数が魔法の杖のように働き、データは宝物の山となります。さて、Excelの奥深さを楽しむために、まずはこの冒険の地図「Excel学習の完全ロードマップ」をプレゼントしましょう。この地図の通りに歩んでいけば、皆様は明日の働き方が変わる強力な武器を手に入れられます。それでは一緒にその地図の全体像を確認しましょう！

ステージ1: 教養としてのExcel仕事術(本書での学び・AI仕事術の基本)

最初の村は「基本の村」。ここではExcelの基本操作を学び、実務最頻出のパターンを学びます。まずはセルや数式と友達になり、グラフや関数といった冒険のツールを手に入れましょう。強力なお助けキャラとして、ピボットテーブルやChatGPT利活用といったテーマにも触れていきます。体系的に全体のレベルを上げていくことで、仕事を効果的にこなすために必要な基礎力が身につき、応用的な考え方ができるようになります。

ステージ2: 簡易な業務自動化(パワークエリ・VBA/マクロの基本)

次なる冒険は「自動化の森」。ここでは手動の繰り返し作業にサヨナラする方法を学びます。プログラミングが一切不要でデータ整形・集計作業を自動化できるパワークエリはまさにチートアイテム(詳細は『できるYouTuber式Excelパワークエリ現場の教科書』を検索)。またVBAは、Excelを動かすプログラミング言語のこと。

POINT：

1 Excelを身につけるには「攻略法」を知るのが近道

2 実務を不自由なくこなすにはステージ1が大切

3 攻略法を知れば、楽しみながらステップアップできる

まずはVBAで書かれた小説（マクロ）を読めるようになり、職場で代々受け継がれているマクロを解読可能な状態になることがポイント（詳細は「ExcelPro（エクセルプロ）」を検索）。業務自動化・データ分析の冒険も始まり、あなたの冒険心をくすぐります。

ステージ3: 高度な業務自動化（パワーピボット・VBA/マクロの応用・AI仕事術の応用）

そして最終章は「マスターの塔」。ここではExcelの世界で使える最上位の技を身につけます。手動で行っていた仕事を一気に自動化する力は、自分のみならずチームの生産性を劇的に変える魔法のようなツールです。作業の精度向上や時間の大幅な節約が期待できます。パワーピボットは、大量データの分析が得意なピボットテーブルの進化系です（詳細は『できるYouTuber式Excelパワーピボット現場の教科書』を参照）。またマクロを読むだけでなく書けるようになることで、Excel自動化の幅が広がるのはもちろん、他の新しいテクノロジー世界の冒険へと繰り出す準備が整います。実務を極めると、Excelだけでなく他のツールをも巻き込んで自動化したいニーズが生まれ、そのときにこれらの知識が役に立ち、新しい敵を倒しやすくなります。この段階までくると、Copilotを含むAI仕事術の威力を肌で感じることができ、最高のパートナーとして冒険の旅をサポートしてくれます。

正直にいうと、実務で不自由なく働くためにはステージ1「基本の村」の学びがすべてでです。それだけ本書の学びは重要です。それではあなたのキャリアの大冒険に、驚きと感動を与えるExcel学習のはじめの一歩を一緒に歩んでいきましょう！

COLUMN

私も、YouTubeでExcelを学びました。

Excel を本気で極めよう、そう思ったのは米ワシントン大学に留学した際のインターンシップがきっかけでした。異国でのインターン初日、ドキドキしていた私をよそに、休憩室の向こうから聞こえてきたあの言葉が今でも忘れられません。「Oh…another intern.（またインターンがきたよ）」。この一言で一気に目が覚めました。彼らにとって、私はただのやっかいものだったのです。

なにくそ！と思い、仕事に取り組むものの、確かに当時の私は使い物になりませんでした。初日は、Excelでデータ分析を行って上司に報告するというシンプルな業務でしたが、あっという間に時間だけが過ぎ、思うように英語も出てこず撃沈……。たった3カ月で日本に帰るインターン生を相手にするほど、ビジネスの現場は甘くありません。その日の帰り道、バスで顔を真っ赤にしながら涙を流したものの、部屋に戻るや私は机に向かっていました。「やってやろうじゃないか。英語で太刀打ちできないのなら、Excelをとことん極めてやる」

その日から、世界中のExcel関連サイトを漁りコンテンツを夜通し探し求めました。このとき、英語のリスニングも兼ねて、動画で学ぼうと決めたことが「ExcelのYouTube学習」との出会いです。3カ月のインターンが終わる頃、私への周りの評価は劇的に変わりました。チームメンバーからのサンキューレターはもちろん、最後にいただいた上司の言葉を思い出します。「You were a big asset to the company.（君は会社にとって大きな財産だった）」

さて、日本に帰ってきた私がやったこと。もうお気づきですね。YouTubeでExcelを教え始めたのです。私は視聴者の悩みを解決する相談相手として「画面の向こうにいる昨日の自分」に語るようにコンテンツを作り始めました。こうして生まれた「ユースフル/スキルの図書館」というチャンネルは、今や410,000人以上が登録する日本最大級のExcelチャンネルにまで成長しました。視聴者の方が口コミで広げてくださったことが一番の理由です。動画に対する視聴者の方のコメントを見るのが、今では毎日の楽しみになっています。

CHAPTER 1

「インプット」の速度を上げる習慣を身につける

01

数値／文字列／数式

FILE：Chap1-01.xlsx

職場では教えてくれない入力データの「種類」とは？

Excelで扱えるデータを知ろう

Excel業務で欠かせない作業の１つにデータを入力するインプット作業があります。この章では、インプット作業が速くなる便利な機能やコツを紹介します。まずは「セルの中にはどんなデータを入力できるか」を覚えておきましょう。データの種類は大きく分けて3つあります。

- 数値　計算に使える数字データ（ex「100」「0.5」）
- 文字列 計算には使えない文字データ（ex.「Excel」「エクセル」）
- 数式　セルの先頭に「=」を入力した計算式や関数の数式（ex.「= 1 + 1」「=SUM(E3:E5)」）

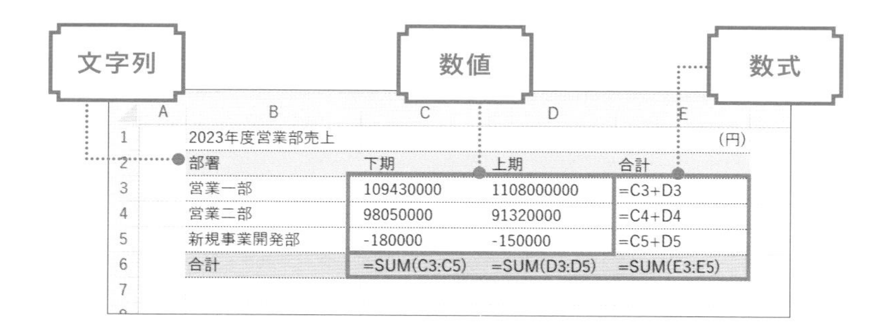

通常、Excelに入力したデータは、Excelが自動的に数値や文字列といったデータの種類を区別します。そのためデータの種類を意識せずにExcelを使っている人も多いと思いますが、関数や数式を作る際は数値と文字列では扱い方が変わるので、データの種類を知っておくことが重要です。

POINT：

1 「数値」と「文字列」の違いを知る

2 「＝」から入力すると数式になる

3 数式に文字列を入力するときは「"」で囲む

MOVIE：

https://dekiru.net/ytex101

数式は記号を使って計算しよう

ここでは数式について一歩踏み込んでいきます。Excelは「＝」から始まるデータを数式と判断します。シート上で計算を行うときは、記号を使って計算の種類を指定しましょう。足し算・引き算・かけ算・割り算（四則演算）やべき乗を計算したいときは、算術演算子（さんじゅつえんざんし）を使います。

［算術演算子の記号（図表1-01）］

意味	記号	入力例
加算	+（プラス）	=A1+A2（A1の値にA2を足す）
減算	-（マイナス）	=A1-A2（A1の値からA2を引く）
乗算	*（アスタリスク）	=A1*A2（A1の値にA2をかける）
除算	/（スラッシュ）	=A1/A2（A1の値をA2で割る）
べき乗	^（キャレット）	=A1^A2（A1をA2乗する）

数式に使える記号には、算術演算子だけでなく、文字列を連結できる文字列演算子や値を比較できる比較演算子もありますよ。

・文字列演算子 …………………………… P.028
・比較演算子 …………………………… P.091

▶ 数式で文字列を扱うときの注意点

「＝１＋２」や「＝Ａ1＋Ａ2」のように、数式には数値やセル番号が扱えます。数値だけではなく文字列も扱えますが、数式内に文字列を入れるときは必ずダブルクォーテーション「"」で囲むのがルール。数式内に「様」を入力したいときは「"様"」、全角の空白スペースを入力したいときは「"　"」として文字列として扱います。

またセルを連結したいときは文字列演算子である「&」を使って、下の図のように文字列を繋げてみましょう。

氏名に「様」を付けたい

= B3&C3&"様"

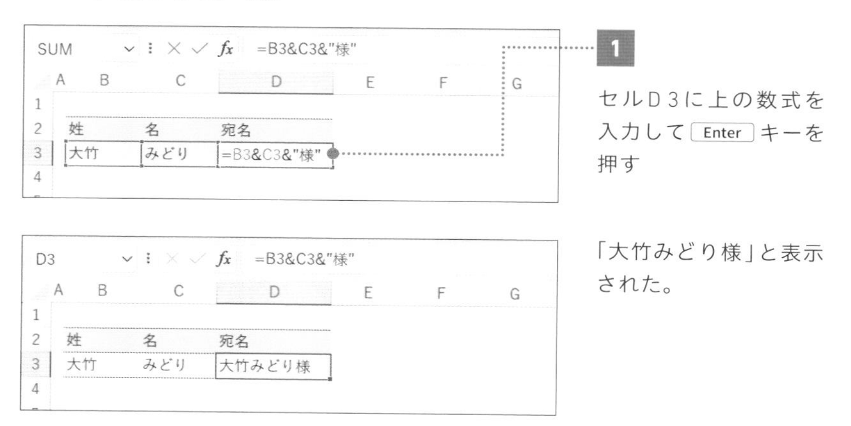

1 セルD3に上の数式を入力して Enter キーを押す

「大竹みどり様」と表示された。

実務上は、文字列の後ろに"様"などの単位を付けるときは、次のレッスンで紹介する「表示形式」を利用します。

・表示形式で、氏名に「様」を付ける … P.033

姓と名の間に空白スペースを入れる

=B3&"　"&C3

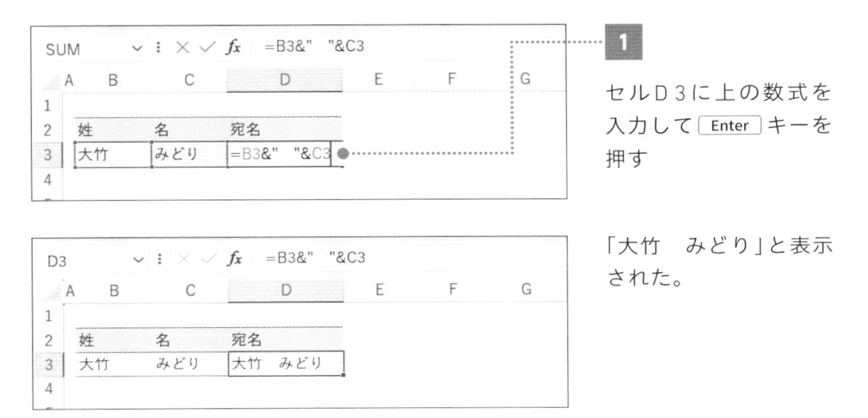

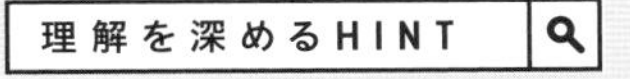

「0123」と入力すると「123」と表示されてしまう

「0123」と入力しても、Excelは数値データと解釈するため「123」と表示されてしまいます。先頭の「0」を表示したいときはシングルクォーテーション「'」を付けて「'0123」と入力しましょう。こうすることで、数値ではなく文字列と認識され、「0123」とそのまま表示できます。

数字を文字列として入力する

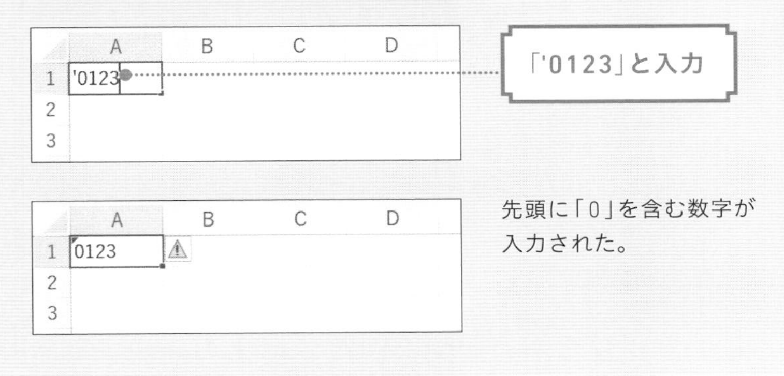

CHAPTER 1

入力のスピードを高速化

02

FILE：Chap1-02.xlsx

数値には表と裏の顔がある

表示形式

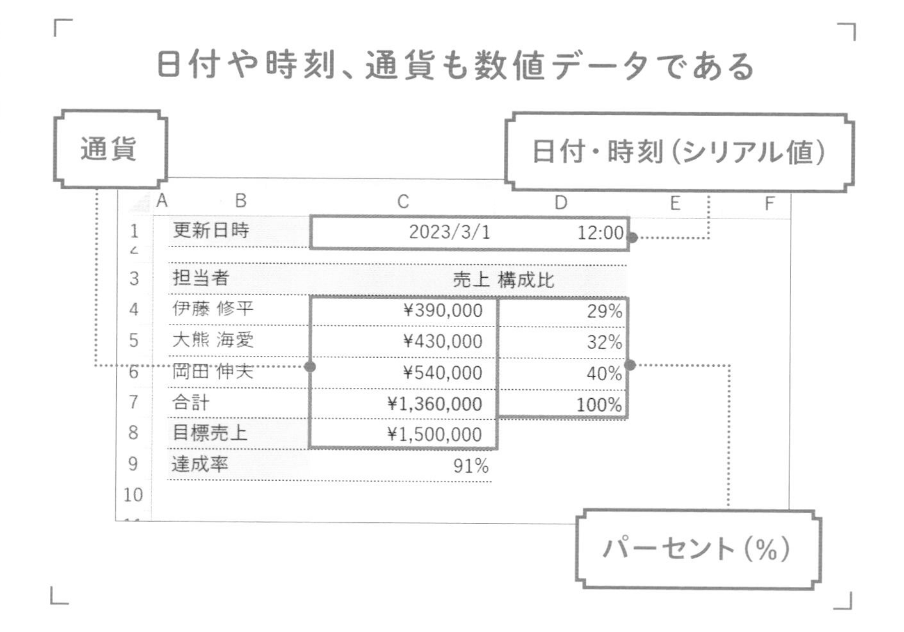

▶ 値を変えずに見た目のみを変える「表示形式」

数値とは、足し算・引き算・かけ算・割り算ができる値です。だからといって「100」「0.1」「99,999」だけが数値ではありません。上の画面のように、日付や時刻などの見た目は数値とは思えないものも、Excel内部では数値として処理されています。これは、値を変えずに見た目のみを変える表示形式が設定されているからです。セルD4は「29%」と表示されていますが、セルの値を百分率にし「%」を付ける表示形式が設定されているだけで、本来の値は「0.287」なのです。

POINT：

1 見た目とExcel内部の値が違うこともある

2 数値の見た目は、ユーザー定義でカスタマイズできる

3 パーセントは Ctrl + Shift + 5 キーを押して付ける

MOVIE：

https://dekiru.net/ytex102

実際に表示形式を設定してみよう

表示形式はパーセントや通貨だけではなく、さまざまなスタイルを設定できます。たとえばビジネスシーンでは、円単位の数値を「千単位」や「百万単位」に変えて表示しているケースをよく見かけます。次のレッスンでも詳しく紹介しますが、見た目と実際の値が異なることもあることを知っておきましょう。

表示形式をパーセントにする

	A	B	C	D	E	F
1		更新日時	2023/3/1	12:00		
2						
3		担当者	売上	構成比		
4		伊藤 修平	390000	0.287		
5		大熊 海愛	430000	0.3162		
6		岡田 伸夫	540000	0.397		
7		合計	1360000	1		
8		目標売上	1500000			
9		達成率	91%			

1

セルを選択して Ctrl + Shift + 5 キーを押す

CHECK!

［ホーム］タブの［数値グループ］にある［パーセントスタイル］ボタンでも設定できます。ショートカットキーのほうが速いですが、忘れた場合はここから設定しましょう。

	A	B	C	D	E	F
1		更新日時	2023/3/1	12:00		
2						
3		担当者	売上	構成比		
4		伊藤 修平	390000	29%		
5		大熊 海愛	430000	32%		
6		岡田 伸夫	540000	40%		
7		合計	1360000	100%		
8		目標売上	1500000			
9		達成率	91%			

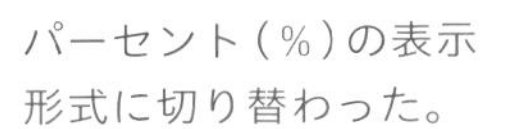

パーセント（%）の表示形式に切り替わった。

▶ 数値を千単位で表示させる

「390,000」を「390」と千単位で表示するときは、以下の手順で表示形式を設定しましょう。数値の見た目は変わっても、実際の値は「390000」のままです。

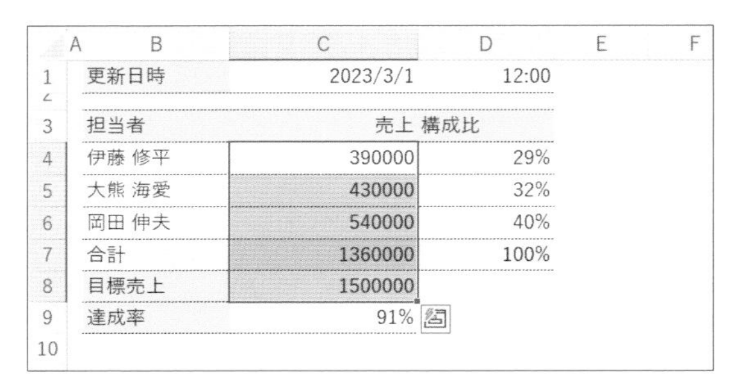

	A	B	C	D	E	F
1		更新日時	2023/3/1	12:00		
2						
3		担当者	売上	構成比		
4		伊藤 修平	390000	29%		
5		大熊 海愛	430000	32%		
6		岡田 伸夫	540000	40%		
7		合計	1360000	100%		
8		目標売上	1500000			
9		達成率	91%			
10						

1

セルを選択して Ctrl + 1 キーを押す

CHECK!

Ctrl + 1 キーを押して［セルの書式設定］ダイアログボックスを表示します。よく使うので覚えておきましょう。

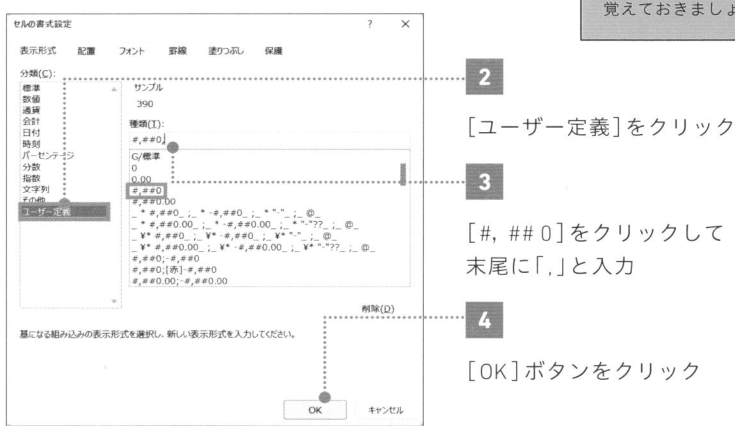

2

［ユーザー定義］をクリック

3

［#, ## 0］をクリックして末尾に「,」と入力

4

［OK］ボタンをクリック

	A	B	C	D	E	F
1		更新日時	2023/3/1	12:00		
2						
3		担当者	売上	構成比		
4		伊藤 修平	390	29%		
5		大熊 海愛	430	32%		
6		岡田 伸夫	540	40%		
7		合計	1,360	100%		
8		目標売上	1,500			
9		達成率	91%			
10						

「390」と千単位で丸めて表示された。

CHECK!

ビジネスシーンでは、プラスとマイナスの数値に分けて書式を変える機会もよくあります。詳しくは216ページで紹介しています。

ここでは表示形式をカスタマイズできるユーザー定義を使いました。前ページの手順3で入力した記号は書式記号といい、書式記号を組み合わせて表示形式を指定していきます。数値を表す書式記号には「0」と「#」があり、その記号の違いは「0」のときに表示されるかされないかです。また末尾に「,」を付けると下3桁、「,,」を付けると下6桁を省略できます。

[数値の書式記号の設定例（図表1-02）]

入力データ	書式記号	表示される結果
123456000	#,##0	123,456,000
	#,##0,	123,456
	#,##0,,	123
123	0000	0123
	####	123
0	#,##0	0
	#,###	(何も表示しない)

理解を深めるHINT

表示形式で、氏名に「様」や数値に「万円」を付けるには

28ページでは、数式を使って文字列に「様」を付けましたが、実務では表示形式で「様」を付けましょう。また「100万円」のように数値に単位を付けたいときも同様です。表示形式の設定で単位を付けたデータは文字列ではなく数値のままなので、計算も可能です。

- 書式番号「@"様"」　文字列の末尾に「様」を表示
- 書式番号「0"万円"」　数値の末尾に「万円」を表示

03

FILE：Chap1-03.xlsx

シリアル値

日付や時刻を示す「シリアル値」を理解する

日付と時刻が「数値」ってどういうこと？

前のレッスンでは、日付や時刻も「数値」であると解説しましたが、これがどういうことなのか詳しく解説しましょう。足し算や引き算をすることが得意なExcelは、日付や時刻を「数値」として取り扱います。たとえば「2023/3/1」は「43525」、昼の「12:00」は「0.5」といった具合です。こうすることで、日付や時刻の計算が可能になるのです。

日付や時刻に隠されている数値を見てみよう

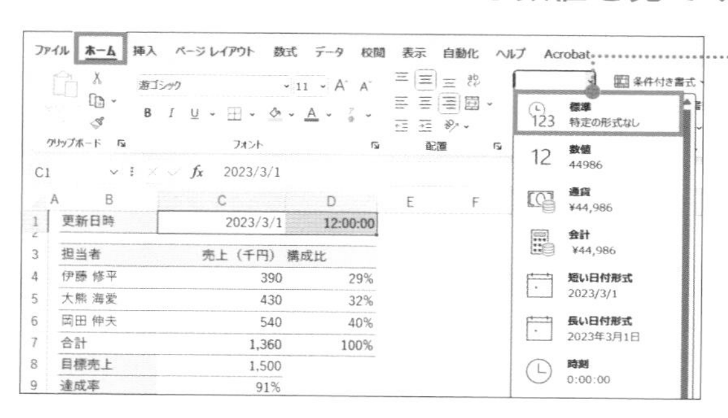

1

日付が入力されたセルを選択したうえで、[ホーム]タブの[数値]グループの▼をクリックして[標準]を選択

C1 44986

	A	B	C	D	E	F	G
1		更新日時	44986	0.5			
3		担当者	売上（千円）	構成比			
4		伊藤 修平	390	29%			
5		大熊 海愛	430	32%			
6		岡田 伸夫	540	40%			
7		合計	1,360	100%			
8		目標売上	1,500				
9		達成率	91%				

日時の表示形式を[標準]に設定すると「2023/3/1」は「44986」、「12:00」は「0.5」と表示された。

POINT：

1 数値として取り扱うから日付や時刻も計算できる

2 日付や時刻の数値を「シリアル値」と呼ぶ

3 シリアル値は「1900年1月1日」を「1」として数える

MOVIE：

https://dekiru.net/ytex103

日付と時刻に割り当てる「シリアル値」

2023年3月1日を表す「44986」という数値は、連続的な値を意味するシリアル値と呼ばれます。日付のシリアル値は「1900年1月1日」を「1」として数え、そこから43525番目が「2023年3月1日」になります。一方、時刻のシリアル値は24時間を「1.0」として数え、12時はその半分なので「0.5」という数値になります。つまり、整数部分が日付を、少数部分が時刻を表すのです。

[日付のシリアル値（図表1-03）]

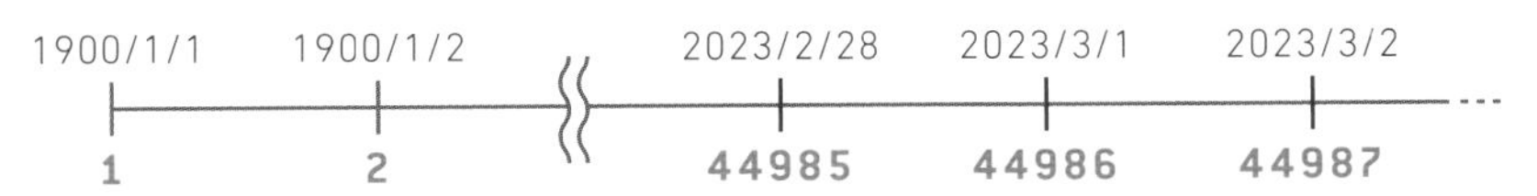

[時刻のシリアル値（図表1-04）]

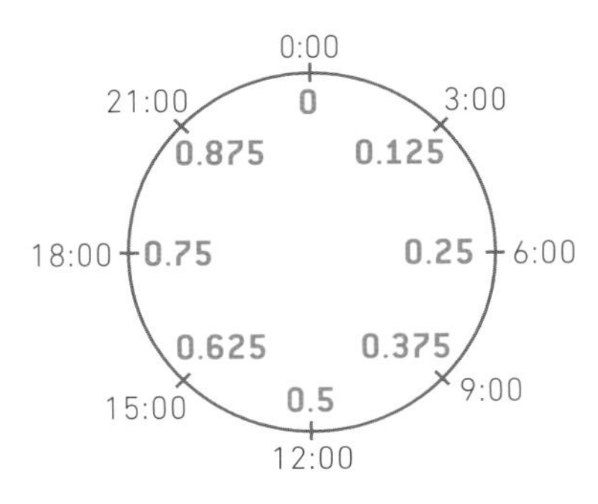

日付と時刻を一緒に表すこともでき、「2023/3/1 12:00」のシリアル値は「43525.5」となる。

CHECK!

見た目は日付や時刻でも、Excelの内部では数値として管理しているのです。この基本概念を知らないまま進めていくと、のちのち実務でつまずくのでしっかり覚えておきましょう。

04

コピー／オートフィル

FILE : Chap1-04.xlsx

どんな書類作成でも役立つ連続データの入力法

コピー機能を利用して入力を素早く!

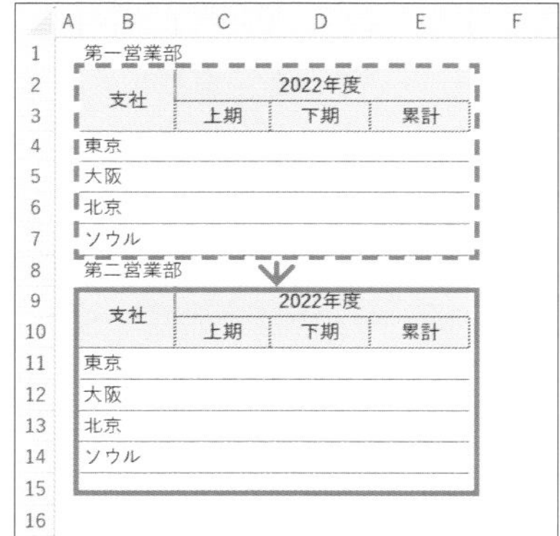

日付	曜日	予定
11月30日	土	MTG
12月1日	日	企画書の準備
12月2日	月	↓
12月3日	火	上長確認
12月4日	水	プレゼン発表
12月5日	木	結果

ショートカットキーを使ってセル範囲をコピー

オートフィルを使って連続するデータをコピー

▶ データ入力を加速化する基本のコピペ

データの入力を行ううえで、セルのコピーは欠かせない機能です。すでにExcelを日常業務で使っている人はご存じだと思いますが、まずは使用頻度が高いコピー＆ペーストの基本を紹介しておきます。

さらに、セルに「1，2，3」や「月、火、水」、「2022年、2023年、2024年」のように連続するデータを入力したいときに、都度入力する必要がなくなるオートフィル機能も解説します。数式や関数の入力時は、オートフィルが大活躍するのでぜひ覚えておきましょう。

POINT：

1 Ctrl + C キーを押してコピー

2 Ctrl + V キーを押してペースト

3 連続する数値はオートフィル機能を使う

MOVIE：

https://dekiru.net/ytex104

マウスを使わずキー操作でコピーしよう

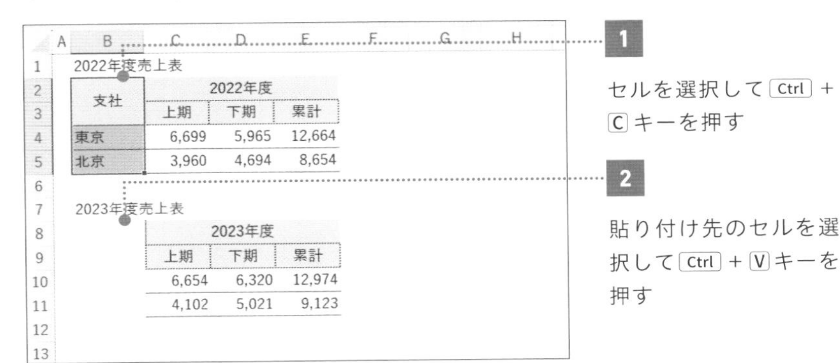

	A	B	C	D	E	F	G	H
1		2022年度売上表						
2		支社	2022年度					
3			上期	下期	累計			
4		東京	6,699	5,965	12,664			
5		北京	3,960	4,694	8,654			
6								
7		2023年度売上表						
8			2023年度					
9			上期	下期	累計			
10			6,654	6,320	12,974			
11			4,102	5,021	9,123			
12								
13								

1 セルを選択して Ctrl + C キーを押す

2 貼り付け先のセルを選択して Ctrl + V キーを押す

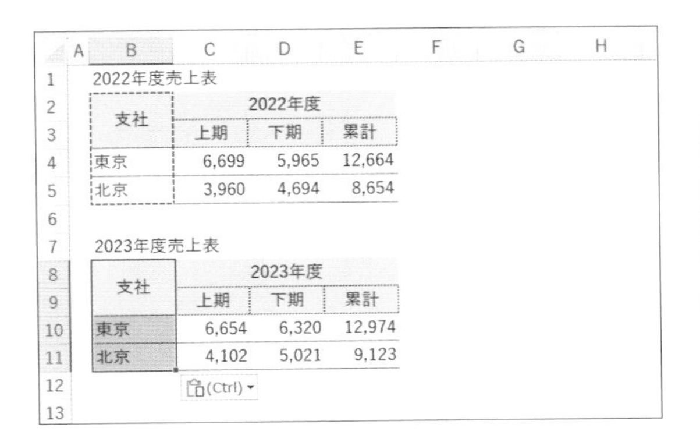

	A	B	C	D	E	F	G	H
1		2022年度売上表						
2		支社	2022年度					
3			上期	下期	累計			
4		東京	6,699	5,965	12,664			
5		北京	3,960	4,694	8,654			
6								
7		2023年度売上表						
8		支社	2023年度					
9			上期	下期	累計			
10		東京	6,654	6,320	12,974			
11		北京	4,102	5,021	9,123			
12			(Ctrl)					
13								

セル範囲のデータが貼り付けられた。

CHECK!

［ホーム］タブの［クリップボード］グループから［コピー］ボタンをクリックして、［貼り付け］ボタンを押しても貼り付けられますが、キー操作のほうが圧倒的に作業がラクです。

Ctrl + C キーでコピー、Ctrl + V キーで貼り付け。このショートカットキーは必須で覚えておきましょう。

▶ オートフィルで連続するデータを入力する

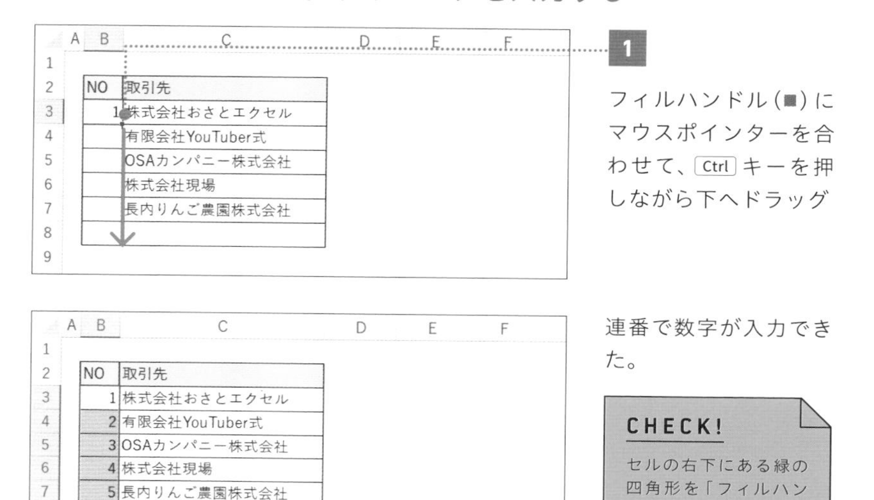

1

フィルハンドル（■）にマウスポインターを合わせて、Ctrl キーを押しながら下へドラッグ

連番で数字が入力できた。

CHECK!

セルの右下にある緑の四角形を「フィルハンドル」と呼びます。

セルを選択した状態で Ctrl キーを押しながらフィルハンドルをドラッグすると、自動的に連番を入力できます。ビジネスのデータはナンバリングして管理することが多く、オートフィルを使えば漏れなく入力できます。もし、すべてのセルに「１」を入力したいときは、Ctrl キーを押さずにドラッグしましょう。

また数値以外でも、日付や曜日、干支、第１位、1Qなどもオートフィルで連続入力することが可能です。紛らわしいのですがこの場合は、Ctrl キーを押さずにフィルハンドルをドラッグします。

▶ 日付と曜日の連続するデータを入力する

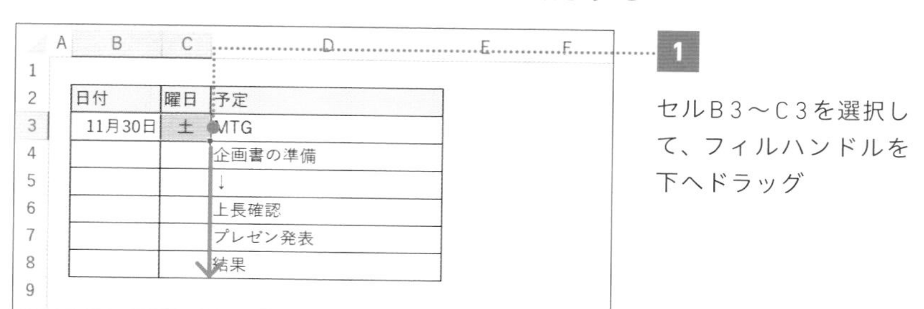

1

セルＢ３～Ｃ３を選択して、フィルハンドルを下へドラッグ

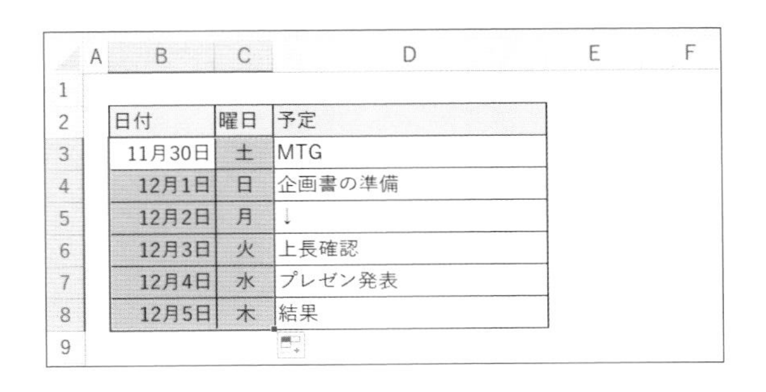

日付	曜日	予定
11月30日	土	MTG
12月1日	日	企画書の準備
12月2日	月	↓
12月3日	火	上長確認
12月4日	水	プレゼン発表
12月5日	木	結果

「11月30日」を基点に、連番で日付と曜日データが入力できた。

このようにオートフィル機能には誤入力を防ぐメリットもあります。次のレッスンでは、オートフィルで数式をコピーする方法を紹介していきます。

理解を深めるHINT

データの規則性を見つけて、一括で自動入力する

オートフィルと合わせて覚えておきたいのが、フラッシュフィルです（Excel 2013以降のバージョンのみで使えます）。先頭のセルに入力してデータの規則性に基づいて自動入力できます。隣の列のデータを空白の位置で分割や、連結したいときに便利です。

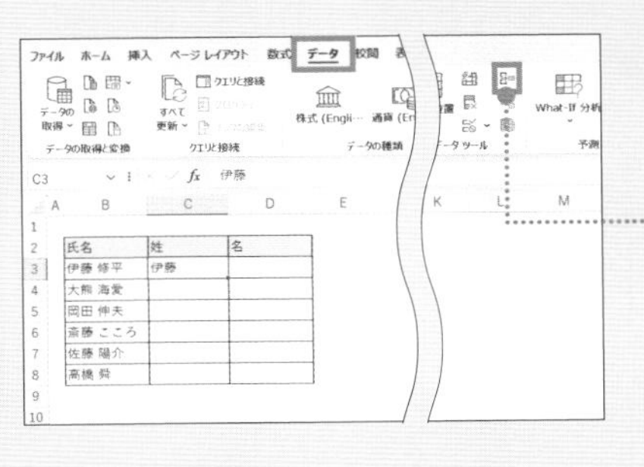

1 セルC3に「伊藤」と入力

2 ［データ］タブの［データツール］グループの［フラッシュフィル］をクリック

氏名	姓	名
伊藤 修平	伊藤	
大熊 海斐	大熊	
岡田 伸夫	岡田	
斎藤 こころ	斎藤	
佐藤 陽介	佐藤	
高橋 舜	高橋	

姓だけを取り出して一気に入力できた。

05 FILE：Chap1-05.xlsx

相対参照／絶対参照

セル参照を理解して1つの数式を使い回そう

セル参照を数式の中で使いこなそう！

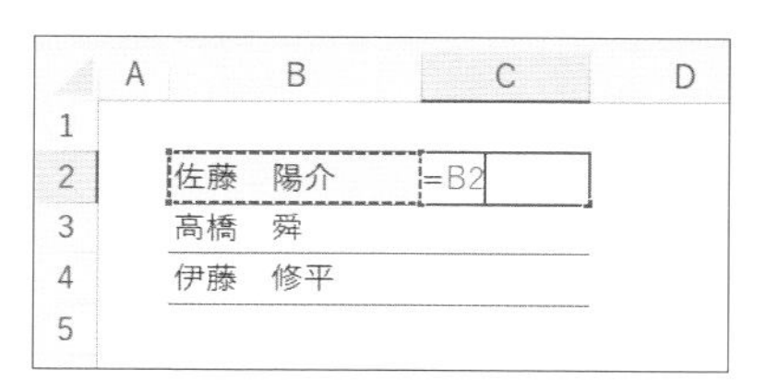

セルC２に「=B２」と入力して Enter キーを押す。するとセルC２にセルB2のデータを表示できる。

	A	B	C	D
1				
2		佐藤　陽介	佐藤　陽介	
3		高橋　舜	高橋　舜	
4		伊藤　修平	伊藤　修平	
5				

セルC２を下へドラッグしてコピーすると「=B２」「=B３」「=B４」とオートフィルが機能する。

「=B2」のように、他のセルのデータを引っ張ってくることを「セル参照」といいます。

▶ セル参照は、数式を使いこなすための必須知識

前のレッスンでは連続するデータのコピー方法を紹介しましたが、同様に数式もオートフィルでコピーできます。上の図のように、コピーされた数式は「=B２」「=B３」「=B４」とコピー先に応じて参照元が変わっていきます。これを「相対参照」といいます。一方で、数式をコピーしても参照元を変えずに固定する方法を「絶対参照」といいます。この２つの参照方法を理解できていないと、関数を使う際に必ずつまずきます。ここでは、「相対参照」「絶対参照」の使い分けと、セル参照の切り替え方を身につけましょう。

POINT：

1 相対参照は、コピー先に応じて参照するセルが変わっていく

2 絶対参照は、コピーしても参照するセルが固定される

3 F4 キーを使ってセル参照を切り替える

MOVIE：

https://dekiru.net/ytex105

相対参照と絶対参照の使い分けがポイント

通常、Excelで数式をコピーすると相対参照になり、セル番号もコピー先に応じて変わります。では絶対参照は、どう数式が変化していくのかを見てみましょう。

2つのセル参照の比較

	A	B	C
1			
2		佐藤　陽介	=B2
3		高橋　舜	=B3
4		伊藤　修平	=B4
5			
6			

相対参照
他のセルにコピーすると参照するセルが変わる（参照元のセルが可変）

セルC2に入力した「=B2」を下へコピーすると「=B3」「=B4」とコピー先に応じて参照元が変わります。

	A	B	C
1			
2		佐藤　陽介	=$B$2
3		高橋　舜	=$B$2
4		伊藤　修平	=$B$2
5			
6			

絶対参照
他のセルにコピーしても参照先が変わらない（参照元のセルが固定）

セルC2に入力した「=$B$2」を下へコピーすると「=$B$2」「=$B$2」と、参照元であるセルB2が固定されました。固定したいセルは行・列の前に＄マークを付けると、絶対参照に切り替わります。

▶ 相対参照の場合(参照元のセルが変化)

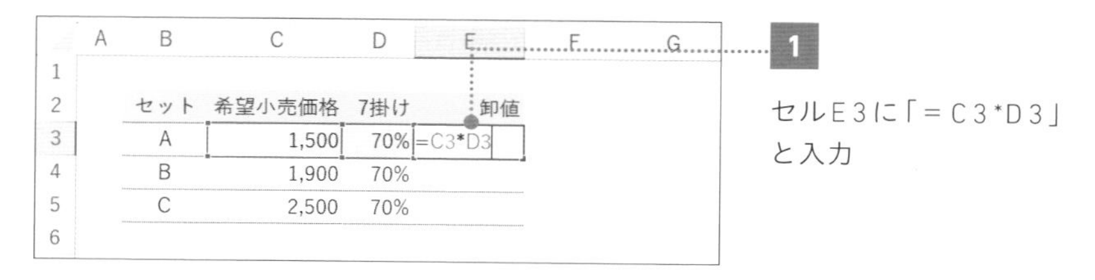

	A	B	C	D	E	F	G
1							
2		セット	希望小売価格	7掛け	卸値		
3		A	1,500	70%	=C3*D3		
4		B	1,900	70%			
5		C	2,500	70%			
6							

1

セルE3に「=C3*D3」と入力

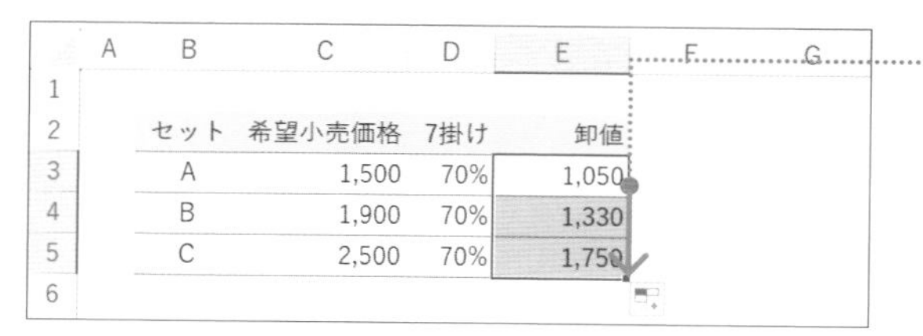

	A	B	C	D	E	F	G
1							
2		セット	希望小売価格	7掛け	卸値		
3		A	1,500	70%	1,050		
4		B	1,900	70%	1,330		
5		C	2,500	70%	1,750		
6							

2

セルE3を下へコピー

7掛けの卸値が計算された。

	A	B	C	D	E	F
1						
2		セット	希望小売価格	7掛け	卸値	
3		A	1500	0.7	=C3*D3	
4		B	1900	0.7	=C4*D4	
5		C	2500	0.7	=C5*D5	
6						

3

Ctrl + Shift + @ キーを押して数式を確認

コピー先に応じて参照元のセルが変わっている。

[相対参照のイメージ(図表1-05)]

上の図表1-05は、どの位置にいても「現在地から左のマス」を見ています。上の手順にある卸値の例でも、常に「左隣のセル」を参照していました。数式がコピーされると参照元のセルも変わるのが相対参照です。

▶ 絶対参照の場合（参照元のセルが固定）

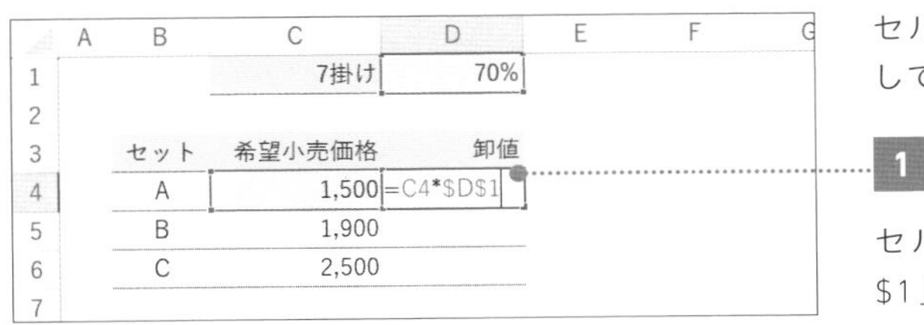

	A	B	C	D	E	F	G
1			7掛け	70%			
2							
3		セット	希望小売価格	卸値			
4		A	1,500	=C4*$D$1			
5		B	1,900				
6		C	2,500				
7							

セルD１を絶対参照にして計算する。

1

セルD４に「＝C４*$D$1」と入力

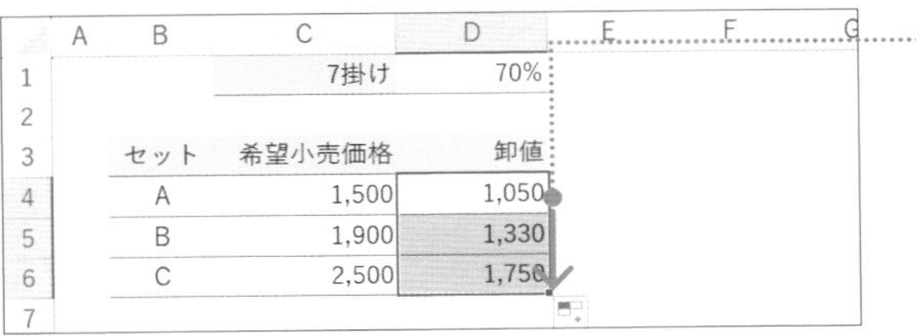

	A	B	C	D	E	F	G
1			7掛け	70%			
2							
3		セット	希望小売価格	卸値			
4		A	1,500	1,050			
5		B	1,900	1,330			
6		C	2,500	1,750			
7							

2

セルD4を下へコピー

7掛けの卸値が計算された。

	A	B	C	D	E
1			7掛け 0.7		
2					
3		セット	希望小売価格	卸値	
4		A	1500	=C4*$D$1	
5		B	1900	=C5*$D$1	
6		C	2500	=C6*$D$1	
7					

3

Ctrl ＋ Shift ＋ @ キーを押して数式を確認

コピーしてもセルD１は固定されている。

［ 絶対参照のイメージ（図表1-06）］

上の図表１-06は、どの位置にいても「猫がいるマス」を見ています。先の卸値の例でも、常に「セルＤ１」を参照していました。数式がどこにコピーされても参照元のセルが固定されているのが絶対参照です。

▶ 相対参照から絶対参照に切り替える

担当者別の売上構成比は、「担当者売上÷合計売上（セルC６）」で求めます。セルC6は常に固定するように、数式を作ってみましょう。ポイントは「$」を手入力せずに F4 キーを使って参照を切り替えることです。

担当者別の構成比を求める

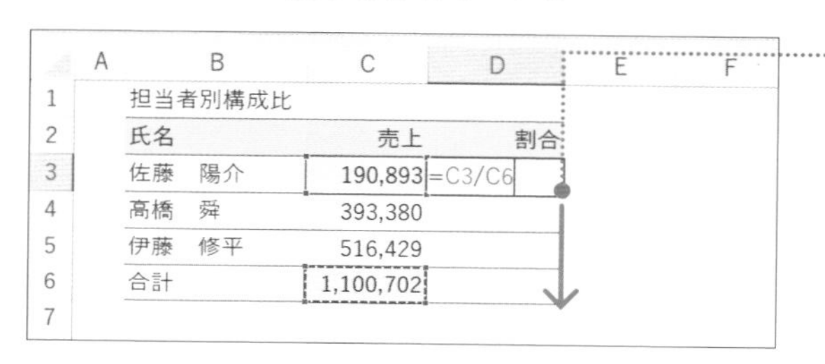

1

セルD3に「=C3/C6」と入力して、下へコピー

数式が相対参照でコピーされてしまい、「#DIV/０!」とエラーが表示された。

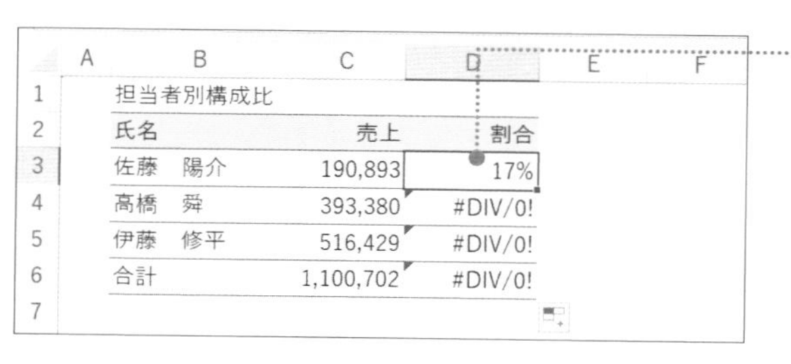

2

セルD４をクリックして F2 キーを押す

CHECK!

F2 キーを押すと、セルが編集モードに切り替わります。

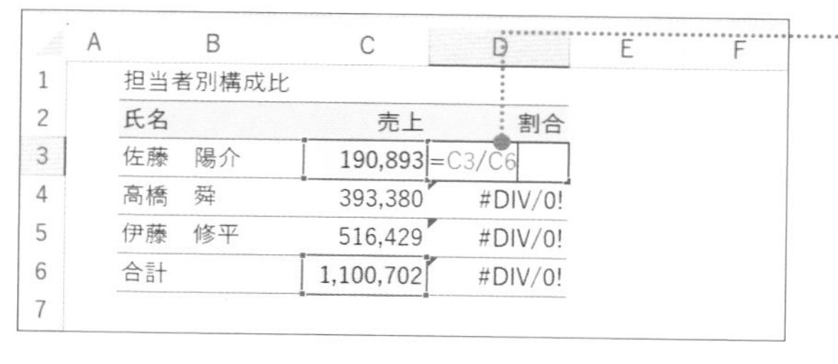

3

「=C３/C６」の「C６」にカーソルを合わせて、 F4 キーを押す

CHECK!

F4 キーを押すと、参照方法が切り替わります（図表1-07）。

	A	B	C	D	E	F
1		担当者別構成比				
2		氏名	売上	割合		
3		佐藤　陽介	190,893	=C3/$C$6		
4		高橋　舜	393,380	#DIV/0!		
5		伊藤　修平	516,429	#DIV/0!		
6		合計	1,100,702	#DIV/0!		
7						

数式が「=C3/$C$6」となり、セルC6が絶対参照に切り変わった。

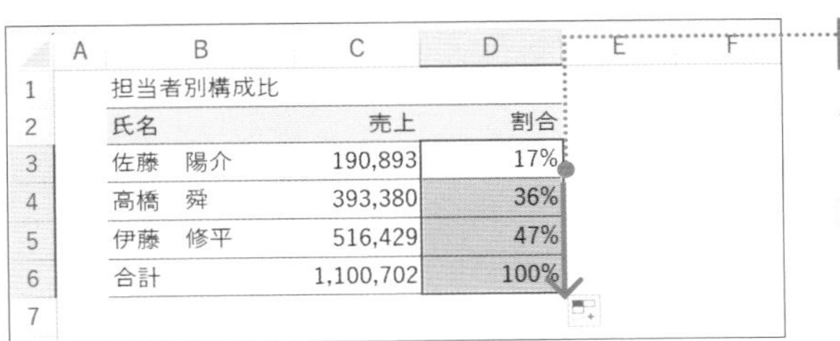

	A	B	C	D	E	F
1		担当者別構成比				
2		氏名	売上	割合		
3		佐藤　陽介	190,893	17%		
4		高橋　舜	393,380	36%		
5		伊藤　修平	516,429	47%		
6		合計	1,100,702	100%		
7						

4

セルD3を下へコピー

担当者別の構成比が正しく求められた。

[F4 キーを押して参照方法を切り替える（図表1-07）]

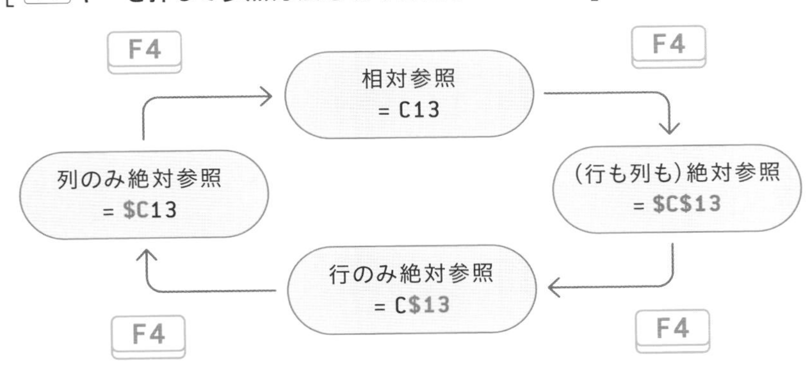

「=C$13」は行のみ絶対参照、「=$C13」は列のみ絶対参照です。行または列のどちらだけを絶対参照と指定することを「複合参照」ともいいます。こちらは99ページで、詳しく解説します。

・行のみ絶対参照／列のみ絶対参照 … P.099

06

FILE : Chap1-06.xlsx

形式を選択して貼り付け

データ貼り付け時の「形式」選びを極めよう

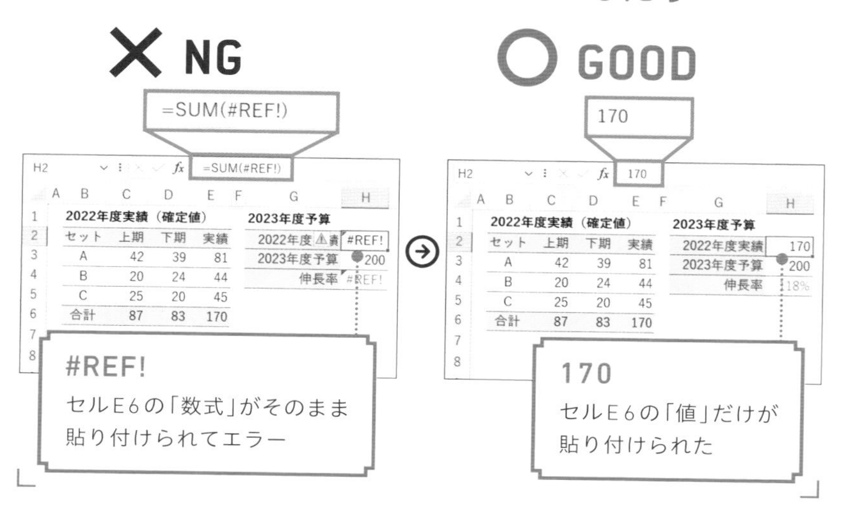

セルの上にフィルターをかぶせているようなイメージです

「数式ではなく、計算結果の値だけをコピーしたい」「文字の色や罫線といった書式だけをコピーしたい」といった場面に出会ったことはないでしょうか。Excelのコピペの挙動を理解するためには、次ページの図表1-08のように「立体」で捉えるのがポイント。セルという収納ボックスに、数値や文字列データを格納し、その上にフィルターをかぶせているイメージです。このように立体で捉えることで、貼り付けのオプション機能（形式を選択して貼り付け）が、セルに含まれる各要素をコピペの対象にしていることが明確になります。

POINT：

1 セルのデータは、平面ではなく立体でイメージする

2 書式や値、列幅など貼り付け方法はカスタマイズできる

3 Ctrl + Alt + V キーを押して形式を選択して貼り付ける

MOVIE：

https://dekiru.net/ytex106

[セルのデータを分解して考えてみる（図表1-08）]

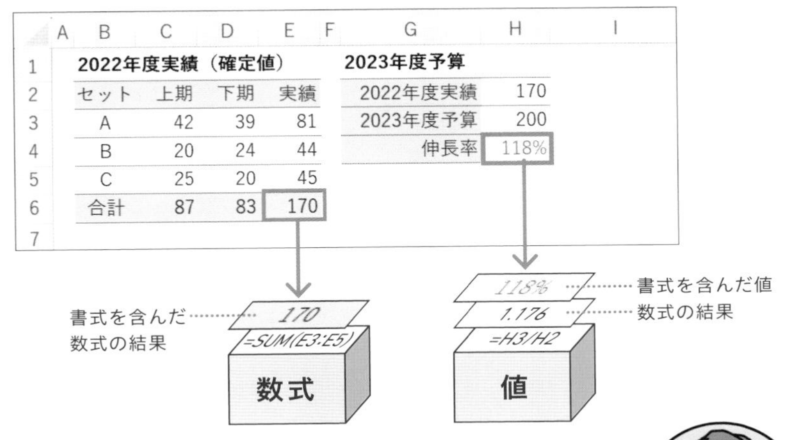

シート上に表示されている見た目と、格納されている値を分けて捉えることが重要です。

▶ 形式を選択して貼り付ける Ctrl + Alt + V

ここでは、形式を選択して貼り付ける方法を紹介します。[ホーム]タブの[貼り付け]ボタンからも設定できますが、ショートカットキーを使うほうが速いので Ctrl + Alt + V キーを覚えておきましょう。すべてのデータを貼り付けるのではなく、「値のみ」「書式のみ」「列幅のみ」などいろんな形式があるので、知っていると実務でとても役立ちます。

数式は貼り付けないで「値」のみを貼り付ける

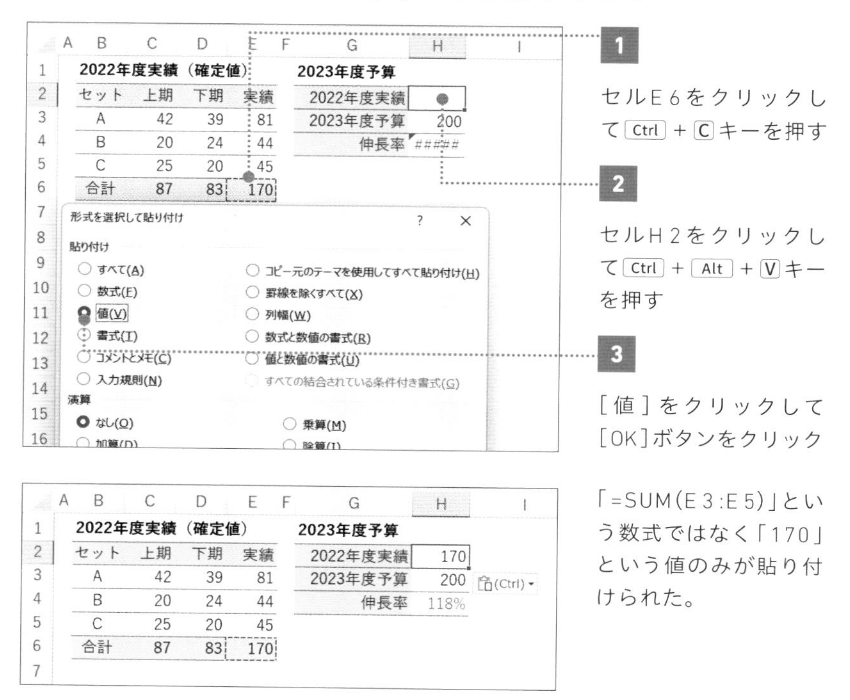

1

セルE6をクリックして Ctrl + C キーを押す

2

セルH2をクリックして Ctrl + Alt + V キーを押す

3

［値］をクリックして［OK］ボタンをクリック

「=SUM(E3:E5)」という数式ではなく「170」という値のみが貼り付けられた。

「書式」のみを貼り付けて表を再利用する

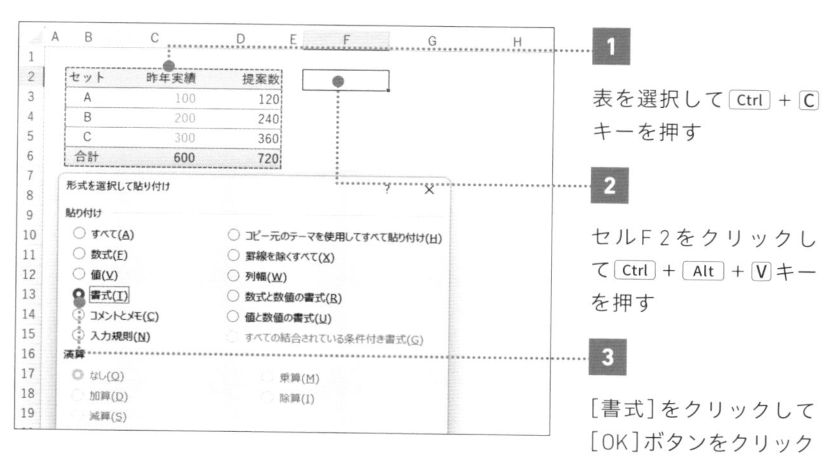

1

表を選択して Ctrl + C キーを押す

2

セルF2をクリックして Ctrl + Alt + V キーを押す

3

［書式］をクリックして［OK］ボタンをクリック

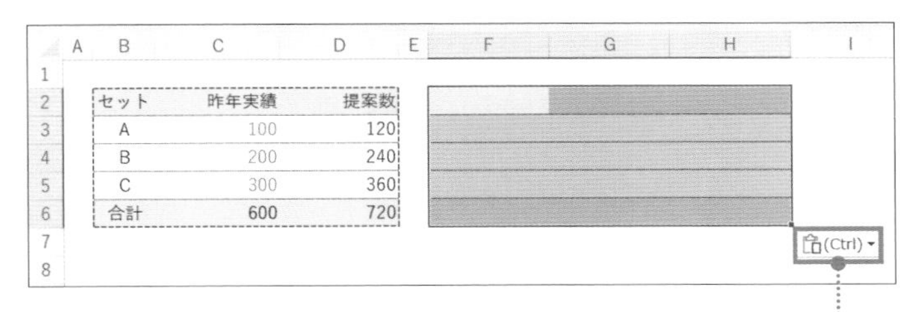

数式や値は貼り付けられず、
書式のみが貼り付けられた。

[貼り付けのオプション]ボタン

貼り付け後に表示される[貼り付けのオプション]
ボタンからも、貼り付けの形式は変更できます。

[[形式を選択して貼り付け]で選べる貼り付けの形式(図表1-09)]

形式	意味
すべて	数式や値、書式、コメント、入力規則などをすべて貼り付ける(通常のペースト)
数式	数式を貼り付ける。セル参照は自動調整される
値	数式をコピーした場合は結果の値のみを貼り付ける
書式	数式や値は貼り付けずに、セルの書式のみ貼り付ける
罫線を除くすべて	罫線なしで数式や文字列と書式を貼り付ける
列幅	コピー元の列幅のまま、数式や文字列、書式を貼り付ける
数式と数値の書式	数式と日付を含む数値の書式設定のみが保持されて貼り付ける。さらに数式は値のみを貼り付ける
値と数値の書式	数式と日付を含む数値の書式設定を貼り付ける。さらに数式は値のみを貼り付ける

07

FILE：Chap1-07.xlsx

データベース

やみくもに表を作る前にデータベースの概念を知る

こんな表を作ってはいけない！

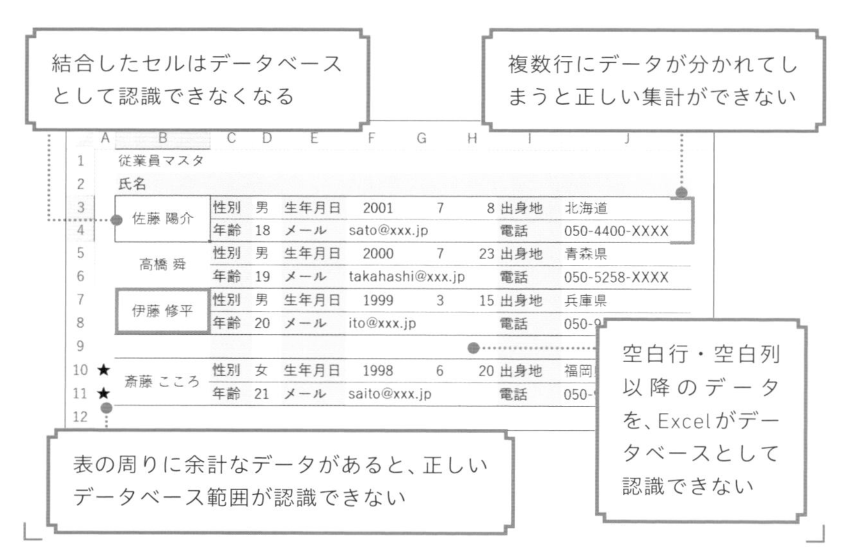

検索や蓄積しやすい表を作る

データベースとは、検索や蓄積を行いやすいように整理されたデータの集まりのことです。また、本書ではデータベース形式の表をマスタデータと表記しています。インプットの段階で上の図のような表を作ってしまうと、フィルターやピボットテーブルなどの機能が使えず、Excelでのアウトプットがうまくいきません。ここでは、データベース作りの作法をご紹介します。ビジネスはデータベースがすべてといっても過言ではありません。膨大なデータをきちんと管理できれば、ビジネスチャンスが拡大します。

POINT：

1. データベース形式の表とそうでない表の違いを理解する
2. 1件のデータは1行に入力する
3. セルを結合させたり、空行を挿入したりしない

MOVIE：

https://dekiru.net/ytex107

1件のデータは1行に入力する

顧客や商品などを管理するマスタデータは、次の4つの項目を満たしたデータベース形式の表で作りましょう。

表の先頭行には「見出し」（重複のないユニークな値）を設定する

「1行につき1件」のデータのみを記載する

従業員マスタ

従業員ID	氏名	性別	誕生年	誕生月	誕生日	年齢	住所	メールアドレス	電話番号
EMP-1001	佐藤 陽介	男	2001	7	8	18	北海道	sato@xxx.jp	050-4400-XXXX
EMP-1002	高橋 舜	男	2000	7	23	19	青森県	takahashi@xxx.jp	050-5258-XXXX
EMP-1003	伊藤 修平	男	1999	3	15	20	兵庫県	ito@xxx.jp	050-9123-XXXX
EMP-1004	斎藤 こころ	女	1998	6	20	21	福岡県	saito@xxx.jp	050-9205-XXXX
EMP-1005	山田 昭子	女	1997	11	24	22	宮城県	yamada@xxx.jp	050-7139-XXXX
EMP-1006	岡田 伸夫	男	1996	3	13	23	山形県	okada@xxx.jp	050-5100-XXXX
EMP-1007	西村 聖良	女	1995	6	17	24	東京都	nishimura@xxx.jp	050-1462-XXXX
EMP-1008	大熊 海愛	女	1994	8	28	25	京都府	okuma@xxx.jp	050-6652-XXXX
EMP-1009	田中 孝平	男	1993	11	1	26	大阪府	tanaka@xxx.jp	050-1130-XXXX

1つのセルに1つのデータを入れ、複数のセルを結合しない

空白の行や、空白の列を作らない

Excelは「空白行と空白列に囲まれた範囲」を1つのデータベースの範囲とみなします。Ctrl＋Shift＋*キーを押すとアクティブセルが含まれるデータベースの範囲を一括選択できるので、範囲確認の際に試してください。

08

FILE：Chap1-08.csv

CSVファイル／区切り位置

テキストファイルは区切り位置で一発読み込み

BEFORE

	A	B	C	D	E
1	従業員ID,氏名,日付,売上				
2	EMP-1001,佐藤 陽介,44023,231273				
3	EMP-1002,高橋 舜,43945,1229174				
4	EMP-1003,伊藤 修平,44050,1038239				
5	EMP-1004,斎藤 こころ,43990,1790482				
6	EMP-1005,山田 昭子,43841,226017				
7	EMP-1006,岡田 伸夫,43918,1762803				
8	EMP-1007,西村 聖良,43948,1169512				
9	EMP-1008,大熊 海愛,43945,2111105				
10	EMP-1009,田中 孝平,43993,165464				

テキストファイルのデータを開くと、セルA1を先頭に1件のデータが1つのセルに入っている。

AFTER

	A	B	C	D
1	従業員ID	氏名	日付	売上
2	EMP-1001	佐藤 陽介	2020/7/11	231,273
3	EMP-1002	高橋 舜	2020/4/24	1,229,174
4	EMP-1003	伊藤 修平	2020/8/7	1,038,239
5	EMP-1004	斎藤 こころ	2020/6/8	1,790,482
6	EMP-1005	山田 昭子	2020/1/11	226,017
7	EMP-1006	岡田 伸夫	2020/3/28	1,762,803
8	EMP-1007	西村 聖良	2020/4/27	1,169,512
9	EMP-1008	大熊 海愛	2020/4/24	2,111,105
10	EMP-1009	田中 孝平	2020/6/11	165,464

［区切り位置］を使って1つの項目が1つのセルに分割された。

テキストファイルデータを取り込むと1つのセルに1件のデータが入力されていることがあります。ここでは、1つのセルに1つの項目に分割する技を紹介します。

▶ テキストファイルもExcelに取り込める

テキストデータは異なるアプリケーション間の橋渡しをしてくれる便利なファイル形式です。ExcelではCSV形式のテキストデータを読み込むことができます。CSVとは「.csv」で終わるファイルを指し、そのファイルの中にはカンマで区切られたテキストデータが含まれています。実務では、このCSVファイルを経由して、Excel以外のアプリケーションで管理している顧客データベースをExcelに渡すといったことが頻繁に行われます。ここではExcelでテキストファイルを開いたときによくある「困った」を紹介します。

POINT：

1 Excelはテキストファイルのデータも取り込める

2 CSVファイルはカンマで区切られたテキストファイル

3 カンマで区切られたデータは［区切り位置］を使って一気に分割

MOVIE：

https://dekiru.net/ytex108

カンマで区切られたデータを分割する

テキストファイルをExcelで開いたら、前ページのBEFOREの画面のように、1つのセルに1件分のデータすべてが入ってしまうことがあります。これではExcel上でデータ分析が行えません。そんなときは［区切り位置］の出番です。「従業員ID,氏名,日付,売上」と「,」で区切られた文字列を「従業員ID」「氏名」「日付」「売上」と分割していきましょう。

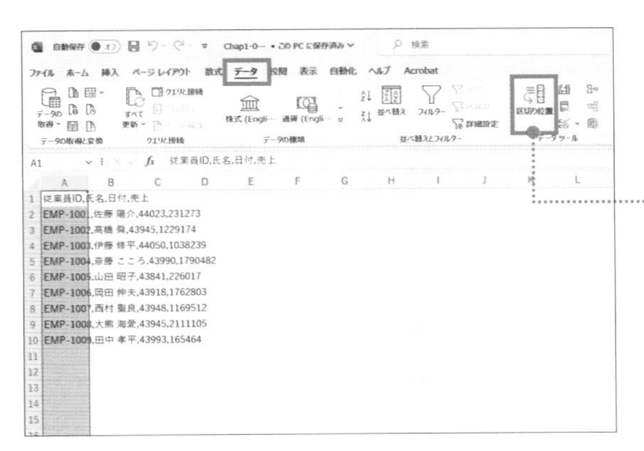

1 A列をクリックして選択

2 ［データ］タブの［データツール］グループにある［区切り位置］をクリック

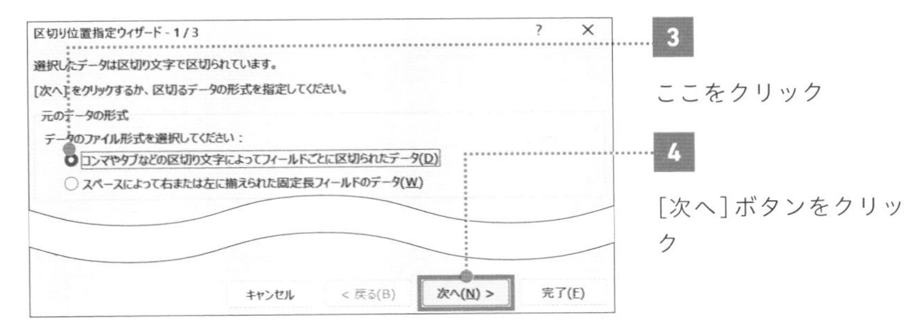

3 ここをクリック

4 ［次へ］ボタンをクリック

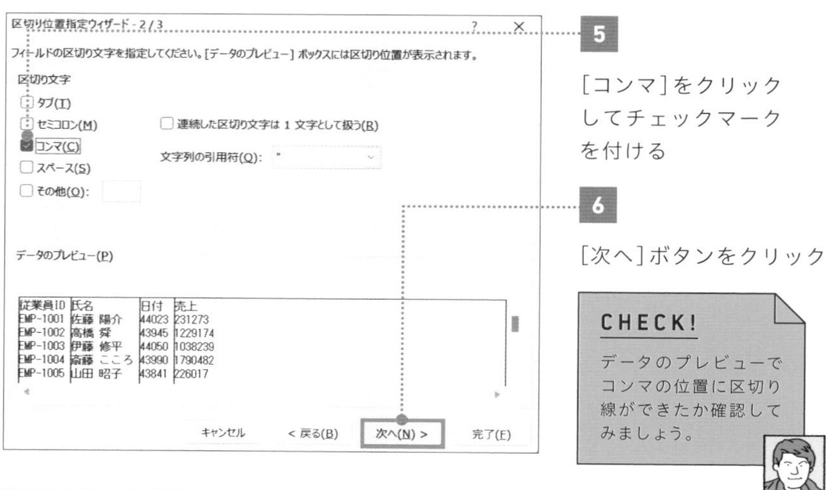

5

［コンマ］をクリックしてチェックマークを付ける

6

［次へ］ボタンをクリック

> **CHECK!**
>
> データのプレビューでコンマの位置に区切り線ができたか確認してみましょう。

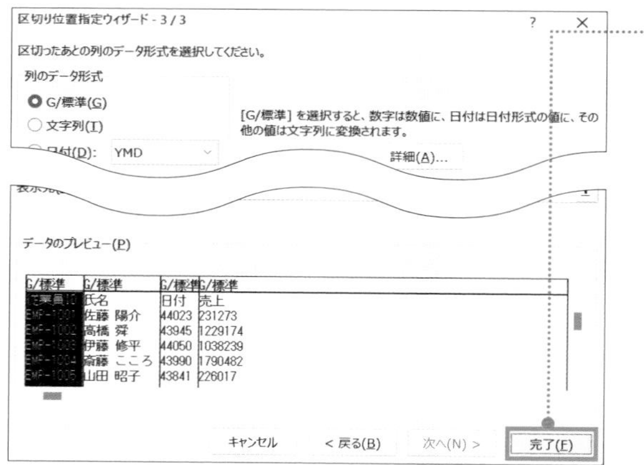

7

［完了］ボタンをクリック

	A	B	C	D	E	F
1	従業員ID	氏名	日付	売上		
2	EMP-1001	佐藤 陽介	2020/7/11	231,273		
3	EMP-1002	高橋 舜	2020/4/24	1,229,174		
4	EMP-1003	伊藤 修平	2020/8/7	1,038,239		
5	EMP-1004	斎藤 こころ	2020/6/8	1,790,482		
6	EMP-1005	山田 昭子	2020/1/11	226,017		
7	EMP-1006	岡田 伸夫	2020/3/28	1,762,803		
8	EMP-1007	西村 聖良	2020/4/27	1,169,512		
9	EMP-1008	大熊 海愛	2020/4/24	2,111,105		
10	EMP-1009	田中 孝平	2020/6/11	165,464		
11						

A列に入力されていたデータが、項目ごとに分割された。

> **CHECK!**
>
> ［日付］と［売上］については、それぞれ表示形式を［短い日付形式］と［通貨］に変更しておきましょう。

テキストファイルをExcelのブックとして保存する

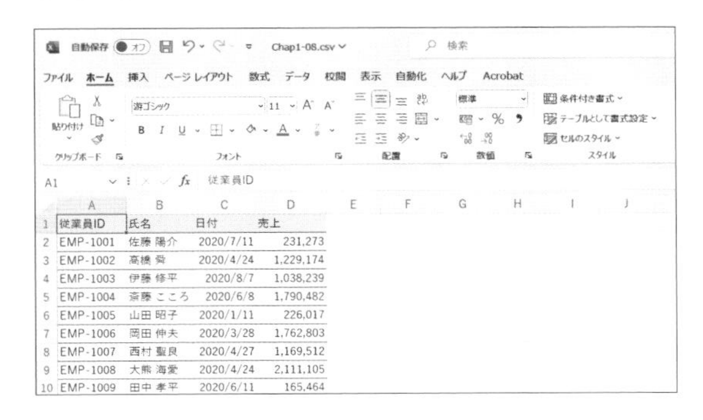

1

F12 キーを押す

CHECK!

F12 キーを押すと［名前を付けて保存］ダイアログボックスを表示できます。

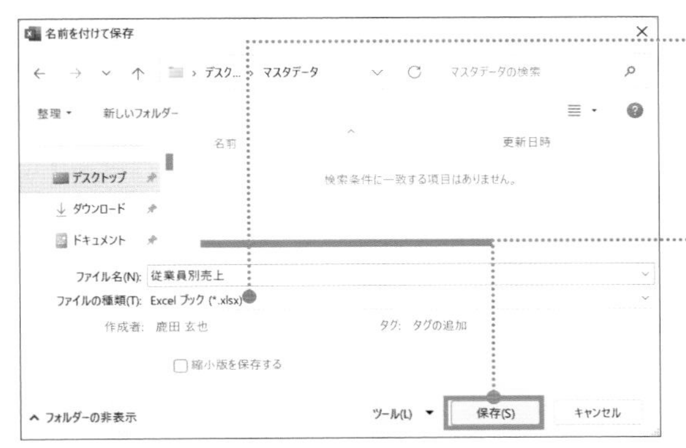

2

［ファイルの種類］をクリックして［Excelブック］を選択

3

ファイル名を入力して［保存］ボタンをクリック

Excelのブック（.xlsx）として保存できた。

理解を深めるHINT

3桁区切りの数値データに要注意！

区切り位置の分割の際に、思ったような結果が得られないことがあります。原因は、区切り位置としてのカンマ以外に「1,000」のような数値の3桁区切りとしてカンマが含まれている場合です。このような記号の重複は、関数を用いて修正することもできますが、データベース側のシステムで直すほうが極めて簡単なので、まずは現場が求める表示形式を情報システム関連部署に相談しましょう。

09

FILE : Chap1-09.xlsx

ジャンプ/置換

データの修正を効率よく的確にするコツ

目視で修正は大変! 一括選択で修正しよう!

	A	B	C	D	E	F	G	H
1		2023年度担当者別売上表						
2								
3		従業員ID	氏名	1Q	2Q	3Q	4Q	累計
4		Employee-1001	佐藤 陽介	231,273	2,104,733	1,459,053	1,232,005	5,027,064
5		Employee-1002	高橋 舜	1,229,174	2,111,151	766,456	1,518,036	5,624,817
6		Employee-1003	伊藤 修平	1,038,239	586,366	0	2,875,372	4,499,977
7		Employee-1004	斎藤 こころ	1,790,482	0	1,111,216	1,204,117	4,105,815
8		Employee-1005	山田 昭子	226,017	2,315,113	2,997,516	2,414,282	7,952,928
9		Employee-1006	岡田 伸夫	1,762,803	573,519	2,609,967	1,277,281	6,223,570
10		Employee-1007	西村 聖良	1,169,512	1,181,792	682,940	2,560,527	5,594,771
11		Employee-1008	大熊 海愛	2,111,105	1,481,439	1,104,665	0	4,697,209
12		Employee-1009	田中 孝平	165,464	1,290,644	1,219,116	0	2,675,224
13		累計	合計	9,724,069	11,644,757	11,950,929	13,081,620	46,401,375
14								

「Employee」を「EMP」に変えたい

空白セルに「0」と入力したい

▶ 一括修正に使える3つの超速ワザ

Excelの表を作成していると、「特定の文字列を変えたい」「空白セルに文字を入力したい」というニーズが出てきます。こんなときは、次の3つの機能を覚えておくと、効率よくデータを整えられます。

- ・ジャンプ　空白セルにアクセスする
- ・一括入力　空白セルに一括でデータを入力する
- ・置換　文字列や数値を検索して別のデータに置き換える

POINT：

1 Ctrl + G キーのジャンプ機能で空白セルを一括選択

2 Ctrl + Enter キーで複数セルに文字を入力できる

3 Ctrl + H キーを押して特定の文字列を置換できる

MOVIE：

https://dekiru.net/ytex109

空白セルに文字を一括入力

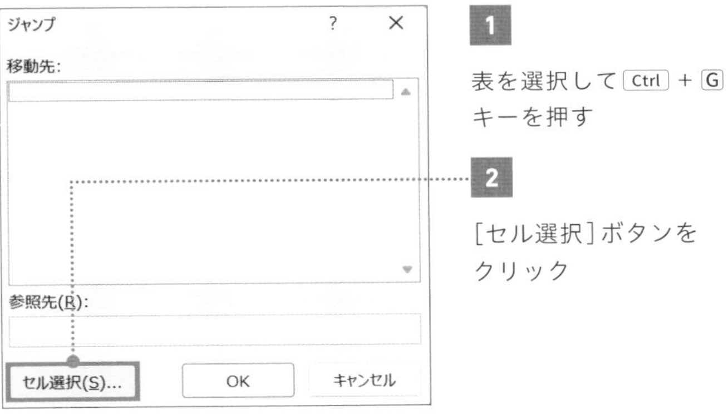

1 表を選択して Ctrl + G キーを押す

2 ［セル選択］ボタンをクリック

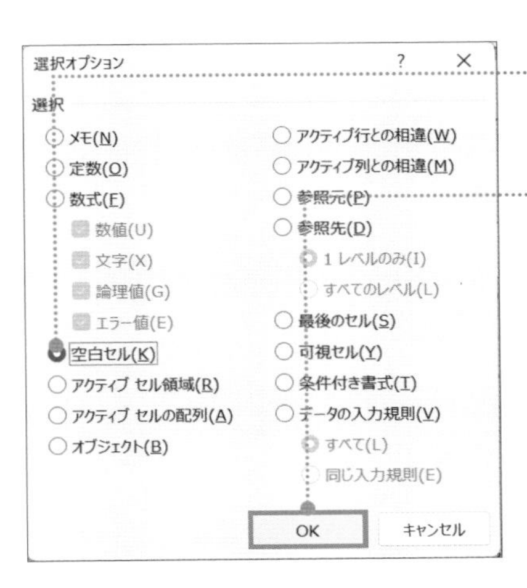

3 ［空白セル］をクリック

4 ［OK］ボタンをクリック

CHECK!

Ctrl + G キーを押すと［ジャンプ］ダイアログボックスが表示されます。［ホーム］タブの［編集］グループにある［検索と選択］ボタンをクリックして［ジャンプ］ボタンをクリックしても表示できます。

	B	C	D	E	F	G	H
1	2023年度担当者別売上表						
3	従業員ID	氏名	1Q	2Q	3Q	4Q	累計
4	Employee-1001	佐藤 陽介	231,273	2,104,733	1,459,053	1,232,005	5,027,064
5	Employee-1002	高橋 舜	1,229,174	2,111,151	766,456	1,518,036	5,624,817
6	Employee-1003	伊藤 修平	1,038,239	586,366	0	2,875,372	4,499,977
7	Employee-1004	斎藤 こころ	1,790,482		1,111,216	1,204,117	4,105,815
8	Employee-1005	山田 昭子	226,017	2,315,113	2,997,516	2,414,282	7,952,928
9	Employee-1006	岡田 伸夫	1,762,803	573,519	2,609,967	1,277,281	6,223,570
10	Employee-1007	西村 聖良	1,169,512	1,181,792	682,940	2,560,527	5,594,771
11	Employee-1008	大熊 海愛	2,111,105	1,481,439	1,104,665		4,697,209
12	Employee-1009	田中 孝平	165,464	1,290,644	1,219,116		2,675,224
13	累計	合計	9,724,069	11,644,757	11,950,929	13,081,620	46,401,375

空白のセルがすべて選択された。

5

「0」と入力して Ctrl ＋ Enter キーを押す

	B	C	D	E	F	G	H
1	2023年度担当者別売上表						
3	従業員ID	氏名	1Q	2Q	3Q	4Q	累計
4	Employee-1001	佐藤 陽介	231,273	2,104,733	1,459,053	1,232,005	5,027,064
5	Employee-1002	高橋 舜	1,229,174	2,111,151	766,456	1,518,036	5,624,817
6	Employee-1003	伊藤 修平	1,038,239	586,366	0	2,875,372	4,499,977
7	Employee-1004	斎藤 こころ	1,790,482	0	1,111,216	1,204,117	4,105,815
8	Employee-1005	山田 昭子	226,017	2,315,113	2,997,516	2,414,282	7,952,928
9	Employee-1006	岡田 伸夫	1,762,803	573,519	2,609,967	1,277,281	6,223,570
10	Employee-1007	西村 聖良	1,169,512	1,181,792	682,940	2,560,527	5,594,771
11	Employee-1008	大熊 海愛	2,111,105	1,481,439	1,104,665	0	4,697,209
12	Employee-1009	田中 孝平	165,464	1,290,644	1,219,116	0	2,675,224
13	累計	合計	9,724,069	11,644,757	11,950,929	13,081,620	46,401,375

空白セルに「0」を一括入力できた。

CHECK!

複数セルを選択し、文字を入力して Ctrl ＋ Enter キーを押すと一括入力できます。

特定の文字列を置換する

	B	C	D	E	F	G	H
1	2023年度担当者別売上表						
3	従業員ID	氏名	1Q	2Q	3Q	4Q	累計
4	EMP-1001	佐藤 陽介	231,273	2,104,733	1,459,053	1,232,005	5,027,064
5	EMP-1002	高橋 舜	1,229,174	2,111,151	766,456	1,518,036	5,624,817
6	EMP-1003	伊藤 修平	1,038,239	586,366	0	2,875,372	4,499,977
7	EMP-1004	斎藤 こころ	1,790,482	0	1,111,216	1,204,117	4,105,815
8	EMP-1005	山田 昭子	226,017	2,315,113	2,997,516	2,414,282	7,952,928
9	EMP-1006	岡田 伸夫	1,762,803	573,519	2,609,967	1,277,281	6,223,570
10	EMP-1007	西村 聖良	1,169,512	1,181,792	682,940	2,560,527	5,594,771
11	EMP-1008	大熊 海愛	2,111,105	1,481,439	1,104,665	0	4,697,209
12	EMP-1009	田中 孝平	165,464	1,290,644	1,219,116	0	2,675,224
13	累計	合計	9,724,069	11,644,757	11,950,929	13,081,620	46,401,375

1

Ctrl ＋ H キーを押す

検索と置換

検索(D)　置換(P)

検索する文字列(N): Employee

置換後の文字列(E): EMP

オプション(I) >>

すべて置換(A)　置換(R)　すべて検索(I)　次を検索(F)　閉じる

2

検索する文字列に「Employee」、置換後に文字列に「EMP」と入力

3

[すべて置換]ボタンをクリック

	B	C	D	E	F	G	H
1	2023年度担当者別売上表						
3	従業員ID	氏名	1Q	2Q	3Q	4Q	累計
4	EMP-1001	佐藤 陽介	231,273	2,104,733	1,459,053	1,232,005	5,027,064
5	EMP-1002	高橋 舜	1,229,174	2,111,151	766,456	1,518,036	5,624,817
6	EMP-1003	伊藤 修平	1,038,239	586,366	0	2,875,372	4,499,977
7	EMP-1004	斎藤 こころ	1,790,482	0	1,111,216	1,204,117	4,105,815
8	EMP-1005	山田 昭子	226,017	2,315,113	2,997,516	2,414,282	7,952,928
9	EMP-1006	岡田 伸夫	1,762,803	573,519	2,609,967	1,277,281	6,223,570
10	EMP-1007	西村 聖良	1,169,512	1,181,792	682,940	2,560,527	5,594,771
11	EMP-1008	大熊 海愛	2,111,105	1,481,439	1,104,665	0	4,697,209
12	EMP-1009	田中 孝平	165,464	1,290,644	1,219,116	0	2,675,224
13	累計	合計	9,724,069	11,644,757	11,950,929	13,081,620	46,401,375
14							

「Employee」の文字列が「EMP」に置換された。

Ctrl+Hキーで［置換］機能、Ctrl+Fキーで［検索］機能を呼び出せます。［検索］機能も便利なので覚えておきましょう。

理解を深めるHINT

あいまいな条件で検索できるワイルドカード

ワイルドカードを使えば、文字列の一部を指定して、あいまいな条件で検索できます。ワイルドカードとは、任意の文字を表す特別な文字です。

- *（アスタリスク）0文字以上の文字列の代わり
- ?（クエスチョン）任意の1文字の代わり

たとえば都道府県の一覧から「山*」を検索すると山梨県、山口県、山形県が検索されます。

［ワイルドカードの使用例（図表1-10）］

使用例	意味
都	「都」を含む文字列（東京都、京都府）
山*	「山」で始まる文字列（山梨県、山口県、山形県）
???県	「県」で終わる計4文字の文字列（鹿児島県、神奈川県）

10

TRIM

FILE : Chap1-10.xlsx

余計なスペースを取り除く TRIM関数を活用

BEFORE

	A	B	C	D
1		担当者別売上表		
2		従業員ID	氏名	日付
3		EMP-1001	佐藤 陽介	2023/07/11
4		EMP-1002	高橋　　舜	2023/04/24
5		EMP-1003	伊藤 修平	2023/08/07
6		EMP-1004	斎藤 こころ	2023/06/08
7		EMP-1005	山田 昭子	2023/01/11
8		EMP-1006	岡田　　伸夫	2023/03/28
9		EMP-1007	西村 聖良	2023/04/27
10		EMP-1008	大熊 海愛	2023/04/24
11		EMP-1009	田中 孝平	2023/06/11
12				

［氏名］列にある余分な不要スペースを取り除きたい

AFTER

	A	B	C	D
1		担当者別売上表		
2		従業員ID	氏名	日付
3		EMP-1001	佐藤 陽介	2023/07/11
4		EMP-1002	高橋 舜	2023/04/24
5		EMP-1003	伊藤 修平	2023/08/07
6		EMP-1004	斎藤 こころ	2023/06/08
7		EMP-1005	山田 昭子	2023/01/11
8		EMP-1006	岡田 伸夫	2023/03/28
9		EMP-1007	西村 聖良	2023/04/27
10		EMP-1008	大熊 海愛	2023/04/24
11		EMP-1009	田中 孝平	2023/06/11
12				

TRIM関数で余分な空白スペースを削除

▶ データをきれいに整えるのがマナー

効率よくデータを入力することはもちろん大事ですが、データを美しく整えることもビジネスの現場では極めて重要です。「変なスペースが入っている」「全角と半角の表記が揺れている」などといったデータでは、正しいデータ分析ができなくなってしまいます。ここではこうしたミスを防ぐ、データを整えたいときに役立つTRIM関数を紹介します。TRIM関数を使えば、各単語間のスペースを1文字ずつ残して、不要なスペースをすべて削除する作業も簡単です。なお、一度データを整えることができたら、整ってない古いデータは不要になるので削除しておきましょう。

POINT：

1 表記を統一してデータを整える

2 余分な全角スペースはTRIM関数で削除する

3 英語やカタカナは表記揺れも関数で統一

MOVIE：

https://dekiru.net/ytex110

「氏名」に含まれている全角スペースを削除する

ここではTRIM関数を使ってスペースを削除する方法を見ていきます。次章で詳しく解説しますが、Excelの関数とは「ある処理をするためにあらかじめ用意された計算の仕組み」です。この仕組みを使うために、たとえば「=TRIM(C 3)」と入力をすると、セルC 3の文字列から不要なスペースを削除できます。TRIMが「不要なスペースを削除する」という命令です。

不要なスペースを削除する

TRIM（トリム）（文字列）

指定した［文字列］から、先頭のスペースと末尾のスペースを削除する。

〈 数式の入力例 〉

= TRIM (C3)

〈 引数の役割 〉

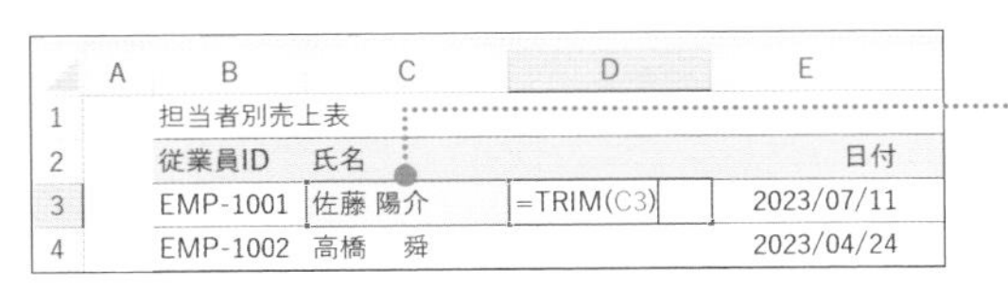

	A	B	C	D	E
1		担当者別売上表			
2		従業員ID	氏名		日付
3		EMP-1001	佐藤 陽介	=TRIM(C3)	2023/07/11
4		EMP-1002	高橋　舜		2023/04/24

❶ 文字列
佐藤　陽介
（セルC3）

「佐藤 陽介」の文字列にある不要なスペースを削除します。

= TRIM (C3)

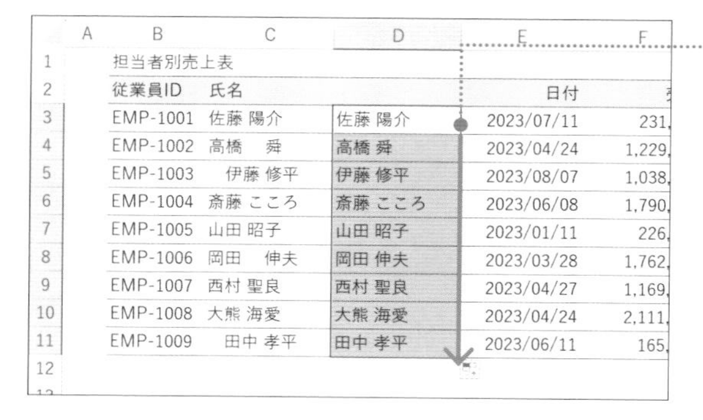

	A	B	C	D	E	F
1		担当者別売上表				
2		従業員ID	氏名		日付	
3		EMP-1001	佐藤 陽介	佐藤 陽介	2023/07/11	231,
4		EMP-1002	高橋　舜	高橋 舜	2023/04/24	1,229,
5		EMP-1003	伊藤 修平	伊藤 修平	2023/08/07	1,038,
6		EMP-1004	斎藤 こころ	斎藤 こころ	2023/06/08	1,790,
7		EMP-1005	山田 昭子	山田 昭子	2023/01/11	226,
8		EMP-1006	岡田　伸夫	岡田 伸夫	2023/03/28	1,762,
9		EMP-1007	西村 聖良	西村 聖良	2023/04/27	1,169,
10		EMP-1008	大熊 海愛	大熊 海愛	2023/04/24	2,111,
11		EMP-1009	田中 孝平	田中 孝平	2023/06/11	165,
12						

1

セルD3に上の数式を入力して下へコピー

氏名に含まれている全角スペースが削除された。

	A	B	C	D	E	F
1		担当者別売上表				
2		従業員ID	氏名		日付	
3		EMP-1001	佐藤 陽介	佐藤 陽介	2023/07/11	231,
4		EMP-1002	高橋　舜	高橋 舜	2023/04/24	1,229,
5		EMP-1003	伊藤 修平	伊藤 修平	2023/08/07	1,038,
6		EMP-1004	斎藤 こころ	斎藤 こころ	2023/06/08	1,790,
7		EMP-1005	山田 昭子	山田 昭子	2023/01/11	226,
8		EMP-1006	岡田　伸夫	岡田 伸夫	2023/03/28	1,762,
9		EMP-1007	西村 聖良	西村 聖良	2023/04/27	1,169,
10		EMP-1008	大熊 海愛	大熊 海愛	2023/04/24	2,111,
11		EMP-1009	田中 孝平	田中 孝平	2023/06/11	165,

(Ctrl)▾
貼り付け
値の貼り付け

2

セルD3～D11をコピーして、そのまま貼り付け

3

[貼り付けオプション]の[値]をクリック

	A	B	C	D	E	F
1		担当者別売上表				
2		従業員ID	氏名		日付	
3		EMP-1001	佐藤 陽介	佐藤 陽介	2023/07/11	231,
4		EMP-1002	高橋　舜	高橋 舜	2023/04/24	1,229,
5		EMP-1003	伊藤 修平	伊藤 修平	2023/08/07	1,038,
6		EMP-1004	斎藤 こころ	斎藤 こころ	2023/06/08	1,790,
7		EMP-1005	山田 昭子	山田 昭子	2023/01/11	226,
8		EMP-1006	岡田　伸夫	岡田 伸夫	2023/03/28	1,762,
9		EMP-1007	西村 聖良	西村 聖良	2023/04/27	1,169,
10		EMP-1008	大熊 海愛	大熊 海愛	2023/04/24	2,111,
11		EMP-1009	田中 孝平	田中 孝平	2023/06/11	165,
12						

(Ctrl)▾

D列が値に変わったので、C列を削除しておく。

CHECK!

D列はC列を参照しているので、[数式]を[値]へ変換しないとC列を削除したときにエラーになってしまいます。

・形式を選択して貼り付け ……………… P.046

▶ 英語やカタカナは表記が揺れやすい

英語やカタカナのデータを入力するときに、全角文字と半角文字が混在して表記が統一されてないことがあります。「Employee」「EMPLOYEE」など内容は一緒なので大丈夫と思うかもしれませんが、データを抽出するときに失敗する原因になります。関数で効率よく統一しておきましょう。

[表記を統一する関数（図表1-11）]

機能	関数の書式
半角文字を全角文字に変換する	JIS（ジス）(文字列)
全角文字を半角文字に変換する	ASC（アスキー）(文字列)
英字の小文字を大文字に変換する	UPPER（アッパー）(文字列)
英字の大文字を小文字に変換する	LOWER（ロウアー）(文字列)
英単語の先頭文字だけを大文字に変換する	PROPER（プロパー）(文字列)

● 英語を全角大文字に変更する

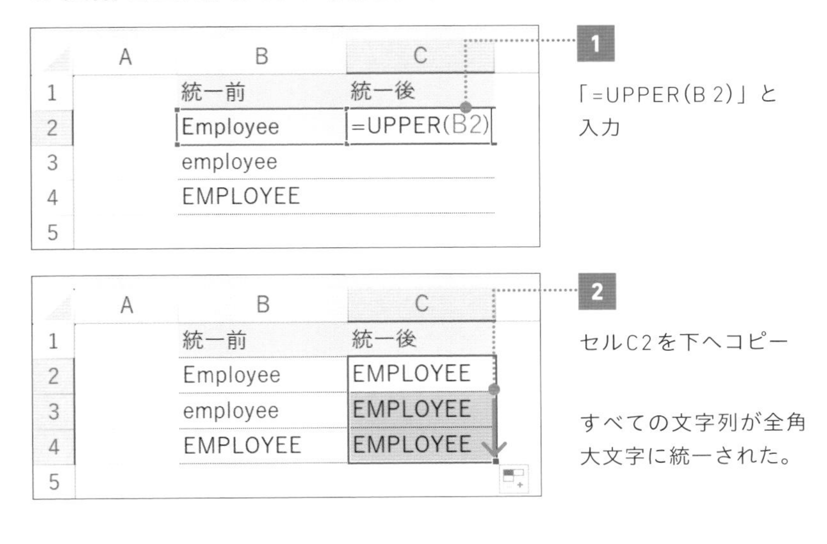

11

FILE：Chap1-11フォルダ

パワークエリ

複数ファイルを一度に集計！パワークエリを体験しよう

ファイルが追加されると、データが自動更新される

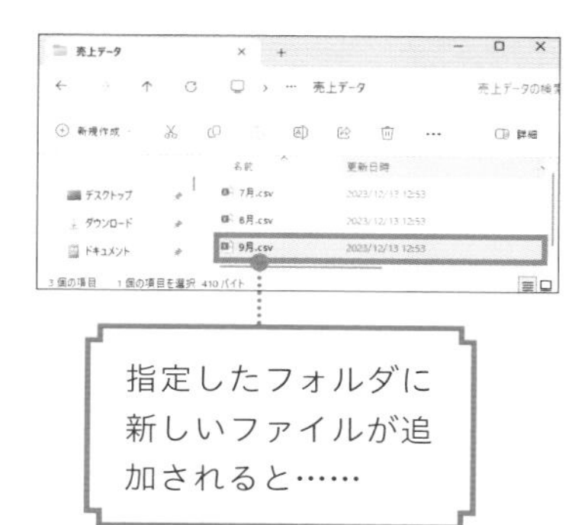

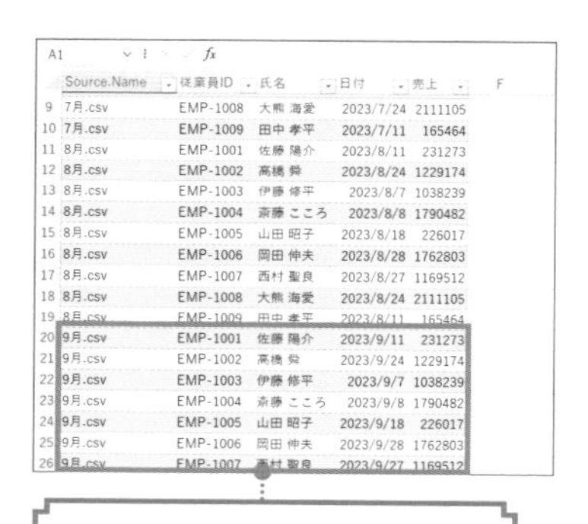

データの集計作業を自動化する

Excelを使っていると、複数のCSVファイルなどを一度に取り込みたいケースがあります。たとえば、月ごとに分かれたデータを年次データとしてマスタファイルに結合したいといった場合です。このような機能を実現するのがExcelに搭載された「パワークエリ」です。本書では、複数のファイルに含まれるデータを、一度でマスタファイルに統合する方法を学びます。CSVファイルに限らず、Webデータ、PDFデータ、通常のExcelブックデータも統合できる優れものです。

POINT：

1 パワークエリはデータ集計を自動化できる機能

2 データが追加された場合も、更新をするだけで自動集計できる

3 詳しくは『できるYouTuber式Excel パワークエリ現場の教科書』で！

MOVIE：

https://dekiru.net/ytex111

フォルダ内のデータを一気に結合する

パワークエリを使って、フォルダに入っている月次のデータを結合してみましょう。ここでは、7月のデータと8月のデータを結合させます。

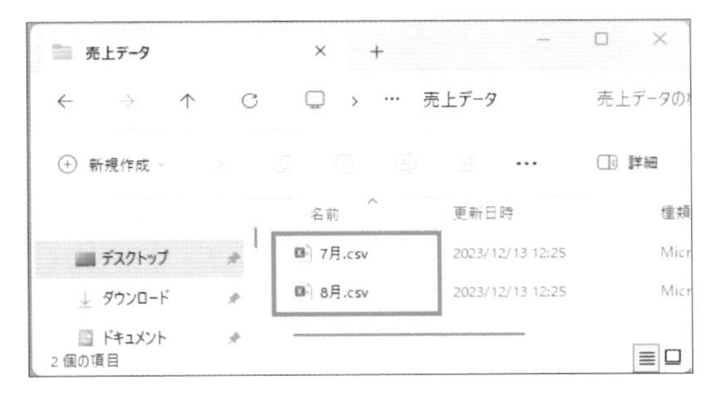

［売上データ］フォルダに7月と8月のCSVファイルが入っている状態

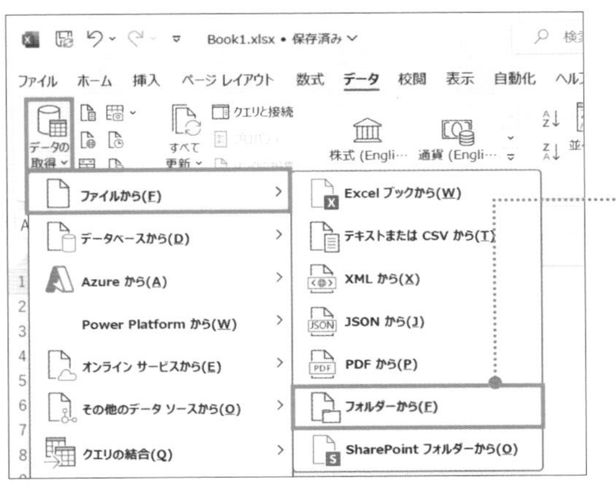

1 空白のExcelブックを開く

2 ［データ］タブ→［データの取得］→［ファイルから］→［フォルダーから］をクリック

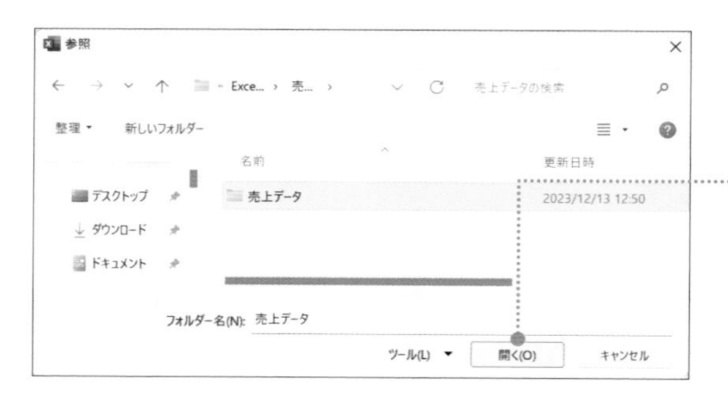

[参照]ウィンドウが表示された。

3 [売上データ]フォルダを選択して[開く]ボタンをクリック

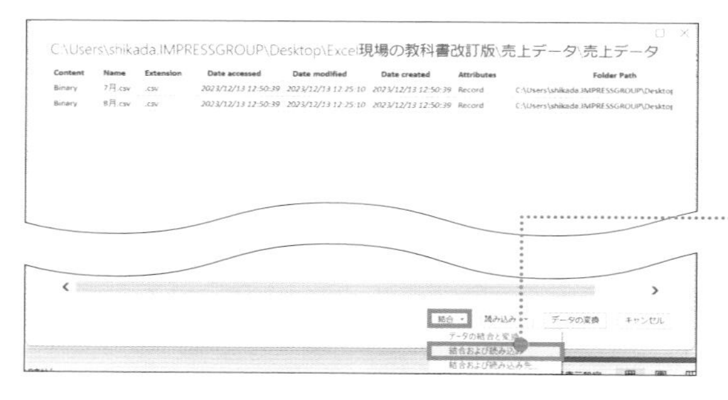

結合するファイルのプレビュー画面が表示された。

4 [結合]→[結合および読み込み]をクリック

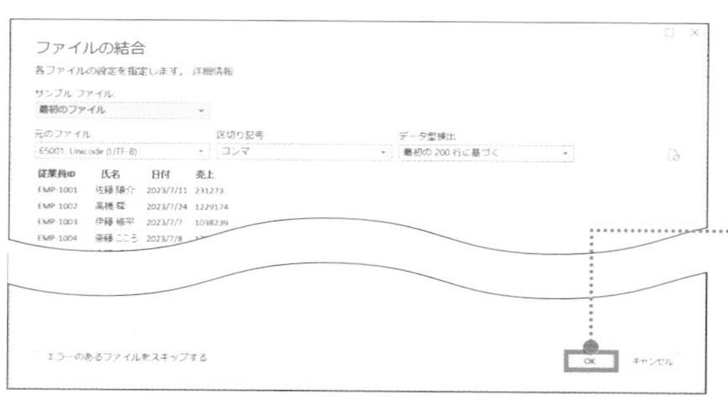

[ファイルの結合]ダイアログボックスが表示された。

5 [OK]ボタンをクリック

A1 fx Source.Name

	A	B	C	D	E
1	Source.Name	従業員ID	氏名	日付	売上
2	7月.csv	EMP-1001	佐藤 陽介	2023/7/11	231273
3	7月.csv	EMP-1002	高橋 舜	2023/7/24	1229174
4	7月.csv	EMP-1003	伊藤 修平	2023/7/7	1038239
5	7月.csv	EMP-1004	斎藤 こころ	2023/7/8	1790482
6	7月.csv	EMP-1005	山田 昭子	2023/7/18	226017
7	7月.csv	EMP-1006	岡田 伸夫	2023/7/28	1762803
8	7月.csv	EMP-1007	西村 聖良	2023/7/27	1169512
9	7月.csv	EMP-1008	大熊 海愛	2023/7/24	2111105
10	7月.csv	EMP-1009	田中 孝平	2023/7/11	165464
11	8月.csv	EMP-1001	佐藤 陽介	2023/8/11	231273
12	8月.csv	EMP-1002	高橋 舜	2023/8/24	1229174
13	8月.csv	EMP-1003	伊藤 修平	2023/8/7	1038239
14	8月.csv	EMP-1004	斎藤 こころ	2023/8/8	1790482

7月と8月のデータが結合された。

新しいデータをワンクリックで自動追加する

ここまでで、7月と8月のデータを結合できましたね。パワークエリでは、新しいデータがフォルダに追加された場合に[すべて更新]ボタンを押すだけでデータを反映させられます。ここでは、新しく9月のデータを[売上データ]フォルダに追加して、パワークエリの更新機能でデータを結合させましょう。

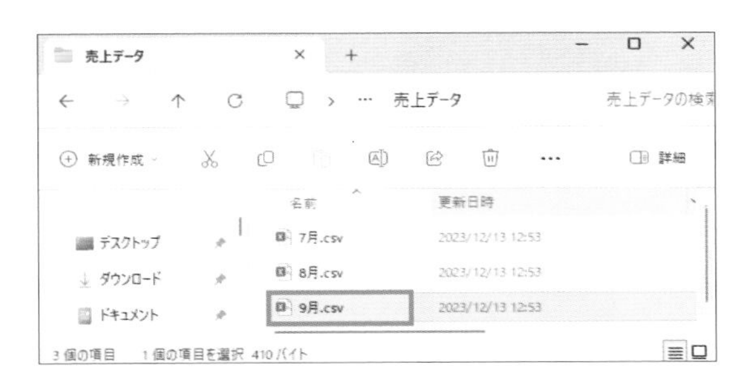

[売上データ]フォルダに9月のデータを追加しておく。

1

[データ]タブ→[すべて更新]をクリック

	Source.Name	従業員ID	氏名	日付	売上
9	7月.csv	EMP-1008	大熊 海愛	2023/7/24	2111105
10	7月.csv	EMP-1009	田中 孝平	2023/7/11	165464
11	8月.csv	EMP-1001	佐藤 陽介	2023/8/11	231273
12	8月.csv	EMP-1002	高橋 舜	2023/8/24	1229174
13	8月.csv	EMP-1003	伊藤 修平	2023/8/7	1038239
14	8月.csv	EMP-1004	斎藤 こころ	2023/8/8	1790482
15	8月.csv	EMP-1005	山田 昭子	2023/8/18	226017
16	8月.csv	EMP-1006	岡田 伸夫	2023/8/28	1762803
17	8月.csv	EMP-1007	西村 聖良	2023/8/27	1169512
18	8月.csv	EMP-1008	大熊 海愛	2023/8/24	2111105
19	8月.csv	EMP-1009	田中 孝平	2023/8/11	165464
20	9月.csv	EMP-1001	佐藤 陽介	2023/9/11	231273
21	9月.csv	EMP-1002	高橋 舜	2023/9/24	1229174
22	9月.csv	EMP-1003	伊藤 修平	2023/9/7	1038239

9月のデータが追加された。

パワークエリでは、ここからさらにデータを整形して、不要なデータを削ったり、平均値などの統計を追加したりできるようになります。より深く学びたい人は、『できるYouTuber式 Excelパワークエリ現場の教科書』もチェックしてみてください！

COLUMN

私たちはAIを学ぶ必要があるのか？

私はChatGPTやCopilotを初めて触ったとき「働き方のアップデートが強制的に引き起こされる」と衝撃を受けました。私たちは一個人としてこのAIの進化にどう向き合うべきでしょうか。結論、遅かれ早かれ、これらの技術が世の中のスタンダードになるのだから、今のうちにゼロから猛勉強することをおすすめします。私自身、会社経営をする中で、これらの新技術をどう活用して事業戦略・組織戦略を見立てるか、毎日のように触ってみては考えています。以下では、個人のキャリア開発の観点で、AI仕事術を学ぶメリットについて整理したものです。

- **キャリアの競争力がつく：AI仕事術の習得により、他の人と比較して専門的なスキルを持つことに繋がり、職場や転職市場での競争力が増します。**
- **高収入の機会に恵まれる：AIを使いこなせる人は相対的に少なく、高い需要がある領域では高給与のポジションへのアクセスが容易になります。**
- **新しい職にアクセスできる：AIの進化により新しい職種が生まれています。AI仕事術を身につけることで、人生の選択肢を広げることができます。**
- **リーダーシップを発揮しやすい：周りの人も答えを持っていないテーマだからこそ、組織内でのリーダーシップポジションを獲得する足掛かりになります。**
- **問題解決スキルが高まる：AIを実務で使うためには工夫が求められるため、複雑な課題に対する問題解決スキルが身につきます。**
- **時間が生まれる：AI仕事術を身につけることで、最新の技術やツールの理解が進み、業務プロセスの効率向上が期待できます。**
- **何者かになるチャンスがある：既存の事業やオペレーションにAIを掛け算するだけでプロフェッショナルとしての地位が確立できます。**
- **面白い仕事に関われる：AIの知識とスキルを持つことで、おもしろいプロジェクトや取り組みへの積極的な参加が可能になります。**

新しいことを学ぶ余裕がない、まだ実務での活用イメージが湧いていない、など手を出すのをためらう理由はいくらでもあるかもしれません。それでもまずは本書の第6章に書かれているExcel×AI仕事術の内容から、手触り感を確かめてください。

CHAPTER 2

「アウトプット」は手作業せずに関数とグラフを使う

01

縦棒グラフ

FILE：Chap2-01.xlsx

強調するポイントを絞って縦棒グラフを作ろう

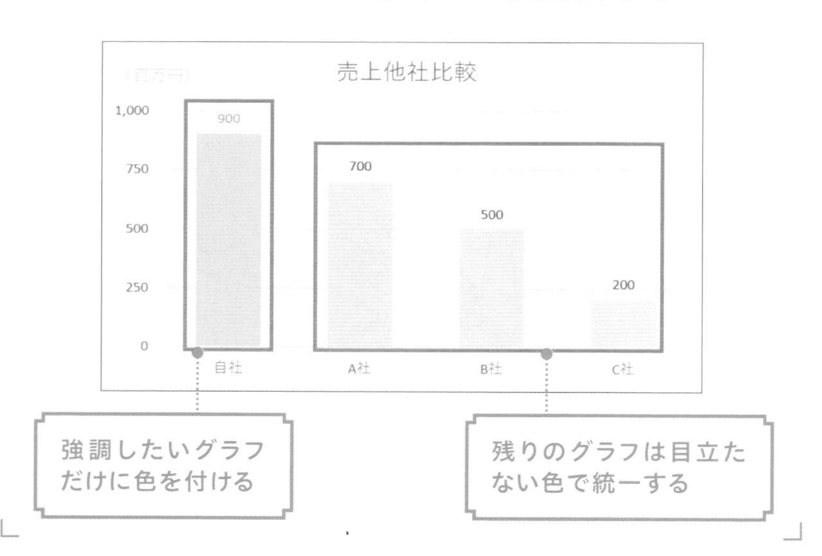

デザインの強弱を意識したグラフ作成

ここからは、データを見える化するためによく使う3つのグラフ（縦棒・折れ線・複合グラフ）をご紹介します。作り方はとても簡単。デザインの強弱を使い分ければぐっと見やすくなります。あえてデザイン性を排除する場合もありますが、このレッスンでは作成者の意図をグラフに落とし込む方法として「強調すべき要素を絞り、残りの要素は引き算する」考え方を、縦棒グラフを通じて学びましょう。縦棒グラフは、数値の大小比較をする際によく用いられます。次ページから、売上高の他社比較を行うことを想定した簡易データをもとに、明示的な縦棒グラフの作成ポイントを見ていきます。

POINT：

1 何を伝えたいか、強調するポイントを絞る

2 グラフの色・ラベル・幅を工夫する

3 単位を忘れずに記載する

MOVIE：

https://dekiru.net/ytex201

棒グラフを作成する

グラフを作るには、グラフ化したいデータを選択してグラフの種類を選びます。ここでは[集合縦棒]のグラフを作成します。

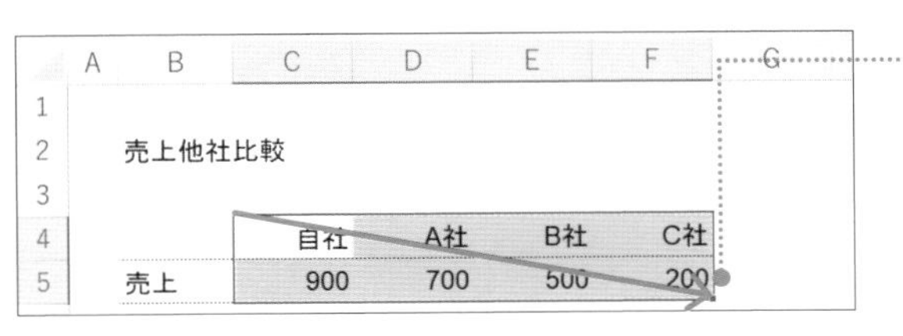

1 セルC4～F5の売上データの表をドラッグして選択

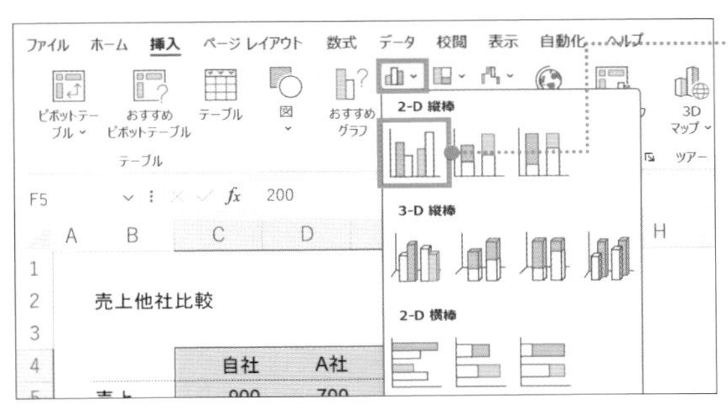

2 [挿入]タブ→[縦棒/横棒グラフの挿入]→[集合縦棒の挿入]をクリック

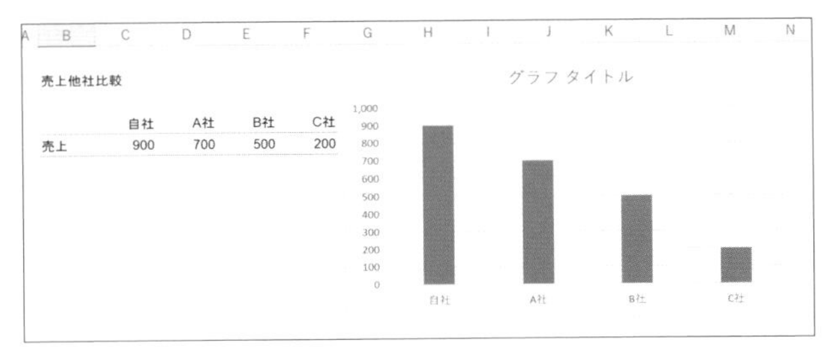

棒グラフが作成された。

目立たせたいグラフだけ強調する

前ページで作成したグラフは、自社と他社の棒グラフが同じ色になっており、強調したいポイントがわかりにくくなっています。他社の棒グラフは目立たない色で統一し、自社の棒グラフの色のみ変えましょう。ここでは、まずすべての棒グラフの色をグレーにしてから、自社の棒グラフだけを緑色に変えます。

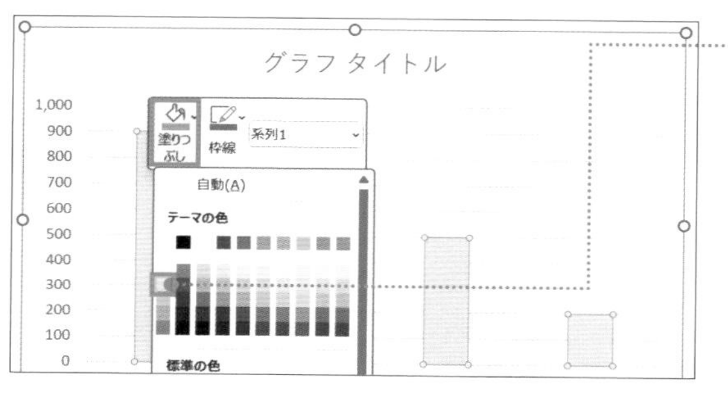

1

[自社]の棒グラフを右クリックして、[塗りつぶし]からグレーをクリック

すべての棒グラフがグレーになった。

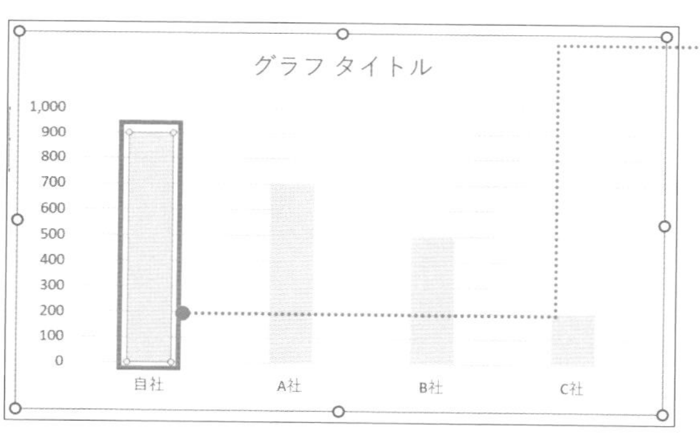

2

[自社]の棒グラフを左クリック

[自社]の棒グラフだけが選択されたことを確認。

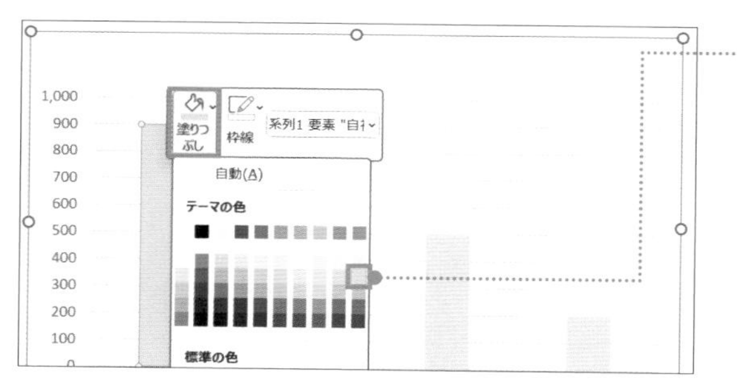

3

[自社]の棒グラフを右クリックし、[塗りつぶし]から緑をクリック

自社の棒グラフだけ色を変えて目立たせることができた。

色の塗りつぶしをしたことで、主張したいポイントが明確になりましたね。

グラフの数値を見える化する

より読み手が理解しやすいグラフにするために、必要な情報を加え、レイアウトを調整していきましょう。まずはデータラベルを追加し、各棒グラフの数値を表示します。

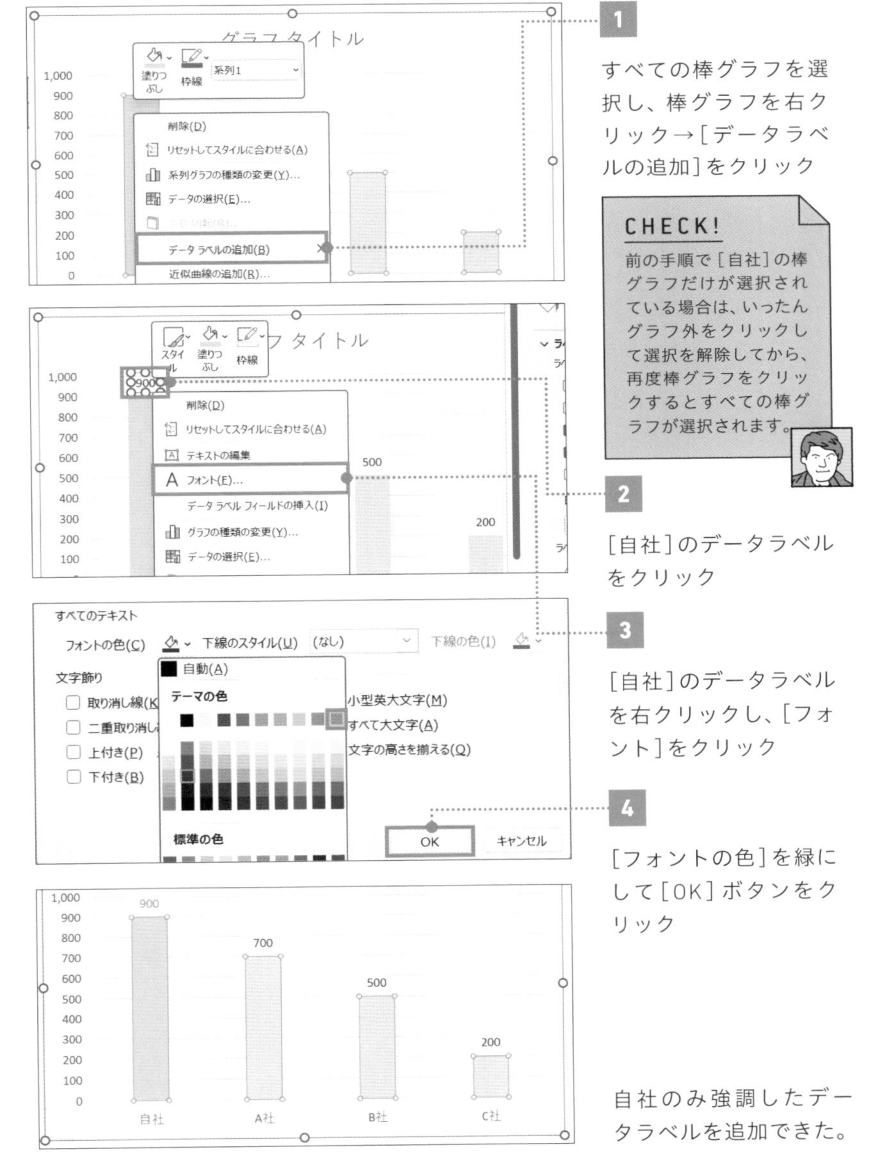

1

すべての棒グラフを選択し、棒グラフを右クリック→[データラベルの追加]をクリック

CHECK!

前の手順で[自社]の棒グラフだけが選択されている場合は、いったんグラフ外をクリックして選択を解除してから、再度棒グラフをクリックするとすべての棒グラフが選択されます。

2

[自社]のデータラベルをクリック

3

[自社]のデータラベルを右クリックし、[フォント]をクリック

4

[フォントの色]を緑にして[OK]ボタンをクリック

自社のみ強調したデータラベルを追加できた。

▶ グラフの間隔と目盛り数を整える

初期状態では、棒グラフの太さと間隔のバランスが悪いので調整しましょう。併せて、100単位になっている目盛りを250単位に変更して目盛り線を減らします。

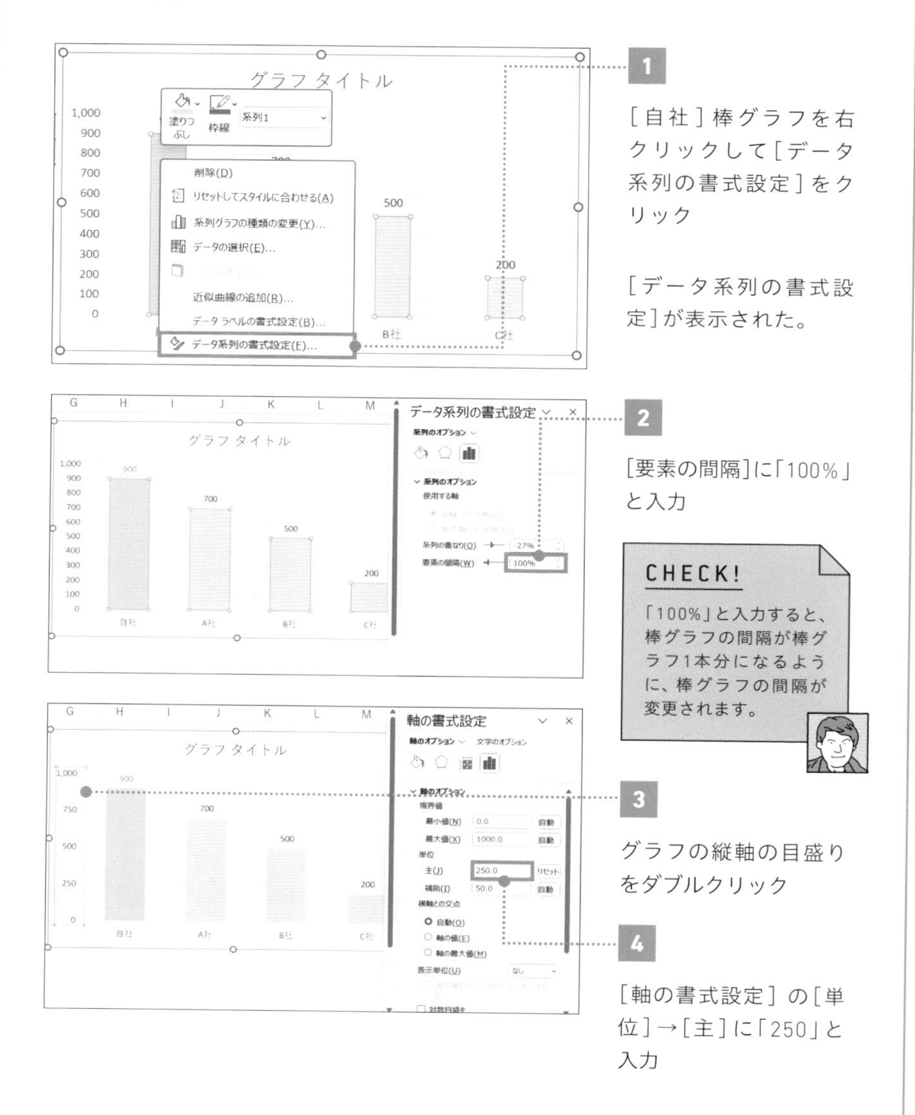

縦軸の目盛りが250ごとに変更された。

グラフタイトルは元データを参照させる

グラフ上部のタイトルには、グラフ内容がひと目でわかるようなタイトルを入力します。別のセルに入力されたテキストを参照させることも可能です。

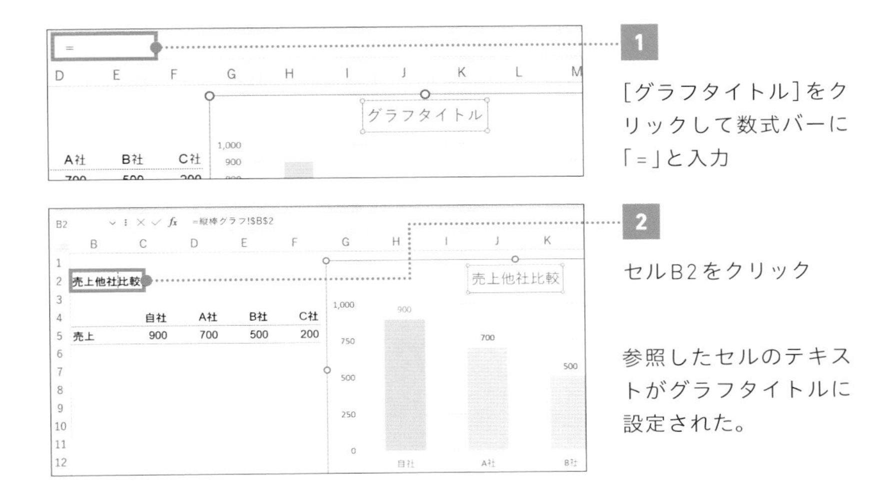

単位を表示させる

グラフの縦軸の単位が何かを示しましょう。グラフの機能で単位を表示すると見栄えがよくないため、テキストボックスを挿入して、単位を入力します。なお、必要に応じてフォントサイズや位置を調整してください。単位の数字より小さくすると見栄えがよいでしょう。

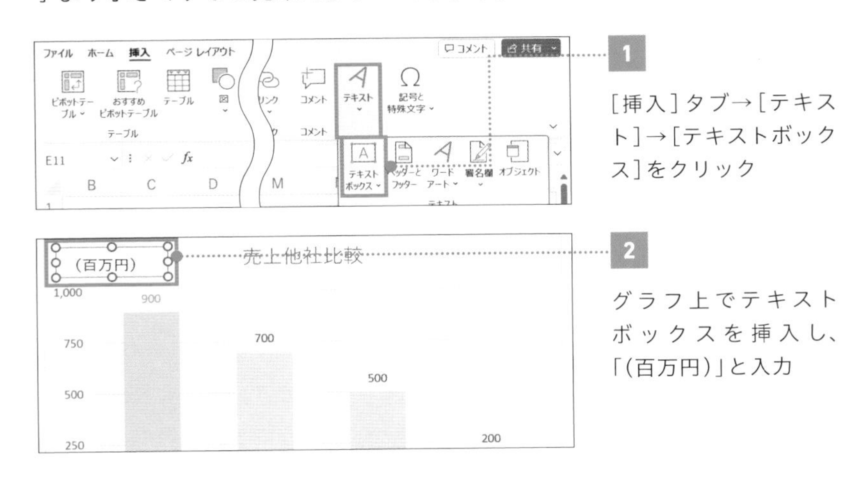

02

FILE：Chap2-02.xlsx

折れ線グラフ

線の見分けがつきやすい折れ線グラフを作ろう

実線と点線の使い分けがポイント

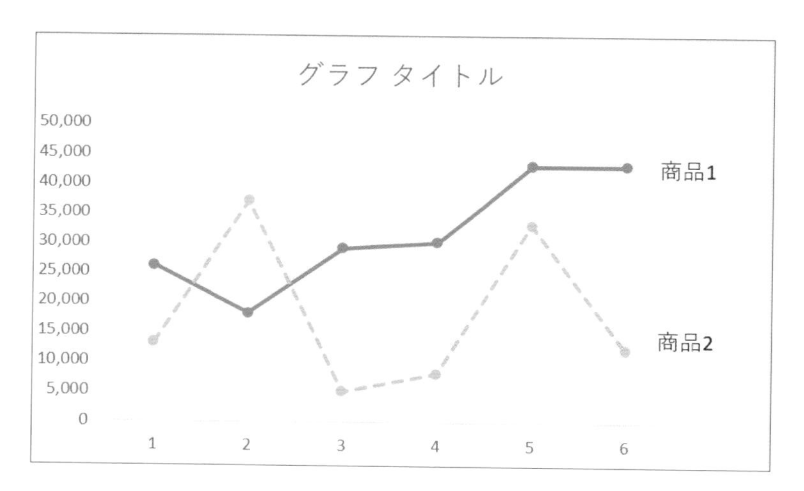

▶ 白黒印刷でも見やすいグラフにする方法

実務では、資料を印刷することを想定したグラフ作りが求められます。折れ線グラフは、細い線でデータの傾向を表現するため、線の色の濃度差だけでは直感的な判断がつかない印刷物になりがちです。とても簡単に作れますので、線の種類を正しく使い分け、読み手フレンドリーな成果物を届けるようにしましょう。また、時系列の数値データを可視化する折れ線グラフにおいて、仮にある時期のデータが抜け落ちていた場合にどのような対処法があるのかも併せて解説していきます。わかりやすいグラフ表現のコツを学んでいきましょう。

1 印刷を見越し、実線と点線を使い分ける

2 系列はテキストボックスで、各線の終点に配置する

3 データの抜け漏れにも対応できるビジュアル機能がある

MOVIE：

https://dekiru.net/ytex202

グラフの色を同系色に変更する

2つの商品の月ごとの売上推移を示すグラフを見やすく調整していきましょう。どちらかの線を強調したいわけではなく、データの推移を示したい場合、色は同系色にしたうえで片方のグラフを点線に変更すると見やすくなります。

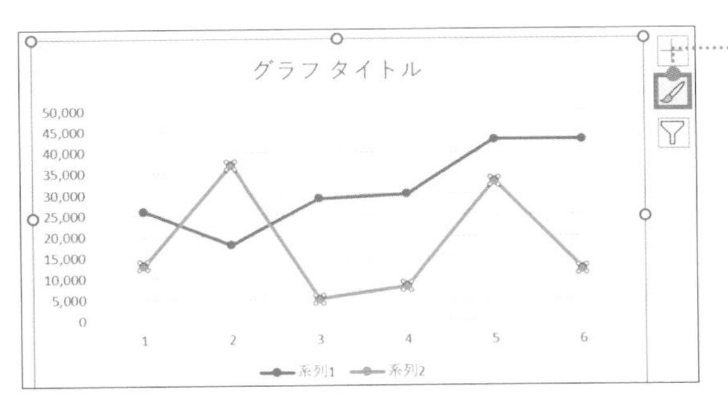

1 商品2のグラフをクリックして[グラフスタイル]をクリック

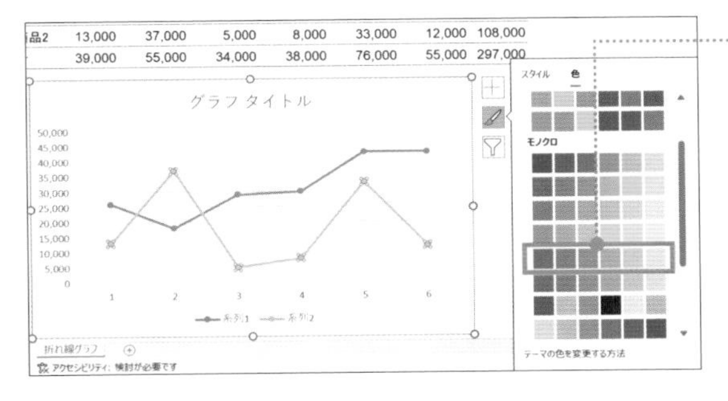

2 [色]→[モノクロ]→[モノクロパレット5]をクリック

グラフの色が変更された。

続けて、グラフの片方を点線に変える方法を次ページから解説していきます。

CHAPTER 2 加工・集計に役立つ関数・グラフ

▶ 片方のグラフを点線にする

商品2のグラフを点線に変更します。実線と点線で分けることで、白黒印刷など色が表現しづらい場合でもわかりやすいグラフになります。

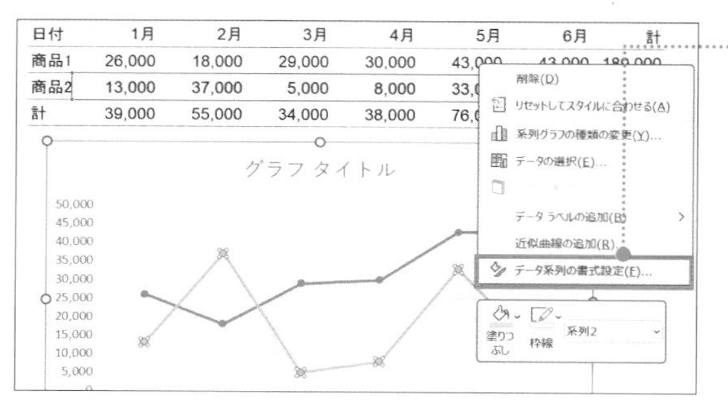

1 商品2のグラフを右クリックして[データ系列の書式設定]をクリック

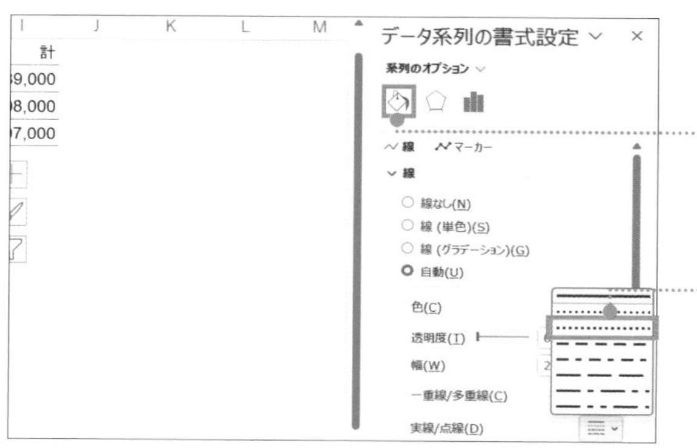

[データ系列の書式設定]が表示された。

2 [塗りつぶしと線]をクリック

3 [線]→[実線/点線]をクリックし[点線(角)]を選択

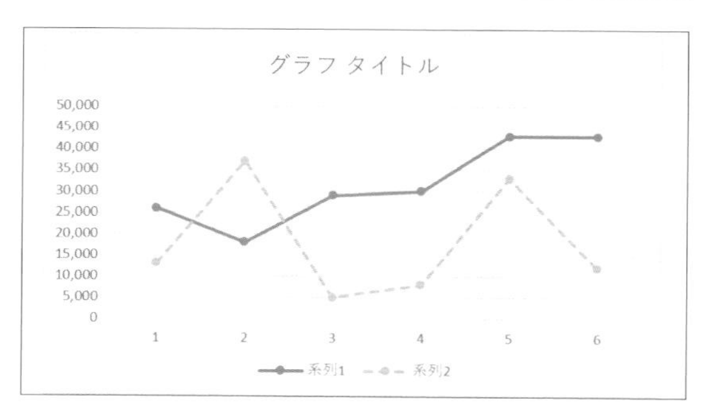

[商品2]のグラフを点線に変更できた。

実線と点線の組み合わせは、白黒印刷した場合でも見分けやすいのでおすすめです。

見やすい凡例を表示させる

どの線が何のデータを示しているか示す凡例は、初期設定ではグラフの下部に表示されますが、線グラフでは各線のすぐ横に表示したほうがひと目で理解できるグラフになります。初期設定の凡例の表示を消し、テキストボックスを挿入しましょう。

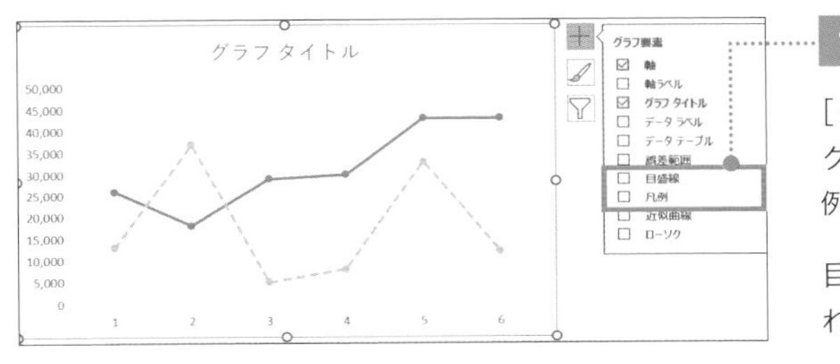

1

[グラフ要素]をクリックし、[目盛線]と[凡例]のチェックを外す

目盛線と凡例が表示されなくなった。

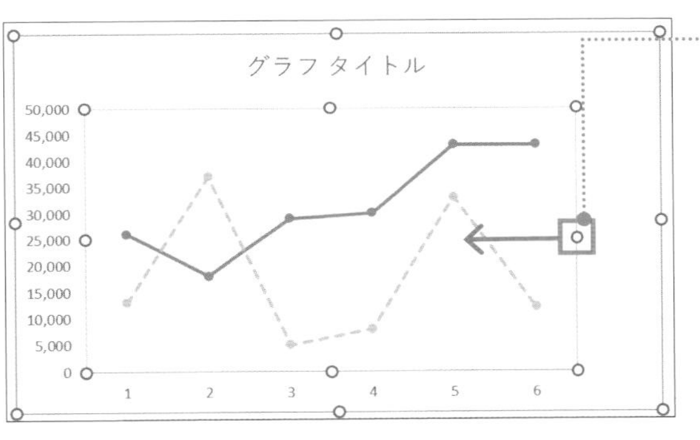

2

グラフの枠にある○を左にドラッグ

CHECK!

枠は、タイトルなど含めたグラフ全体にもありますが、ここでは折れ線グラフの周囲の枠をドラッグして縮小します。

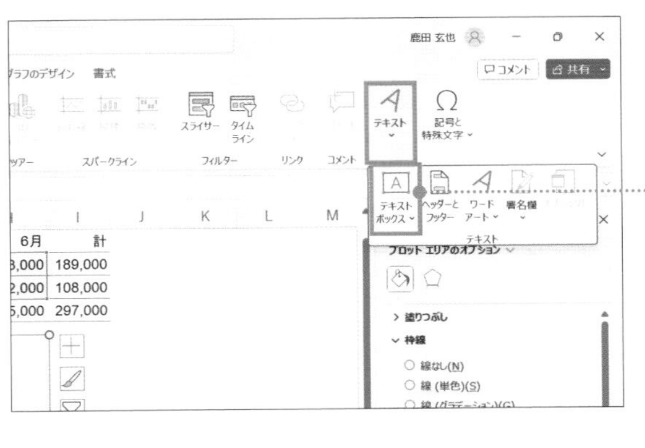

3

[挿入]タブ→[テキスト]→[テキストボックス]をクリック

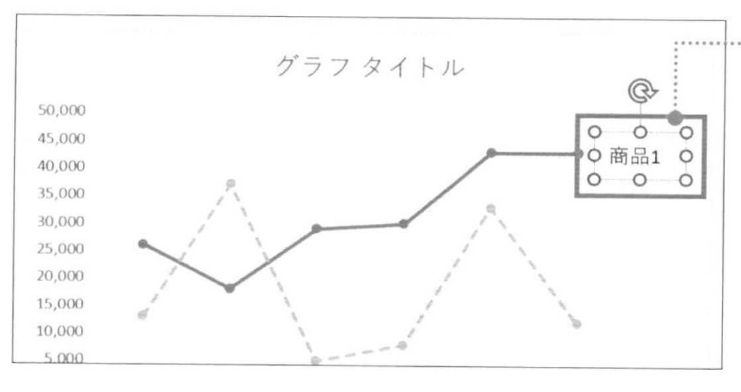

4

[商品1]グラフの右でドラッグしてテキストボックスを挿入し「商品1」と入力

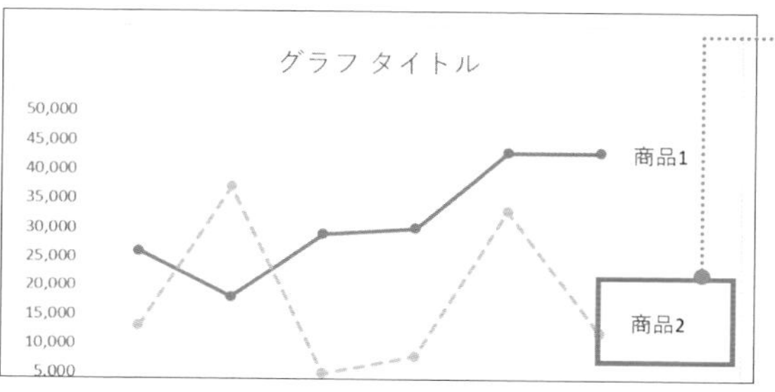

5

商品2についても同様の手順でテキストボックスを作成する

各グラフの横に凡例を表示できた。

理解を深めるHINT

グラフの各要素を理解しよう

グラフの各部分には、以下のような名前が付いています。

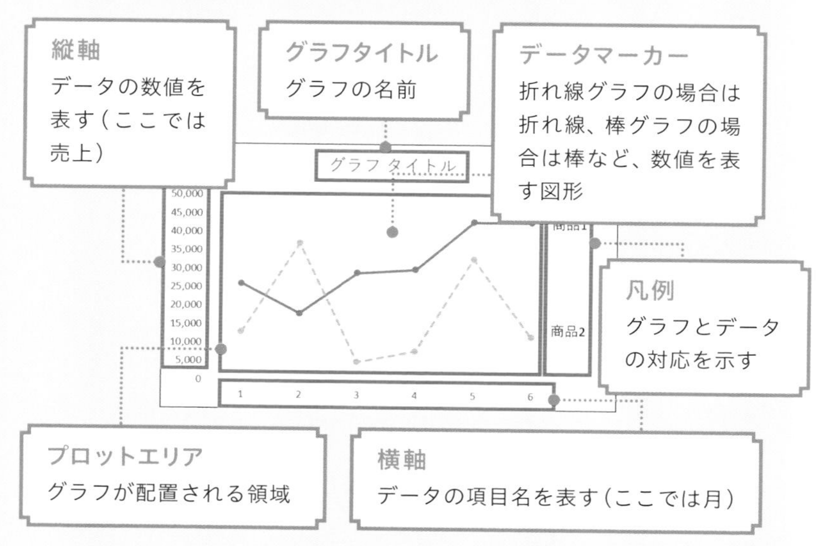

理解を深めるHINT

データに抜け漏れがある場合の線グラフ作成

実務では、何らかの理由でデータに抜けや漏れが発生することがあります。この場合、データがない部分は、線グラフも表示されなくなってしまいます。こうした場合には、[非表示および空白のセルの設定]を行うと、データがない部分の線グラフを補完してくれます。

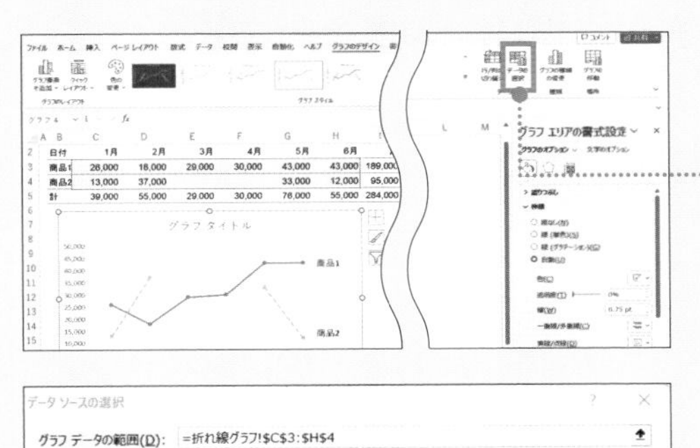

グラフのデータに抜けがある状態。

1

[グラフのデザイン]タブ→[データの選択]をクリック

データ ソースの選択
グラフ データの範囲(D): =折れ線グラフ!$C$3:$H$4
行/列の切り替え(W)
凡例項目 (系列)(S)
追加(A) 編集(E) 削除(R)
系列1
系列2
横 (項目) 軸ラベル(C)
編集(T)
1
2
3
4
5
非表示および空白のセル(H)
OK キャンセル

[データソースの選択]ダイアログボックスが表示された。

2

[非表示および空白のセル]をクリック

非表示および空白のセルの設定
空白セルの表示方法: 空白(G) ゼロ(Z) データ要素を線で結ぶ(C)
#N/A を空のセルとして表示(N)
非表示の行と列のデータを表示する(H)
OK キャンセル

[非表示および空白のセルの設定]ダイアログボックスが表示された。

3

[データ要素を線で結ぶ]を選択して[OK]ボタンをクリック

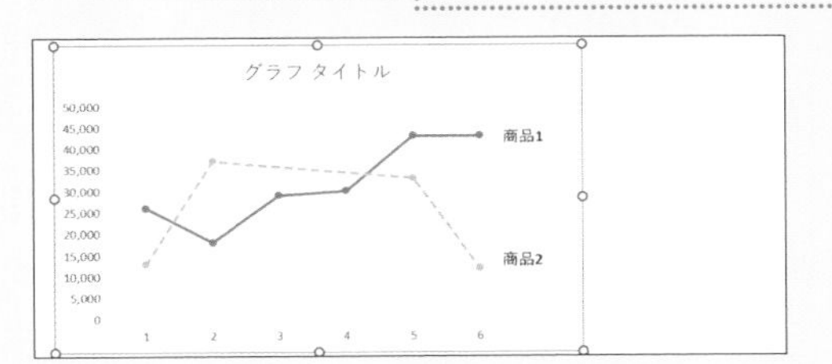

データが補完された。

FILE：Chap2-03.xlsx

03 縦棒と折れ線を組み合わせた複合グラフを作ろう

複合グラフ

1つのグラフで複数の要素を伝える

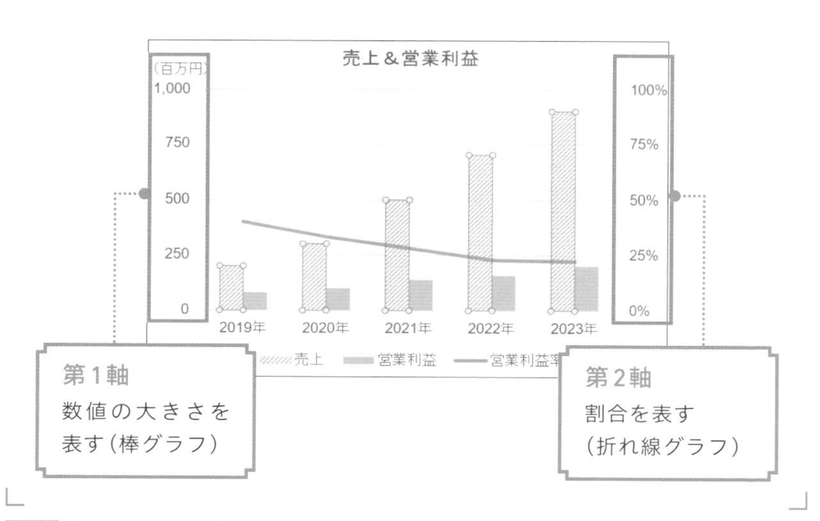

グラフに意味をプラスしよう

複合グラフは、基礎的なグラフ表現を組み合わせることで、新しい情報を示せる発展的なグラフです。一例として、縦棒グラフは、折れ線グラフと組み合わせることで、構造的なデータの変化を捉えやすくなります。実務での頻出パターンとしては、売上高や営業利益の大小変化を表す縦棒グラフに、利益率などの割合変化の折れ線グラフを組み合わせるケースがあります。本レッスンでは、見かけの増収増益に対して利益率が低下しているビジネス構造が可視化される事例をもとに、複合グラフの作り方をご紹介します。コツは「第2軸」という組み合わせ機能を使いこなすこと。それでは一緒に学んでいきましょう。

MOVIE：

1 異なる種類のグラフを組み合わせできる

2 グラフの左右にそれぞれ縦軸の目盛りを設定できる

3 縦棒と折れ線の複合グラフでデータの変化を可視化する

https://dekiru.net/ytex203

複合グラフを作成する

下のグラフは[売上][営業利益][営業利益率]を示すものですが、[営業利益率]はパーセンテージで数値が小さいため、グラフがほぼ見えない状態です。そのため、[営業利益率]だけ折れ線グラフに変更します。また、このようにグラフを組み合わせることで伝えたいことが可視化されます。

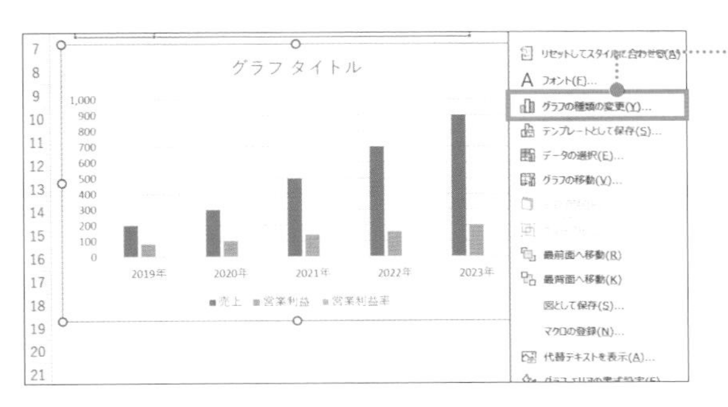

1 グラフを右クリックして[グラフの種類の変更]をクリック

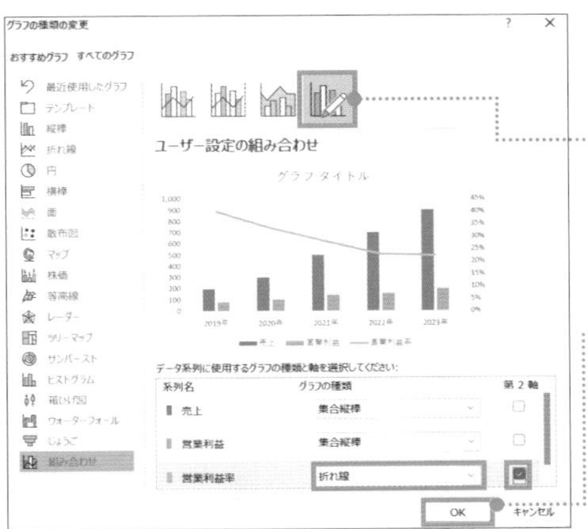

[グラフの種類の変更]ダイアログボックスが表示された。

2 [組み合わせ]→[ユーザー設定の組み合わせ]をクリック

3 [営業利益率]を[折れ線]にして、[第2軸]にチェックを入れて[OK]ボタンをクリック

CHAPTER 2

加工・集計に役立つ関数・グラフ

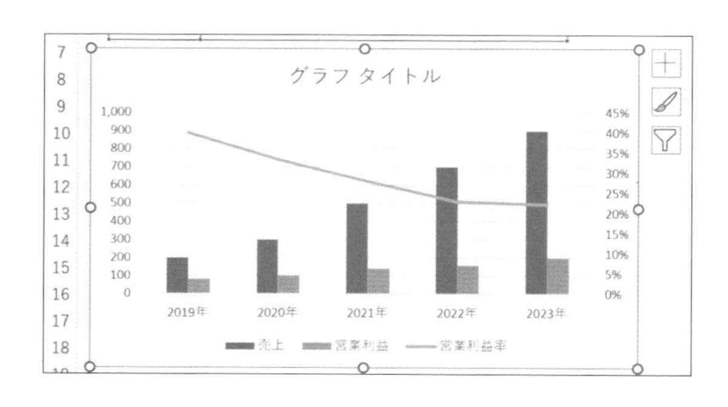

棒グラフと折れ線グラフの混合グラフを作成できた。

CHECK!

［営業利益率］の折れ線グラフの数値（%）を示す目盛りがグラフ右側に表示されました。

混合グラフを作成できましたね。強調したいポイントに応じて、70ページで解説した手順でレイアウトの調整やグラフタイトルの追加を行っておきましょう。

理解を深めるHINT

「第2軸」の使いどころ

Excelの「第2軸」は、グラフ上で異なる尺度のデータを同時に比較するための機能です。通常のグラフでは1つの縦軸が使われますが、第2軸を活用すると、同じグラフ上に別の尺度のデータを追加できます。たとえば、売上利益（円）と利益率（%）が挙げられます。他にも気温（℃）と雨量（mm）、テスト結果（点）と勉強量（時間）など、第2軸を用いるとデータを比較しやすくなります。異なる大きさや単位のデータを同じグラフ上で視覚的に理解するのに役立つので、ぜひ使ってみてくださいね。

例）売上利益（円）／利益率（%）
　　気温（℃）／雨量（mm）
　　テスト結果（点）／勉強量（時間）

理解を深めるHINT

棒グラフを「パターン」の塗りつぶしで見分けやすくする

76ページでは、2つの折れ線グラフをそれぞれ実線と点線に変更して、印刷時にも見分けやすくする方法を紹介しました。では、棒グラフを見分けやすくするにはどのような操作をすればよいでしょうか。
おすすめは「パターン」の塗りつぶしを行うことです。以下に手順を示します。

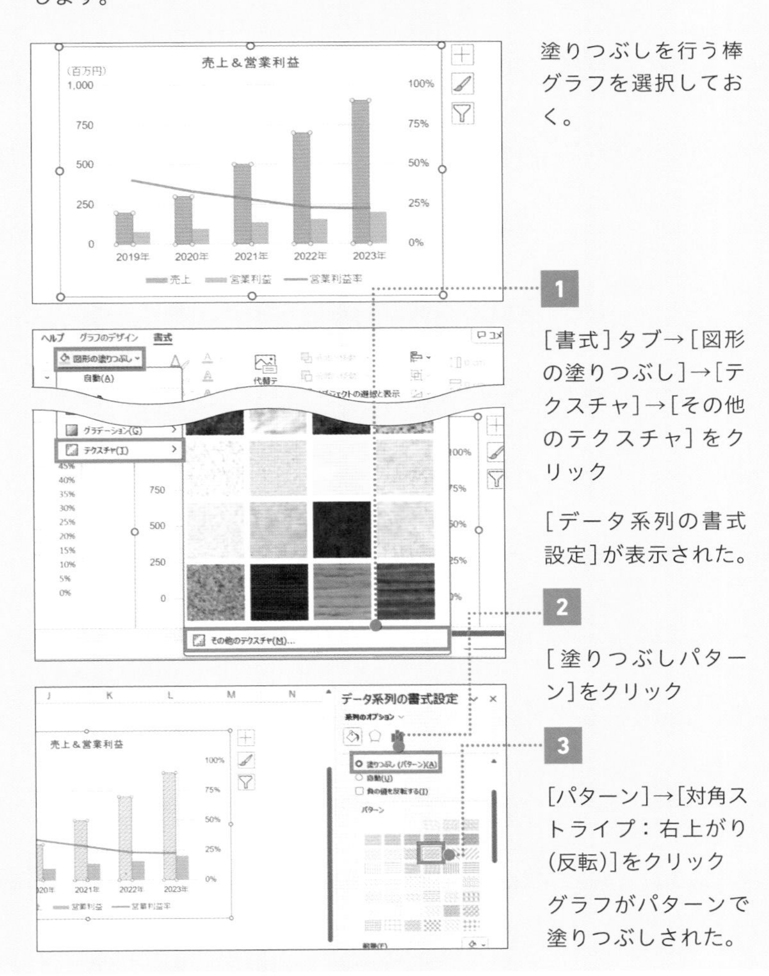

塗りつぶしを行う棒グラフを選択しておく。

1

[書式]タブ→[図形の塗りつぶし]→[テクスチャ]→[その他のテクスチャ]をクリック

[データ系列の書式設定]が表示された。

2

[塗りつぶしパターン]をクリック

3

[パターン]→[対角ストライプ：右上がり(反転)]をクリック

グラフがパターンで塗りつぶしされた。

04

書式／数式／引数

関数を武器にしてアウトプットを加速させる

関数の基本を理解しよう

第2章～第4章では、Excelにインプット（入力）したデータをアウトプット（加工・集計）するための機能や関数をご紹介します。とくに関数は、アウトプットを行ううえで欠かせません。Excelに並んだデータの羅列を意味のある情報へと変えるために、まずは関数とは何かを理解しましょう。

Excelの関数とは、Excel内にあらかじめ用意された数式のことを指します。関数ごとに決められた書式に沿って条件（引数〔ひきすう〕）を指定していくと、一瞬で計算結果を返してくれます。イメージとしては、Googleの検索ボックスに「Excel　動画」と入力すると、Excelの動画に関連する結果を一瞬で表示してくれる動きと同じです。まずは代表的な関数であるIF関数を例に、関数の書式、引数、数式の関係を見ていきましょう。

関数の書式（IF関数の場合）

IF〔イフ〕（論理式,真の場合,偽の場合）

関数名　引数1　引数2　引数3

関数の書式は、関数名と引数で成り立っている構文です。

関数の数式（IF関数の入力例）

=IF(C5>=C2,"達成","未達成")

IF関数　論理式　真の場合　偽の場合

書式に従って、引数（計算に使用するデータ）を指定し、数式を作ります。

POINT：

1 関数を使えば、ただのデータもお宝に変わる

2 関数は定義された処理を実行するための「数式」

3 「引数」とは関数を実行するためのデータ

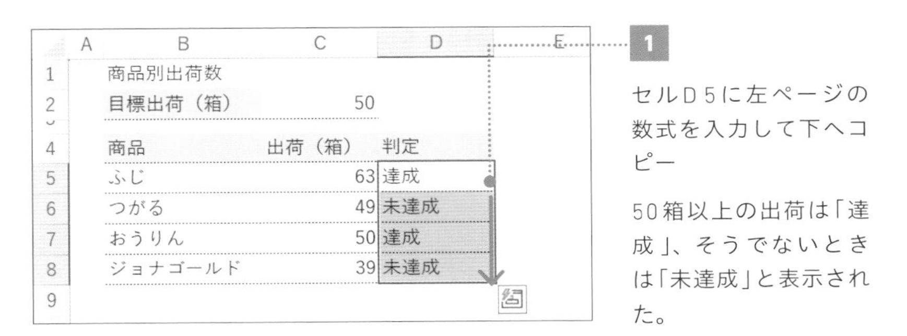

セルD5に左ページの数式を入力して下へコピー

50箱以上の出荷は「達成」、そうでないときは「未達成」と表示された。

IF関数の詳細は次のレッスンで解説します。ここでは「関数の中に書かれる条件のことを引数と呼ぶ」ということだけ覚えてください。

Excel 2023の場合、関数は512種類あり、それぞれ書式は違いますが、すべてに共通するルールがあります。実践に入る前に確認しておきましょう。

すべての関数に共通する記述ルール

- 数式はイコール「=」で始まる（「+」でもOK！）
- 半角英数字で入力する
- 引数は半角のカッコ「()」で囲む
- 複数の引数はカンマ「,」で区切る
- 引数が文字列の場合はダブルクォーテーション「"」で囲む

〈 数式の入力例 〉

=IF(C5>=C2,"達成","未達成")

05

FILE : Chap2-05.xlsx

IF

条件に合わせて表示を切り替える万能IF関数

実績に応じて目標の「達成」「未達成」を判定したい

	A	B	C	D	E
1		商品別出荷数			
2		目標出荷（箱）	50		
4		商品	出荷（箱）	判定	
5		ふじ	63		
6		つがる	49		
7		おうりん	50		
8		ジョナゴールド	39		
9					

IF関数を使えば、条件によって表示を変えられます。出荷が50個以上のときは「達成」、50個より小さいときは「未達成」と表示してみましょう。

条件分岐ができないと仕事にならない

「この場合は、あれをしろ」「違う場合は、これをしろ」というように、条件を満たすかどうかで処理を変えることができる（条件分岐ができる）のがIF関数の特徴です。「もし明日が雨だったら傘を持っていこう」というように「もし○○が××だったら～をする」という条件分岐の考え方は、ビジネスシーンでもよく用いられます。

ここでは、りんごの出荷数が目標を超えたかどうかで「達成」「未達成」という処理に条件分岐するケースを紹介します。

POINT :

1 IF関数を使えば条件分岐できる

2 論理式に当てはまるなら「真」、そうでないなら「偽」

3 論理式の記号には「比較演算子」を用いる

https://dekiru.net/ytex205

目標が「達成」か「未達成」かを判定する

論理式の真偽によって返す値を変える

IF（イフ）(論理式,真の場合,偽の場合)

引数[論理式]の条件を満たせば引数[真の場合]の値を返し、そうでなければ引数[偽の場合]の値を返す。「もし❶を満たせば❷する。そうでなければ❸する」というように、条件によってセルに表示する内容を変更する。

〈 数式の入力例 〉

=IF(C5>=$C$2,"達成","未達成")

❶ C5>=$C$2　❷ "達成"　❸ "未達成"

〈 引数の役割 〉

❶ 論理式
セルC5がセルC2以上

条件を満たす → ❷ 真の場合
「達成」という文字列を返す

条件を満たさない → ❸ 偽の場合
「未達成」という文字列を返す

出荷数が50個以上の場合は「達成」、そうでない場合は「未達成」と判定します。

=IF(C5>=$C$2,"達成","未達成")

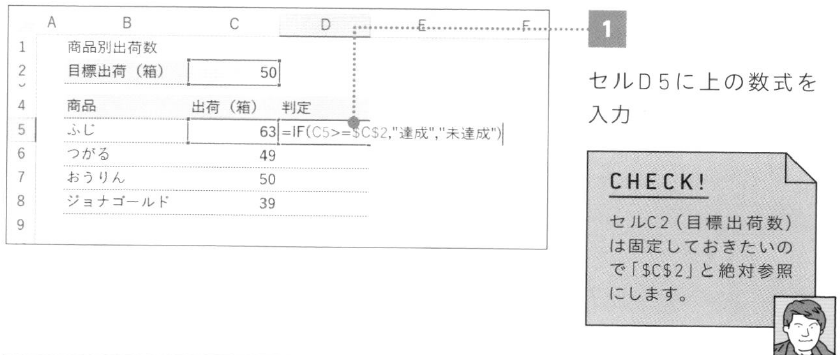

セルD5に上の数式を入力

CHECK!

セルC2（目標出荷数）は固定しておきたいので「$C$2」と絶対参照にします。

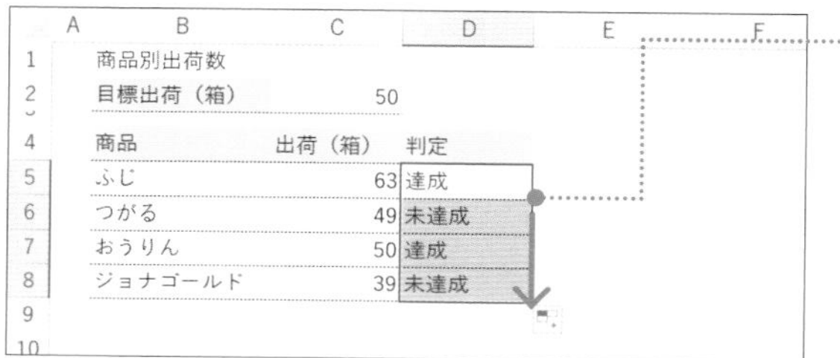

セルD5を下へコピー

50個以上は「達成」、それ以下は「未達成」と表示できた。

理解を深めるHINT

2通りの判定ではなく3通りの判定を求めたい

この事例は2通りですが、3通りの判定もできます。たとえば、50個以上のときは、「◎」、40個以上のときは「△」、それより下は「×」としたいときは以下の数式のように関数の中に関数を入れることもできます。

=IF(C5>=$C$2,"◎",IF(C5>=40,"△","×"))

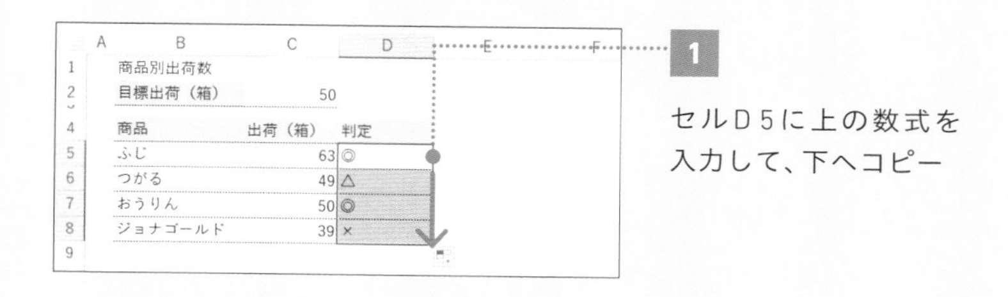

セルD5に上の数式を入力して、下へコピー

▶ 論理式は「〇〇記号××」の原則で組み立てる

IF関数が難しいなと感じるのは、条件を論理式で組み立てるのが難しいためです。これを克服するポイントは、論理式を構成する「〇〇記号××」の枠を意識することです。

「セルC5がセルC2以上」を「C5>=$C$2」と組み立てたように、論理式には必ず「〇〇記号××」という枠が登場します。この枠は、比較する値「〇〇」と「××」、どう比較するかを指定する「記号」の3つのパーツによって成り立っています。何と何をどのように比較するのか、この枠に当てはめて論理式を考えていくと、自分で条件を組み立てられるようになります。

C5 >= $C$2

〇〇 記号 ××

ここで用いる記号は「比較演算子」と呼ばれ、Excelを使ううえでは次の6つを覚えるようにしましょう。

[比較演算子の使用例(条件と論理式の対応表)(図表2-01)]

条件	論理式
〇〇が××と等しい	〇〇 =××
〇〇は××より大きい	〇〇 >××
〇〇は××以上	〇〇 >=××
〇〇は××より小さい	〇〇 <××
〇〇は××以下	〇〇 <=××
〇〇が××と等しくない	〇〇 <>××

条件のパターンは上の6つが基本パターンですが、応用系として「AかつB」「AまたはB」という指定の仕方もできます。次のレッスンで詳しく見ていきましょう！

06

AND／OR

FILE：Chap2-06.xlsx

AND関数とOR関数を使ってIF関数の幅を広げる

AND関数（アンド）

E3 =AND(C3="○",D3= "○")

	A	B	C	D	E
1		セミナー出席表			
2		参加者	午前の部	午後の部	1日参加
3		長内孝平	○	○	TRUE
4		大野啓	×	○	FALSE
5		斎藤康介	○	○	TRUE
6		佐藤文美	○	×	FALSE
7		細井直紀	○	○	TRUE
8		山内恵	×	○	FALSE
9					

「午前の部」かつ「午後の部」を出席している人は「TRUE」、そうでない人は「FALSE」と判断する。

OR関数（オア）

E3 =OR(C3="×",D3="×")

	A	B	C	D	E
1		セミナー出席表			
2		参加者	午前の部	午後の部	半日参加
3		長内孝平	○	○	FALSE
4		大野啓	×	○	TRUE
5		斎藤康介	○	○	FALSE
6		佐藤文美	○	×	TRUE
7		細井直紀	○	○	FALSE
8		山内恵	×	○	TRUE
9					

「午前の部」または「午後の部」を欠席している人を「TRUE」。そうでない人は「FALSE」と判断する。

ここではAND関数とOR関数でできることを学んでから、IF関数との組み合わせを紹介していきます。

▶ AND関数は「かつ」、OR関数は「または」条件

前のレッスンでは「もし○○が××だったら」といった単一条件での論理式の書き方を学びましたが、AND関数とOR関数を用いれば複数の条件を表せるようになります。具体的には「もし○○が××であり、かつ（または）、もし△△が□□だったら」というように、2つ以上の条件を一度に指定できます。なお、複数の条件の場合でも、1つひとつの論理式は91ページで紹介した「○○記号××」の原則を満たします。

POINT :

1 論理式を複数条件として指定するときにAND・OR関数を用いる

2 AND関数は「❶（〇〇=××）かつ❷（△△=□□）」

3 OR関数は「❶（〇〇=××）または❷（△△=□□）」

MOVIE :

https://dekiru.net/ytex206

1日中（午前かつ午後）参加か判定する

すべての条件が満たされているかを調べる

AND（アンド）(論理式1,論理式2,…)

すべての引数[論理式]に当てはまればTRUE（真）を返し、どれか1つでも当てはまらなければFALSE（偽）を返す。引数[論理式]は255個まで指定できるため、実質無制限。

〈 数式の入力例 〉

=AND(C3="〇",D3="〇")

❶ ❷

〈 引数の役割 〉

❶ 論理式1
午前の部が〇の場合（C3="〇"）

❷ 論理式2
午後の部が〇の場合（D3="〇"）

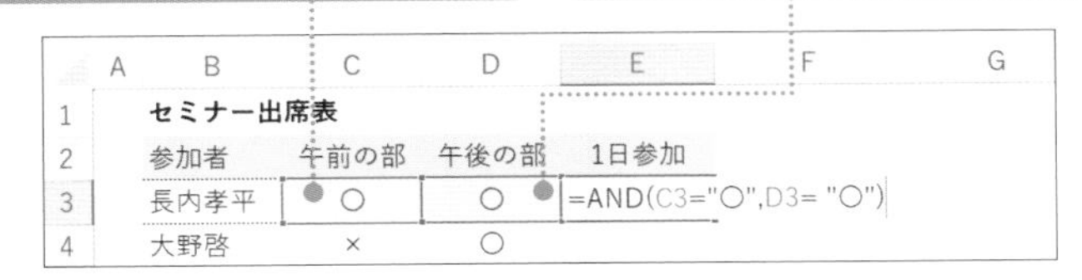

	A	B	C	D	E	F	G
1		セミナー出席表					
2		参加者	午前の部	午後の部	1日参加		
3		長内孝平	〇	〇	=AND(C3="〇",D3= "〇")		
4		大野啓	×	〇			

午前の部が「〇」かつ午後の部が「〇」の場合は「TRUE」、そうでない場合は「FALSE」を表示します。

= AND (C3="○",D3="○")

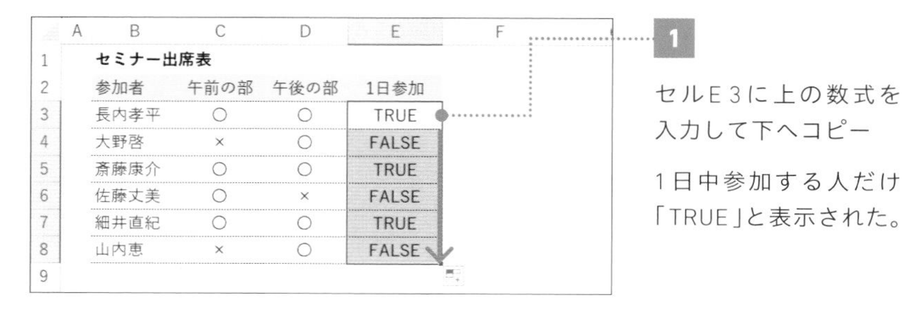

	A	B	C	D	E	F
1		セミナー出席表				
2		参加者	午前の部	午後の部	1日参加	
3		長内孝平	○	○	TRUE	
4		大野啓	×	○	FALSE	
5		斎藤康介	○	○	TRUE	
6		佐藤丈美	○	×	FALSE	
7		細井直紀	○	○	TRUE	
8		山内恵	×	○	FALSE	
9						

セルE3に上の数式を入力して下へコピー

1日中参加する人だけ「TRUE」と表示された。

▶ 半日以上（午前または午後）欠席する人を判定する

いずれかの条件が満たされているかを調べる

OR（オア）（論理式1,論理式2,…）

1つでも当てはまればTRUE（真）を返し、すべて当てはまらなければFALSE（偽）を返す。引数［論理式］は255個まで指定できるため、実質無制限。

〈 数式の入力例 〉

= OR (C3="×",D3="×")
❶ C3="×"　❷ D3="×"

〈 引数の役割 〉

❶ 論理式1
午前の部が×の場合（C3="×"）

❷ 論理式2
午後の部が×の場合（D3="×"）

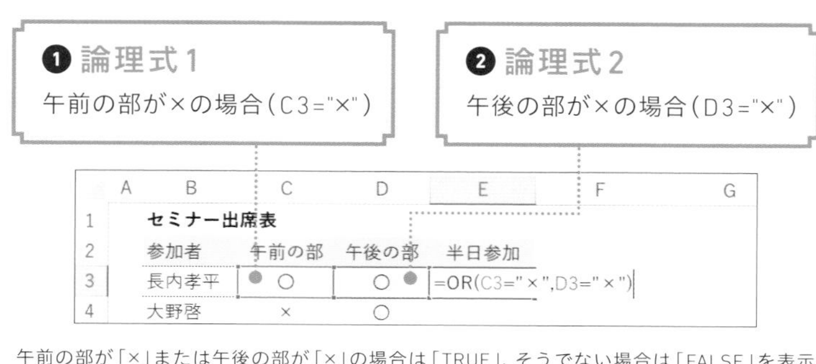

	A	B	C	D	E	F	G
1		セミナー出席表					
2		参加者	午前の部	午後の部	半日参加		
3		長内孝平	○	○	=OR(C3="×",D3="×")		
4		大野啓	×	○			

午前の部が「×」または午後の部が「×」の場合は「TRUE」、そうでない場合は「FALSE」を表示します。

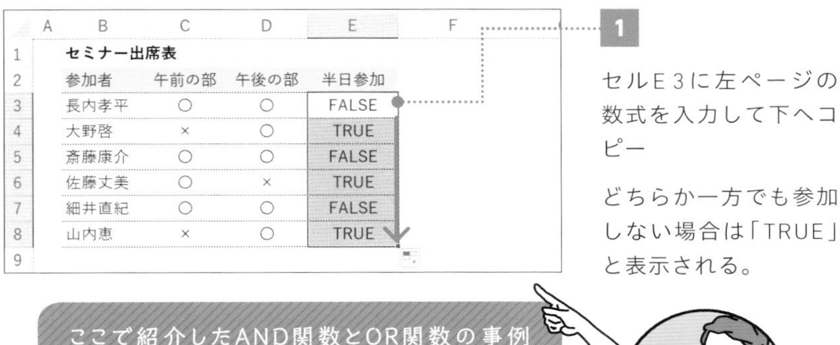

	A	B	C	D	E	F
1		セミナー出席表				
2		参加者	午前の部	午後の部	半日参加	
3		長内孝平	○	○	FALSE	
4		大野啓	×	○	TRUE	
5		斎藤康介	○	○	FALSE	
6		佐藤丈美	○	×	TRUE	
7		細井直紀	○	○	FALSE	
8		山内恵	×	○	TRUE	
9						

1

セルE3に左ページの数式を入力して下へコピー

どちらか一方でも参加しない場合は「TRUE」と表示される。

ここで紹介したAND関数とOR関数の事例は、TRUEとFALSEがすべて逆になっています。これは同じ事象を別の角度から見たためです（ド・モルガンの法則）。

▶ IF関数と組み合わせてみよう

AND関数とOR関数が、複数の条件を満たすかどうかで「TRUE」「FALSE」という値を返すことがわかりました。実は、この特徴を利用すると、IF関数の第1引数にAND関数やOR関数を組み合わせることができます。

ここでは「午前の部」かつ「午後の部」両方に出席する人だけに、お弁当を用意するという条件分岐のロジックを組んでみましょう。IF関数とAND関数の組み合わせです。

▶ 1日参加には弁当を用意する

=IF(AND(C3="○",D3="○"),"弁当用意","-")

午前の部かつ午後の部に出席　TRUE　FALSE

E3　=IF(AND(C3="○",D3= "○"),"弁当用意","-")

	A	B	C	D	E	F
1		セミナー出席表				
2		参加者	午前の部	午後の部	弁当	
3		長内孝平	○	○	弁当用意	
4		大野啓	×	○	-	
5		斎藤康介	○	○	弁当用意	
6		佐藤丈美	○	×	-	
7		細井直紀	○	○	弁当用意	
8		山内恵	×	○	-	
9						

1

セルE3に上の数式を入力して下へコピー

1日中参加する人だけ「弁当用意」と表示された。

07

FILE：Chap2-07.xlsx

COUNTIFS

条件に一致するデータの数を一瞬で数えるCOUNTIFS関数

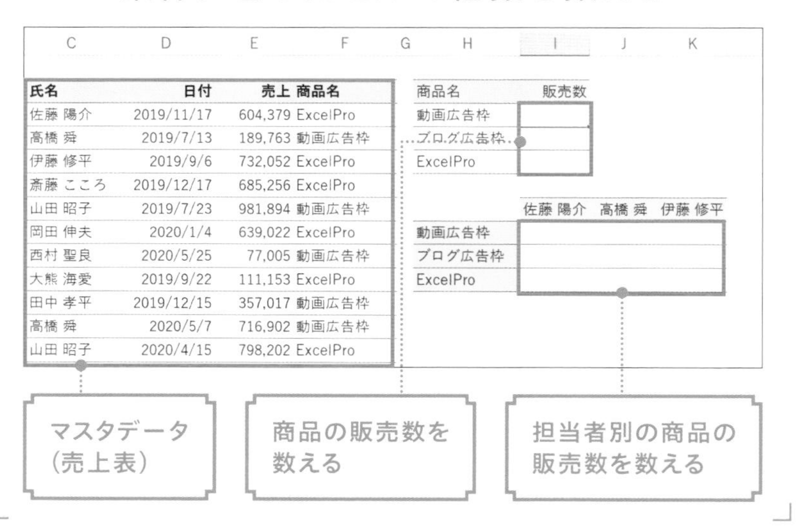

▶ セルの個数を数えるときはCOUNTIFS関数を使う

マスタデータには多くのデータが溜まっていますが、それだけではデータの特徴がわかりません。実務ではマスタデータを何かしらの目的に応じて集計しなおすのが通常です。そのような「データの個数を集計する場面」では、COUNTIFS関数を思い出してください。

ここでは「商品販売数」や「担当者別の商品販売数」を集計してみましょう。四半期ごとにマスタデータを集計してレポートを作る人にとっては、データの転記漏れがないかをチェックするときにも使える関数です。

POINT：

1 COUNTIFS関数を使ってセルの個数を数える

2 条件は複数あっても数えられる

3 引数の指定は参照方法に要注意！

MOVIE：

https://dekiru.net/ytex207

▶ 商品の販売数を求める

複数の条件に一致するデータの個数を数える

COUNTIFS（カウントイフス）（範囲1,検索条件1,範囲2,検索条件2,…）

指定した引数［範囲］から引数［検索条件］を満たすセルの個数を求める。引数［範囲］と引数［検索条件］を1つの条件として、複数指定できる。

〈 数式の入力例 〉

=COUNTIFS($F$3:$F$999,H3)

〈 引数の役割 〉

❶ 範囲

商品名（セルF3～F999）

［商品名］項目に「動画広告枠」が何件あるかを数えます。引数［範囲］は、数式を他のセルへコピーしても固定しておきたいので絶対参照に指定しておきましょう。

= COUNTIFS($F$3:$F$999,H3)

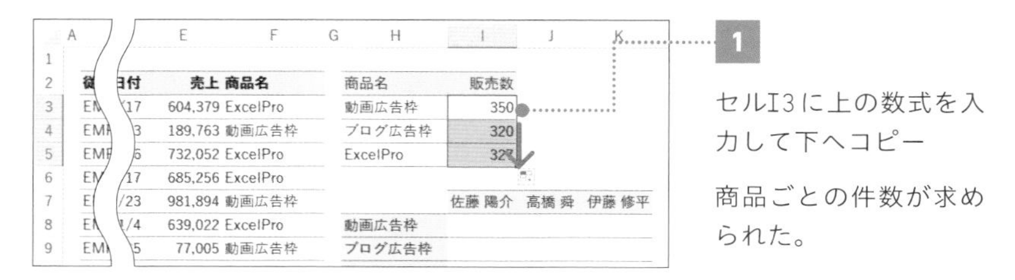

▶ 担当者別の販売数を求める

〈 数式の入力例 〉

= COUNTIFS($F$3:$F$999,$H8,$C$3:$C$999,I$7)

〈 引数の役割 〉

[商品名]項目は「動画広告枠」、[氏名]項目は「佐藤 陽介」の条件に当てはまるデータが何件あるかを数えます。

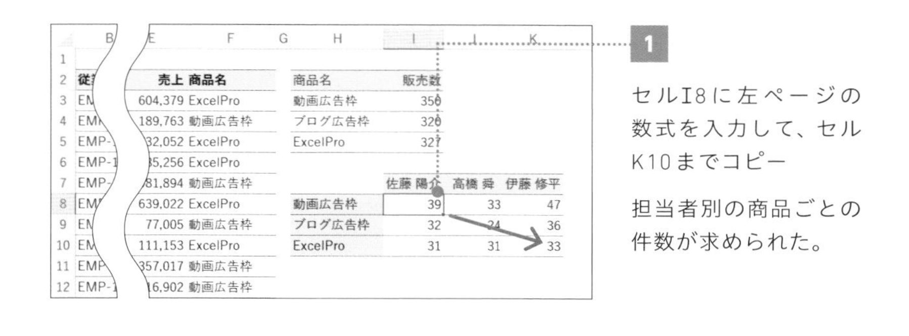

セルI8に左ページの数式を入力して、セルK10までコピー

担当者別の商品ごとの件数が求められた。

▶ 数式を縦にも横にもコピーしたい！

上の図面のように「商品名」と「担当者」の2軸で集計している表をマトリックス表ともいいます。この場合、数式を縦にも横にもコピーするので引数[検索条件]の参照方法に要注意です。

「商品名」は参照元を列のみコピーしたいので「$H8」、「担当者」は行のみコピーしたいので「I$7」というように参照を切り替えます。１つの数式でマトリックス表を完成できるようになりましょう。

	G	H	I	J	K
7			佐藤 陽介	高橋 舜	伊藤 修平
8		動画広告枠	=$H8	=$H8	=$H8
9		ブログ広告枠	=$H9	=$H9	=$H9
10		ExcelPro	=$H10	=$H10	=$H10
11					

列のみ絶対参照
セルI8に「$H8」と入力

「$」によって列が固定されているため、どのセルにコピーしても参照元はH列のままです。

	G	H	I	J	K
7			佐藤 陽介	高橋 舜	伊藤 修平
8		動画広告枠	=I$7	=J$7	=K$7
9		ブログ広告枠	=I$7	=J$7	=K$7
10		ExcelPro	=I$7	=J$7	=K$7
11					

行のみ絶対参照
セルI8に「I$7」と入力

「$」によって行が固定されているため、どのセルにコピーしても参照元は7行目のままです。

・絶対参照 ……………………………… P.043

08

SUMIFS

FILE：Chap2-08.xlsx

条件に一致するデータの合計を瞬時に求めるSUMIFS関数

条件に合ったセルの合計を数える

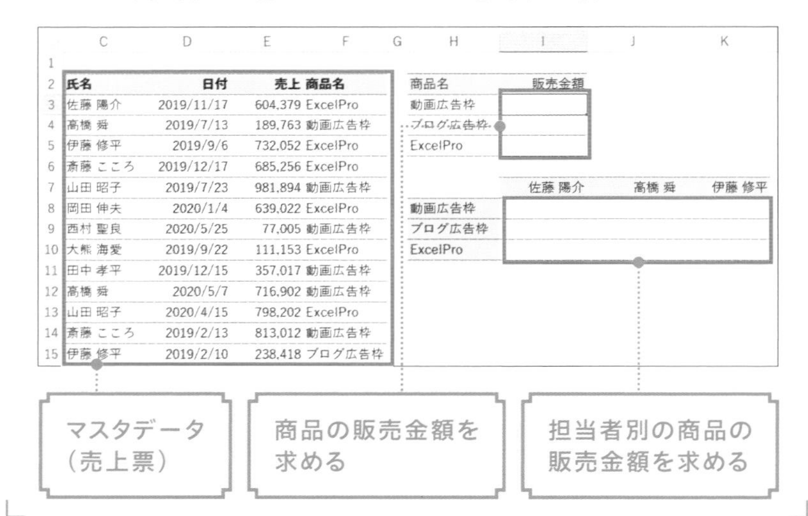

氏名	日付	売上	商品名
佐藤 陽介	2019/11/17	604,379	ExcelPro
高橋 舜	2019/7/13	189,763	動画広告枠
伊藤 修平	2019/9/6	732,052	ExcelPro
斎藤 こころ	2019/12/17	685,256	ExcelPro
山田 昭子	2019/7/23	981,894	動画広告枠
岡田 伸夫	2020/1/4	639,022	ExcelPro
西村 聖良	2020/5/25	77,005	動画広告枠
大熊 海愛	2019/9/22	111,153	ExcelPro
田中 孝平	2019/12/15	357,017	動画広告枠
高橋 舜	2020/5/7	716,902	動画広告枠
山田 昭子	2020/4/15	798,202	ExcelPro
斎藤 こころ	2019/2/13	813,012	動画広告枠
伊藤 修平	2019/2/10	238,418	ブログ広告枠

商品名	販売金額
動画広告枠	
ブログ広告枠	
ExcelPro	

	佐藤 陽介	高橋 舜	伊藤 修平
動画広告枠			
ブログ広告枠			
ExcelPro			

▶ セルに含まれる数値の合計といえばSUMIFS関数

SUMIFS関数は条件に一致するセルに含まれる数値の合計を出すときに使う関数です。ここでは「商品の販売金額」と「担当者別の商品の販売金額」を合計してみます。条件は複数指定することが可能です。SUMIFS関数はCOUNTIFS関数同様に、データ集計や分析、データの抜け漏れがないかをチェックするときに役立ちます。

とくに数値の集計の場面が来たらSUMIFS関数を思い出してください。前のレッスン同様、指定する引数の参照方法を意識して学んでいきましょう。

POINT：

1 SUMIFS関数は条件に合ったセルの数値合計を求められる

2 引数は、最初に[合計対象範囲]を指定する

3 次に[条件範囲]と[条件]を指定していく

MOVIE：

https://dekiru.net/ytex208

商品の販売金額を求める

複数の条件を指定して数値を合計する

SUMIFS（サムイフス）(合計対象範囲,条件範囲1,条件1,…)

引数[条件範囲]と引数[検索条件]を指定して複数の条件を満たすデータを探し、検索されたデータに対応する引数[合計対象範囲]にあるデータを合計する。

〈 数式の入力例 〉

= SUMIFS($E$3:$E$999,$F$3:$F$999,H3)

❶ $E$3:$E$999　❷ $F$3:$F$999　❸ H3

〈 引数の役割 〉

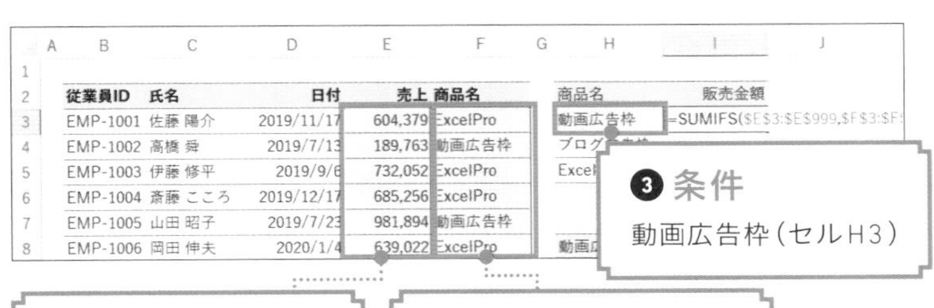

[商品名]項目が「動画広告枠」と一致する売上の合計を求めます。

= SUMIFS ($E$3:$E$999,$F$3:$F$999,H3)

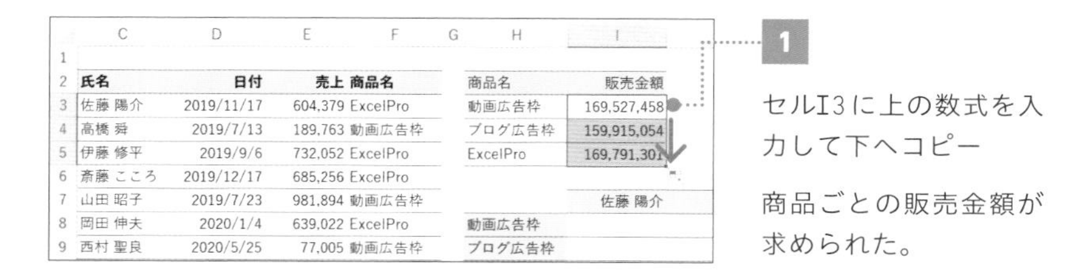

	C	D	E	F	G	H	I
1							
2	氏名	日付	売上	商品名		商品名	販売金額
3	佐藤 陽介	2019/11/17	604,379	ExcelPro		動画広告枠	169,527,458
4	高橋 舜	2019/7/13	189,763	動画広告枠		ブログ広告枠	159,915,054
5	伊藤 修平	2019/9/6	732,052	ExcelPro		ExcelPro	169,791,301
6	斎藤 こころ	2019/12/17	685,256	ExcelPro			
7	山田 昭子	2019/7/23	981,894	動画広告枠			佐藤 陽介
8	岡田 伸夫	2020/1/4	639,022	ExcelPro		動画広告枠	
9	西村 聖良	2020/5/25	77,005	動画広告枠		ブログ広告枠	

セルI3に上の数式を入力して下へコピー

商品ごとの販売金額が求められた。

▶ 担当者別の商品の販売金額を求める

〈 数式の入力例 〉

= SUMIFS ($E$3:$E$999,$F$3:$F$999,$H8,$C$3:$C$999,I$7)

❶ $E$3:$E$999　❷ $F$3:$F$999　❸ $H8　❹ $C$3:$C$999　❺ I$7

〈 引数の役割 〉

❶ 合計対象範囲
売上(セルE3～E999)

❷ 条件範囲1
商品名(セルF3～F999)

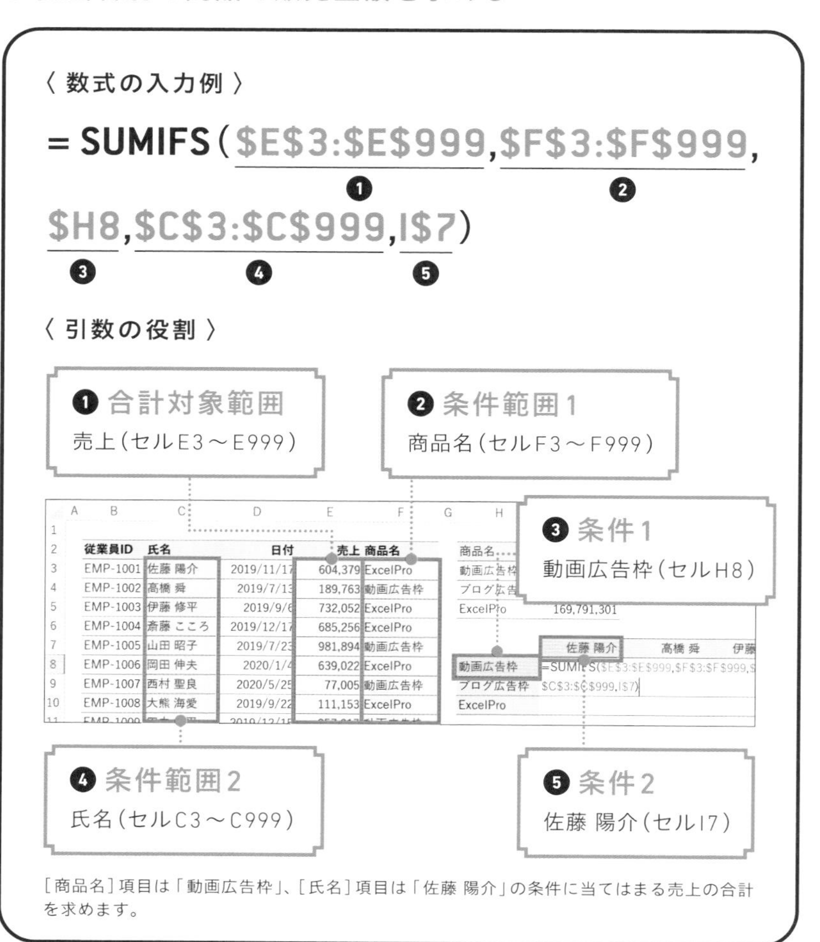

❹ 条件範囲2
氏名(セルC3～C999)

❺ 条件2
佐藤 陽介(セルI7)

[商品名]項目は「動画広告枠」、[氏名]項目は「佐藤 陽介」の条件に当てはまる売上の合計を求めます。

= SUMIFS ($E$3:$E$999,$F$3:$F$999,$H8,$C$3:$C$999,I$7)

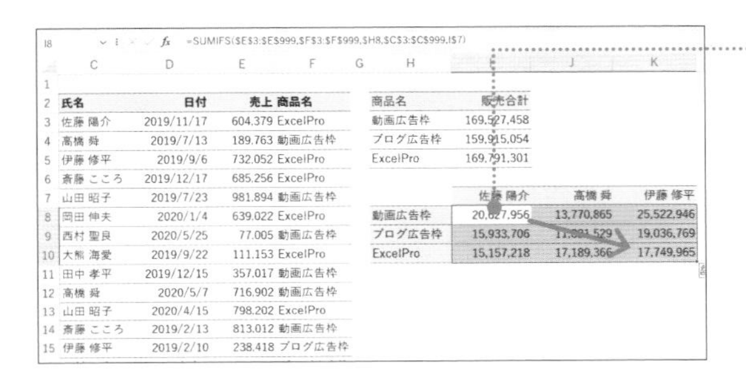
=SUMIFS($E$3:$E$999,$F$3:$F$999,$H8,$C$3:$C$999,I$7)

	C	D	E	F	G	H	I	J	K
1									
2	氏名	日付	売上	商品名		商品名	販売合計		
3	佐藤 陽介	2019/11/17	604,379	ExcelPro		動画広告枠	169,527,458		
4	高橋 舜	2019/7/13	189,763	動画広告枠		ブログ広告枠	159,915,054		
5	伊藤 修平	2019/9/6	732,052	ExcelPro		ExcelPro	169,791,301		
6	斎藤 こころ	2019/12/17	685,256	ExcelPro					
7	山田 昭子	2019/7/23	981,894	動画広告枠			佐藤 陽介	高橋 舜	伊藤 修平
8	岡田 伸夫	2020/1/4	639,022	ExcelPro		動画広告枠	20,627,956	13,770,865	25,522,946
9	西村 聖良	2020/5/25	77,005	動画広告枠		ブログ広告枠	15,933,706	[illegible]	19,036,769
10	大熊 海愛	2019/9/22	111,153	ExcelPro		ExcelPro	15,157,218	17,189,366	17,749,965
11	田中 孝平	2019/12/15	357,017	動画広告枠					
12	高橋 舜	2020/5/7	716,902	動画広告枠					
13	山田 昭子	2020/4/15	798,202	ExcelPro					
14	斎藤 こころ	2019/2/13	813,012	動画広告枠					
15	伊藤 修平	2019/2/10	238,418	ブログ広告枠					

1

セルI8に上の数式を入力して、セルK10までコピー

担当者別の商品ごとの販売金額が求められた。

この例のように、関数内のセル参照が多くなると頭が混乱してきますよね。やっていることは実はシンプルなので、少しわかりづらいなと思った人はぜひ動画を見て復習してみてください。

理解を深めるHINT

アンケートの集計時に役立つ！
条件に一致するデータの平均値を求める

SUMIFS関数とCOUNTIFS関数を理解できたら、条件に一致するデータの平均値を求めるAVERAGEIFS関数も覚えておきましょう。「年代・性別ごとの平均値」などデータの傾向を俯瞰するときに役立ちます。

▶ 複数の条件を指定して数値の平均を求める

AVERAGEIFS（アベレージイフス）(平均対象範囲,条件範囲1,条件1,条件範囲2,条件2,…)

引数[条件範囲]と引数[検索条件]を指定して複数の条件を満たすデータを探し、検索されたデータに対応する引数[平均対象範囲]にある数値の平均値を求める。

09

FILE：Chap2-09.xlsx

ROUNDDOWN

金額の端数処理にはROUNDDOWN関数がマスト

✕ NG

単価（10Kg/円）	数量	金額
¥3,488	1.6	¥5,581
¥3,755	1.5	¥5,633
¥3,858	2	¥7,716
¥4,125	1	¥4,125
	合計	¥23,054
	消費税率	10%
	総合計	¥25,359.73

消費税を計算したら端数が表示された

¥25,359.73

○ GOOD

単価（10Kg/円）	数量	金額
¥3,488	1.6	¥5,581
¥3,755	1.5	¥5,633
¥3,858	2	¥7,716
¥4,125	1	¥4,125
	合計	¥23,054
	消費税率	10%
	総合計	¥25,359.00

小数点第一位を切り捨て、端数を処理する

¥25,359.00

▶ 現場では、四捨五入ではなく切り捨てが最重要！

日本円での取引金額に小数点が付くことはありえません。そこで、小数点以下を切り捨てできる関数の出番です。切り上げや四捨五入も、使い方はほとんど同じなので、このレッスンではROUNDDOWN関数を用いた切り捨て方法を学んでいきましょう。一の位で綺麗に整数にしたい場合は、第2引数に「0」を指定するのがポイントです。

POINT：

1. 数値を切り捨てたいときはROUNDDOWN関数
2. 消費税に関する端数処理（請求書や税務申告）は切り捨てがルール
3. 切り捨ての位置は、引数［桁数］で指定

MOVIE：

https://dekiru.net/ytex209

▶ 1円未満の端数を切り捨てる

指定した桁数で切り捨てる

ROUNDDOWN（数値,桁数）（ラウンドダウン）

引数［数値］を引数［桁数］で切り捨てた結果を求める。

〈 数式の入力例 〉

=ROUNDDOWN(E7*(1+E8),0)

❶ E7*(1+E8)　❷ 0

〈 引数の役割 〉

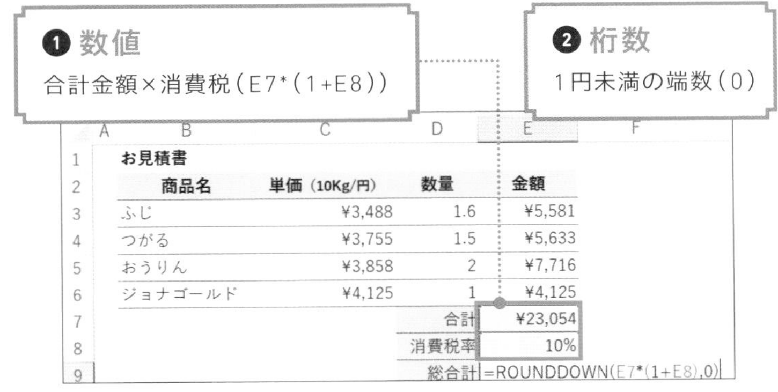

	A	B	C	D	E	F
1		お見積書				
2		商品名	単価（10Kg/円）	数量	金額	
3		ふじ	¥3,488	1.6	¥5,581	
4		つがる	¥3,755	1.5	¥5,633	
5		おうりん	¥3,858	2	¥7,716	
6		ジョナゴールド	¥4,125	1	¥4,125	
7				合計	¥23,054	
8				消費税率	10%	
9				総合計	=ROUNDDOWN(E7*(1+E8),0)	

「E7*1.1」のように固定値でも税率を指定できますが、セル参照で指定したほうが、のちに税率が変わるなどした場合に、メンテナンスしやすく実務向きです。

［引数［桁数］の指定を理解しよう（図表2-02）］

「1,234.56」の場合

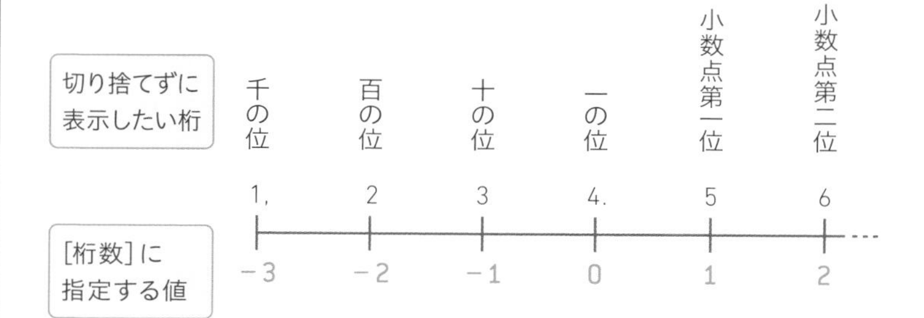

ここでは、小数点以下を切り捨てたいので引数［桁数］に「0」を指定しました。小数点を切り捨てる場合は「正の値」、整数部分を切り捨てる場合は「負の値」を指定します。混合しやすいので気をつけましょう。

=ROUNDDOWN(E7*(1+E8),0)

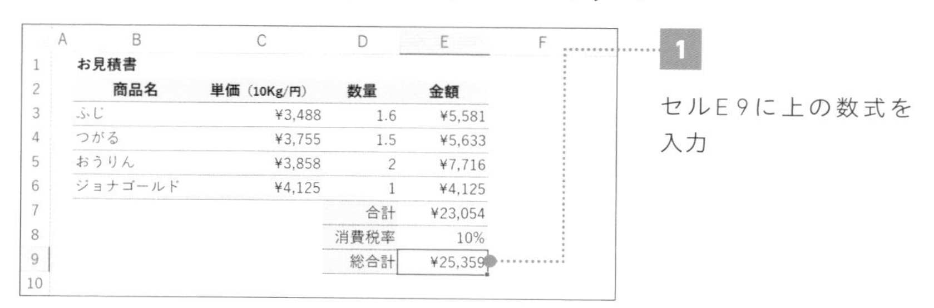

	A	B	C	D	E	F
1		お見積書				
2		商品名	単価（10Kg/円）	数量	金額	
3		ふじ	¥3,488	1.6	¥5,581	
4		つがる	¥3,755	1.5	¥5,633	
5		おうりん	¥3,858	2	¥7,716	
6		ジョナゴールド	¥4,125	1	¥4,125	
7				合計	¥23,054	
8				消費税率	10%	
9				総合計	¥25,359	
10						

1 セルE9に上の数式を入力

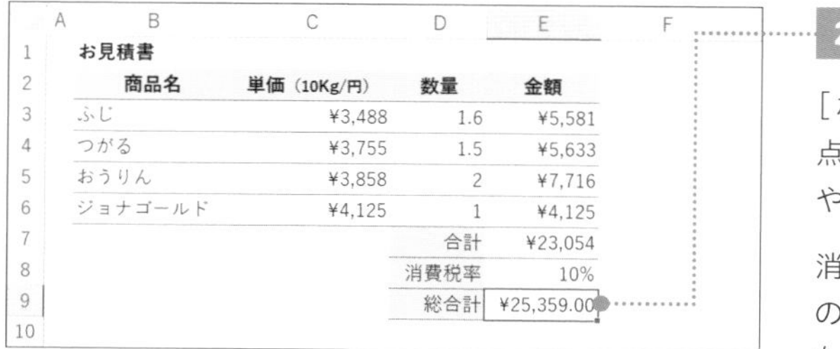

	A	B	C	D	E	F
1		お見積書				
2		商品名	単価（10Kg/円）	数量	金額	
3		ふじ	¥3,488	1.6	¥5,581	
4		つがる	¥3,755	1.5	¥5,633	
5		おうりん	¥3,858	2	¥7,716	
6		ジョナゴールド	¥4,125	1	¥4,125	
7				合計	¥23,054	
8				消費税率	10%	
9				総合計	¥25,359.00	
10						

2 ［ホーム］タブの［小数点以下の表示桁数を増やす］をクリック

消費税を計算したときの端数を切り捨てできた。

四捨五入や切り上げも関数で処理できる

必要に応じてROUND関数とROUNDUP関数も使えるようにしておきましょう。引数の指定方法は、ROUNDDOWN関数と同じです。最後に、元データが同じ「1,234.56」の場合に、それぞれの関数がどのような値を返すのかまとめました。図表2-02と照らし合わせながら確認してみてください。

指定した桁数で四捨五入する

ROUND（ラウンド）(数値,桁数)

引数[数値]に四捨五入する数値を指定し、引数[桁数]には四捨五入する桁を正／負の数、または「0」で指定する。

指定した桁数で切り上げる

ROUNDUP（ラウンドアップ）(数値,桁数)

引数[数値]に切り上げる数値を指定し、引数[桁数]には切り上げる桁を正／負の数、または「0」で指定する。

元データ	桁数	ROUND	ROUNDUP	ROUNDDOWN
1,234.56	-3	1,000	2,000	1,000
1,234.56	-2	1,200	1,300	1,200
1,234.56	-1	1,230	1,240	1,230
1,234.56	0	1,235	1,235	1,234
1,234.56	1	1,234.6	1,234.6	1,234.5
1,234.56	2	1,234.56	1,234.56	1,234.56

会計基準の変更や税制改正等により、実務では柔軟にExcelの計算ロジックを変えていく必要があります。消費税率の変更時にはとくに注意するようにしましょう。

COLUMN 

1本の動画ができるまで〜 Excel動画の制作の裏側。

ここでは、YouTubeを使って私がどのようにExcel動画を配信しているか、という制作の裏側をご紹介します。5分程度の動画を1本作るのに、どれくらいの時間がかかると思いますか？　答えは、約5時間。動画の尺が1分伸びるごとに、制作時間が1時間伸びるイメージです。機能や関数をどこまで詳しく説明するかによって時間は前後しますが、全体を通してテンポのある動画に仕上げています。視聴者はビジネスパーソンとしてご活躍される方々が多いため、結論ファーストでほしい情報がサクッと手に入る構成を心掛けています。

「おさとエクセル」には3つのこだわりがあります。それは、わかりやすい、親しみやすい、役に立つ、という要件を押さえた動画に仕上げることです。これを実現するためには、収録前の準備が欠かせません。企画や構成を考えることに、何よりも力を入れています。たとえば、VLOOKUP関数の使い方を教えるというテーマを決めた際に、まずは世の中に出回るVLOOKUP関数の情報を徹底的に研究します。ウェブの記事はもちろん、あらゆるExcel本の伝え方や事例を参考にしています。その際、日本語よりも、英語のほうが情報が充実しているため、海外のプレイヤーを参考にするとよりよいものができあがります。企画ができあがれば、あとはトークスクリプト（台本）を頭の中で整理し、撮影をしながら改善していきます。

撮影は、Excelの画面を収録しながら、自分の顔を別のカメラで収録するのが私のスタイルです。それが終われば編集作業に入り、余計な息継ぎシーンをカットしたり、Excelの画面に動きをつけて視聴者が飽きないように工夫をします。こうして1本の動画が完成し、YouTubeを通じて皆様のもとにコンテンツを届けているのです。

動画を撮影＆編集している自宅の一室。

CHAPTER 3

現場で「VLOOKUP関数」をとことん使い倒す

01

VLOOKUPとは

業務を自動化する VLOOKUP関数を極めよう

▶ VLOOKUP(ブイルックアップ)関数は現場の最重要関数！

VLOOKUP関数は、インプット、アウトプット、シェアを横断的にまたいで活躍する関数です。セルを参照するためのシンプルな関数ですが、Excelのエッセンスが集約されています。この章では、VLOOKUP関数を用いた応用事例を通じて、データの入力を容易にする方法やデータ集計を効果的に行う方法、データ共有をわかりやすく進める方法を解説していきます。

[VLOOKUP関数はすべての作業フローで使える（図表3-01）]

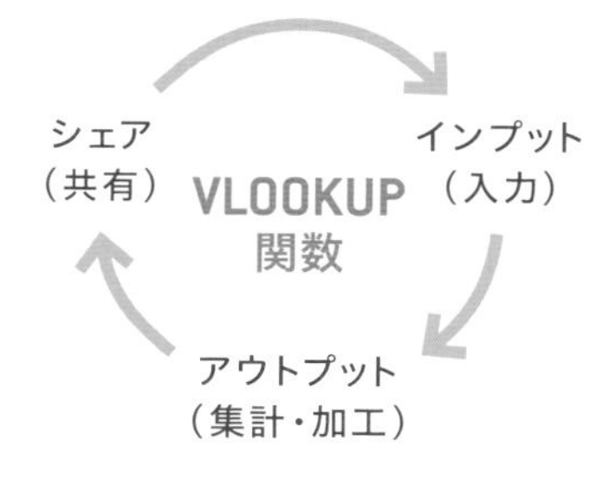

▶ VLOOKUP関数は垂直に調べる関数

「Vertical（垂直に）Lookup（調べる）」の略であるVLOOKUP関数の動きを理解するために、実際に「垂直に調べる」を体験してみましょう。本書の巻末にある索引をご覧ください。索引には、本書で紹介する機能や関数が50音順に並んでいて、その掲載ページを調べられます。では、この中から「並べ替え」が何ページ目にあるかを調べてください。

POINT：

1. VLOOKUP関数は、垂直に調べることができる
2. インデックス（索引）からページ数を検索する作業と同じ
3. 垂直に調べる動作は、実務で頻繁に発生する

皆様はどのように探したでしょうか。上から順番に、ア→カ→サ→タ→ナと探し「並べ替え」を見つけたはずです。そして、その行に書かれているページ番号を参照したことでしょう。これが「垂直に調べる」ということです。縦に長いマスタデータを抱えるビジネスの現場では、この「垂直に調べる」という動作が何度も何度も発生するのです。

キーワードからページを探す（本の場合）

データバー ……… 193
データベース ……… 50, 134
テーブル ……… 104
テキストファイル ……… 52
ドロップダウンリスト ……… 100

ナ

名前を付けて保存 ……… 55
並べ替え ……… 134, 136
　複数条件 ……… 138
　フリガナ ……… 140

ハ

パーセント ……… 30
貼り付け ……… 36, 37
　値 ……… 48, 62

※索引の画像はイメージです。

商品名から仕入値を探す（Excelの場合）

	A	B	C	D	E	F	G
1		商品別仕入値一覧					購入履
2		商品名	品番	旬月	仕入値 (円/Kg)		商品名
3		ぶり	1	1	¥552		ぶり
4		はまち	2	1	¥610		
5		えび	3	1	¥1,542		
6		ずわいがに	4	1	¥911		
7		まぐろ	5	2	¥576		
8		かれい	6	2	¥1,883		
9		やりいか	7	3	¥1,105		
10		こはだ	8	3	¥1,189		
11		数の子	9	3	¥880		
12		たい	10	4	¥954		
13		さば	11	4	¥1,447		
14		しゃこ	12	5	¥1,118		

「縦に調べて、見つかったら横のデータの、あるデータを取り出す」これがVLOOKUP関数の動きです。使いこなせると業務を飛躍的に効率化できます。それでは、一緒にがんばっていきましょう！

02

FILE：Chap3-02.xlsx

VLOOKUP
の基本

VLOOKUP関数を3ステップでマスター！

商品名を入力するだけで、仕入値も自動転記！

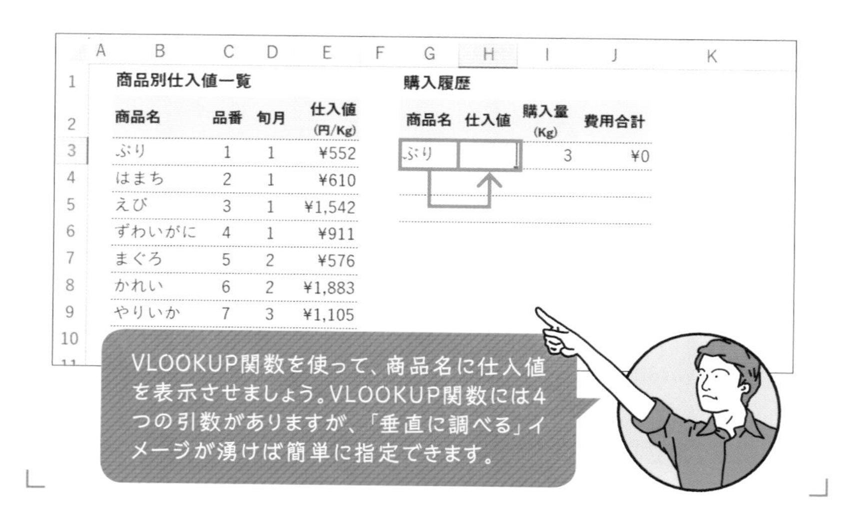

▶ VLOOKUP関数の数式は簡単に組み立てられる

VLOOKUP関数は3ステップで攻略できます。ポイントは「❶何を調べるか（検索値）」「❷どこを調べるか（範囲）」「❸見つかったなら何列目を抽出するか（列番号）」をExcelに教えてあげることです。

垂直に調べるためには、これら3つの要素が最低限必要になるため、それぞれを引数に指定します。実をいうと第4の引数[検索の型]があるのですが、これについては133ページで詳しく解説します。ここではまず、基本の3ステップを理解しておきましょう。

POINT：

1 第1引数に、何を調べたいか（検索値）を設定する

2 第2引数に、どこから調べたいか（範囲）を設定する

3 第3引数に、何列目を抽出するか（列番号）を設定する

MOVIE：

https://dekiru.net/ytex302

商品名に対応する単価を表示したい

範囲を垂直（縦方向）に検索する

VLOOKUP（ブイルックアップ）（検索値,範囲,列番号,検索の型）

引数［範囲］の先頭列を縦方向に検索し、引数［検索値］に一致する値を調べる。その値のセルと同じ行で、指定した引数［列番号］に当たるセルの値を取り出す。引数［検索の型］は、調べる値が完全一致の場合は「0」、近似一致の場合は「1」を指定。

〈 数式の入力例 〉

=VLOOKUP（G3❶,$B$2:$E$27❷,4❸,0❹）

〈 引数の役割 〉

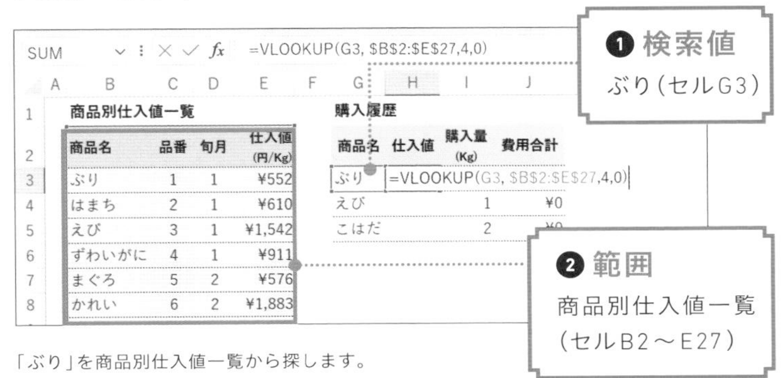

「ぶり」を商品別仕入値一覧から探します。

	A	B	C	D	E	F
1		商品別仕入値一覧				
2		商品名	品番	旬月	仕入値 (円/Kg)	
3		ぶり	1	1	¥552	
4		はまち	2	1	¥610	
5		えび	3	1	¥1,542	

1列　2列　3列　4列

❸ 列番号

仕入値の列（4列目）

「ぶり」が見つかったら、そこから4列目の値を抽出します。

❹ 検索の型

「0」または「FALSE」と指定

完全一致
FALSE (0)

「完全一致」＝［検索値］に一致する値のみを検索。

近似一致
TRUE (1)

「近似一致」＝一致する値がないときには、［検索値］未満の最大値を検索。

「ぶり」と完全一致する値だけを検索したいので「0」を指定しました。実をいうと、ビジネスの現場では「0」（FALSE）と指定することがほとんどです。「1」（TRUE）の使い方については132ページで解説します。

= VLOOKUP (G3,$B$2:$E$27,4,0)

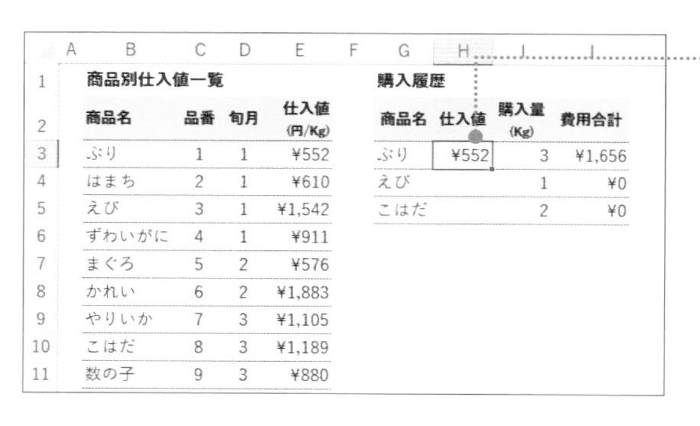

	A	B	C	D	E	F
1		商品別仕入値一覧				
2		商品名	品番	旬月	仕入値 (円/Kg)	
3		ぶり	1	1	¥552	
4		はまち	2	1	¥610	
5		えび	3	1	¥1,542	
6		ずわいがに	4	1	¥911	
7		まぐろ	5	2	¥576	
8		かれい	6	2	¥1,883	
9		やりいか	7	3	¥1,105	
10		こはだ	8	3	¥1,189	
11		数の子	9	3	¥880	

	G	H	I	J
1	購入履歴			
2	商品名	仕入値	購入量 (Kg)	費用合計
3	ぶり	¥552	3	¥1,656
4	えび		1	¥0
5	こはだ		2	¥0

1 セルH3に上の数式を入力

CHECK!

引数［範囲］は、コピーしても参照元を固定したいので絶対参照にしておきましょう。

	A	B	C	D	E	F	G	H	I	J
1		商品別仕入値一覧					購入履歴			
2		商品名	品番	旬月	仕入値(円/Kg)		商品名	仕入値	購入量(Kg)	費用合計
3		ぶり	1	1	¥552		ぶり	¥552	3	¥1,656
4		はまち	2	1	¥610		えび	¥1,542	1	¥1,542
5		えび	3	1	¥1,542		こはだ	¥1,189	2	¥2,378
6		ずわいがに	4	1	¥911					
7		まぐろ	5	2	¥576					
8		かれい	6	2	¥1,883					
9		やりいか	7	3	¥1,105					
10		こはだ	8	3	¥1,189					
11		数の子	9	3	¥880					

2 セルH3を下へコピー

「ぶり」「えび」「こはだ」の仕入値が自動的に表示された。

一度H列にVLOOKUP関数を設定できれば、あとはマスタデータを都度更新すればOKです。以降、H列の仕入値は自動的に更新されます。

理解を深めるHINT

入力した数式を確認してみよう

VLOOKUP関数にまだ慣れない人は、数式をコピーした後に数式を確認してみましょう。[数式]タブの[ワークシート分析]グループの[数式の表示]ボタンをクリックすると数式を確認できます。ショートカットキーの場合は、Ctrl+Shift+@キーを押しましょう。

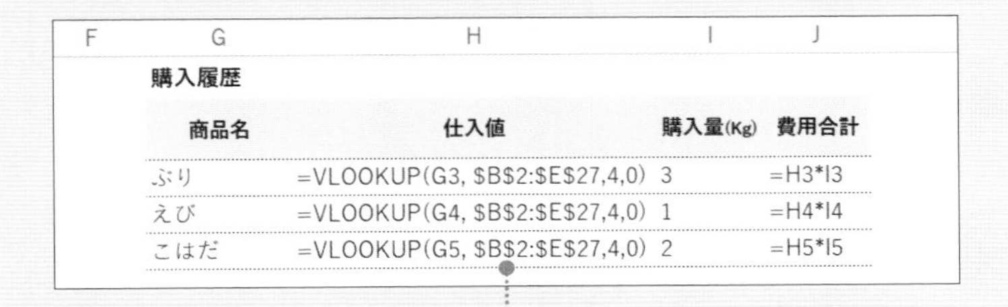

F	G	H	I	J
	購入履歴			
	商品名	仕入値	購入量(Kg)	費用合計
	ぶり	=VLOOKUP(G3, $B$2:$E$27,4,0)	3	=H3*I3
	えび	=VLOOKUP(G4, $B$2:$E$27,4,0)	1	=H4*I4
	こはだ	=VLOOKUP(G5, $B$2:$E$27,4,0)	2	=H5*I5

Ctrl+Shift+@キーを押して数式を確認

03

IFERROR

FILE：Chap3-03.xlsx

エラー値が表示された資料は美しくない

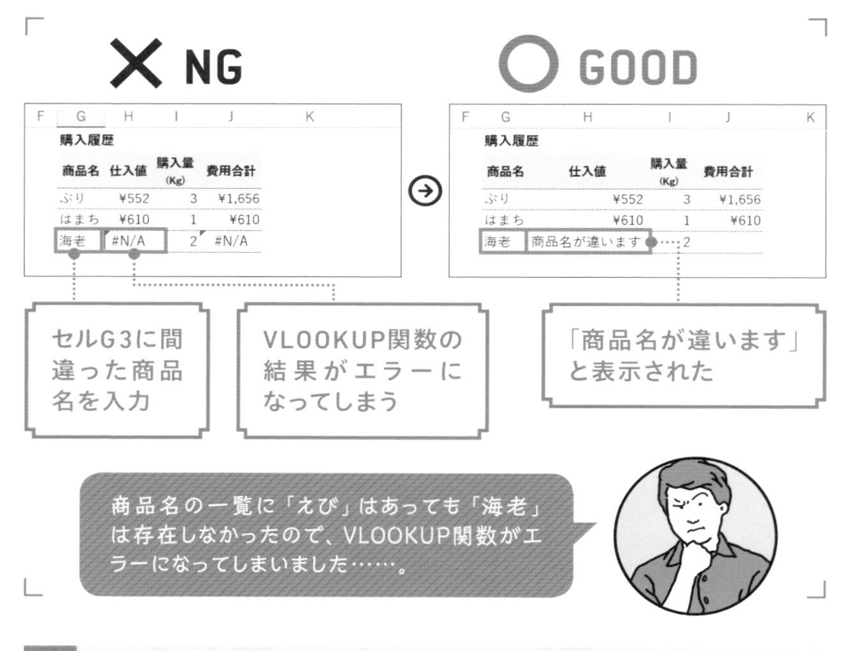

▶ エラー値を見せない資料を作ろう！

VLOOKUP関数は、垂直に調べることを通じて、他のセルの値を参照してくれる関数です。しかし、そもそも調べたいデータ（検索値）が指定した範囲に存在しなかったらどうなるでしょうか。上のNG画面のようにエラー値「#N/A」が返されます。エラー値が書かれたシートは、決して見やすい資料とはいえないので、社外や上司に見せられません。エラー値が返される場合は、VLOOKUP関数にIFERROR関数を組み合わせて、エラーであることが具体的にわかる文言を表示したり、空白セルに置き換えたりしてください。

POINT：

1 VLOOKUP関数は引数［検索値］が見つからないとエラー値に！

2 エラー値を別の値に置き換えたいときは、IFERROR関数を用いる

3 社外向けの資料はエラー値を隠そう

MOVIE：

https://dekiru.net/ytex303

VLOOKUP関数のエラーを対処する

エラーの場合に返す値を指定する

IFERROR（イフエラー）（計算式,エラーの場合の値）

引数［計算式］が正しく計算できる場合は計算結果を返し、できない場合は引数［エラーの場合の値］を返す。

〈 数式の入力例 〉

= IFERROR (VLOOKUP(G3,$B$2:$E$27,4,0), "商品名が違います")

❶ VLOOKUP(G3,$B$2:$E$27,4,0)

❷ "商品名が違います"

〈 引数の役割 〉

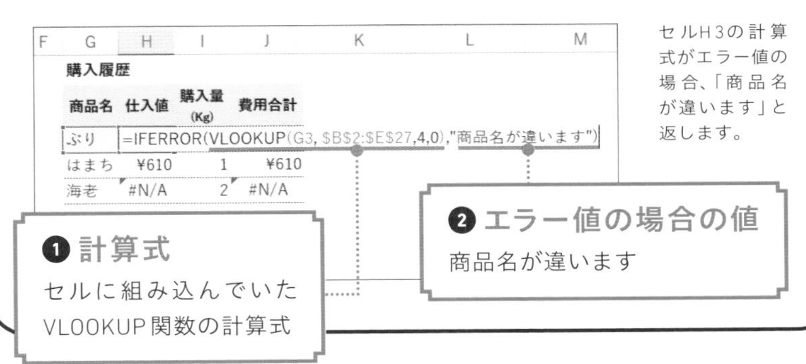

セルH3の計算式がエラー値の場合、「商品名が違います」と返します。

= IFERROR(VLOOKUP(G3, $B$2:$E$27,4,0),"商品名が違います")

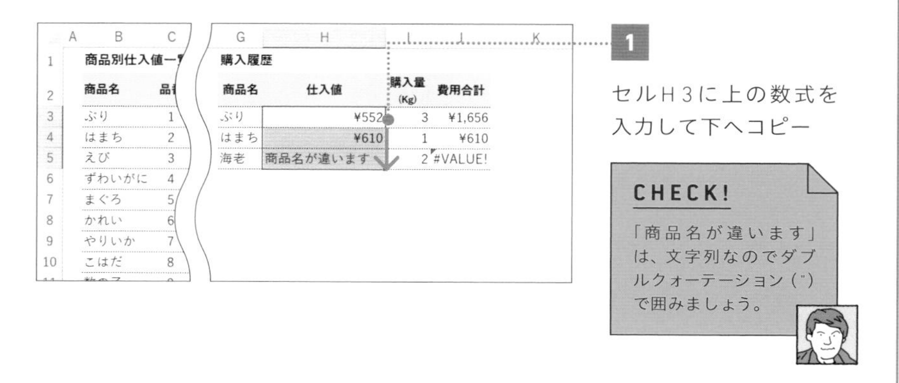

合計値のエラーを対処する

セルJ5の中には「=H5*I3」という数式が入っていますが、エラー値であるセルH5を参照しているので、セルJ5も連動してエラー値「#VALUE!」が表示されます。IFERROR関数を使って、エラー値を空白のセルに変えてみましょう。

空白のセルは、文字列を何も表示しないという意味なので、[エラーの場合の値]に「""」を指定するのがポイントです。

=IFERROR(H3*I3,"")

「空白のセル」を意味する

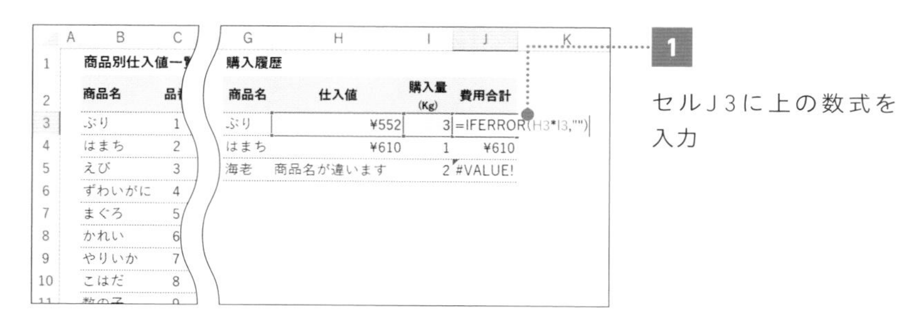

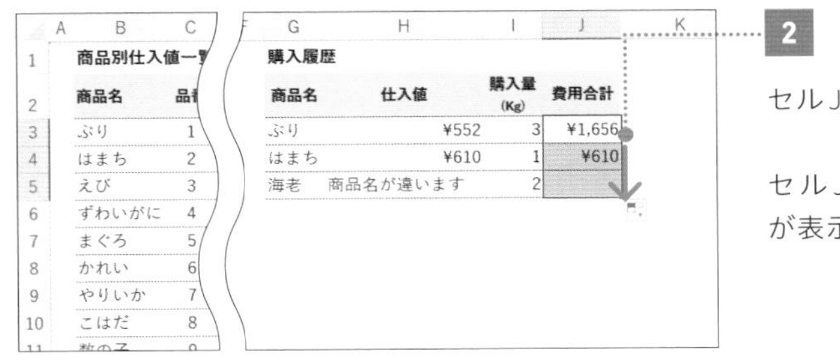

2

セルJ3を下へコピー

セルJ5に空白のセルが表示された。

エラー値にはいろんな種類があって、それに伴い原因が違います。エラーの原因を知りたいときは下の表を参考にしてください。

[エラー値とその原因 (図表3-02)]

エラー値	原因
#VALUE!	引数に間違ったデータを指定している
#DIV/0 !	数式で、0による除算が行われている
#NAME?	関数名が間違っている。数式中の文字列をダブルクォーテーション(")で囲んでいない。セル範囲の参照にコロン(:)を入力し忘れている
#N/A	検索関数で検索値が見つからない
#REF!	数式で参照しているセルが削除されている
#NUM!	Excelで処理できる数値の範囲を超えている。引数に数値を指定する関数に不適切な値を使っている
#NULL!	「B2:B10 C2」のように正しくない演算子が使われている
####	セル幅より長い数値や日付、時刻が入力されている

04

リスト

FILE：Chap3-04.xlsx

入力不要の「選択リスト」でさらに効率化

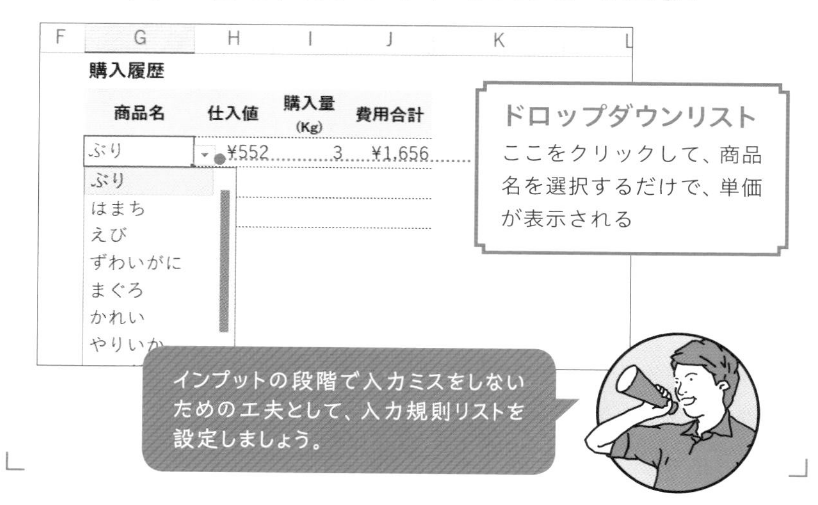

▶ 引数［検索値］のセルにはリストを仕込んでおく

ここではVLOOKUP関数と合わせて覚えたいリスト機能をご紹介します。第3章のレッスン3でも書きましたが、間違った引数［検索値］を入力するとエラー値が返されます。商品名など選択肢が限られているものは、リストを作成しましょう。

［データの入力規則］ダイアログボックスからリストを設定します。引数［検索値］の候補をドロップダウンリストから選べるようにすることで、入力ミスを減らす仕組みが作れます。

POINT：

1 リストは引数［検索値］の誤入力を防ぐ機能である

2 ドロップダウンリストから項目を選択するだけで入力できる

3 チームの誰が操作しても同じ結果になり、生産性が上がる

MOVIE：

https://dekiru.net/ytex304

リストから商品名を設定する

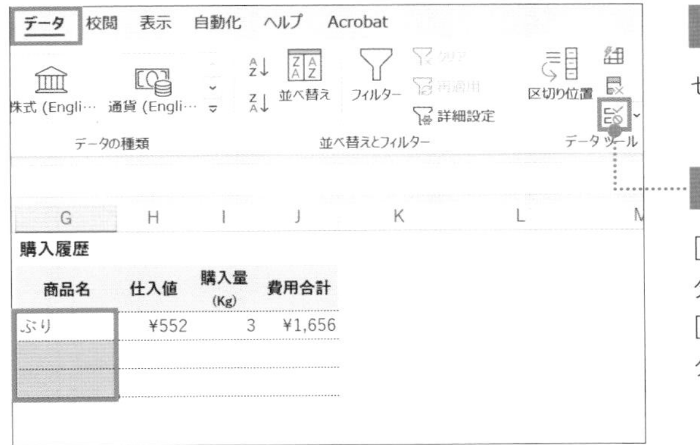

1 セルG3～G5を選択

2 ［データ］タブの［データツール］グループの［データの入力規則］をクリック

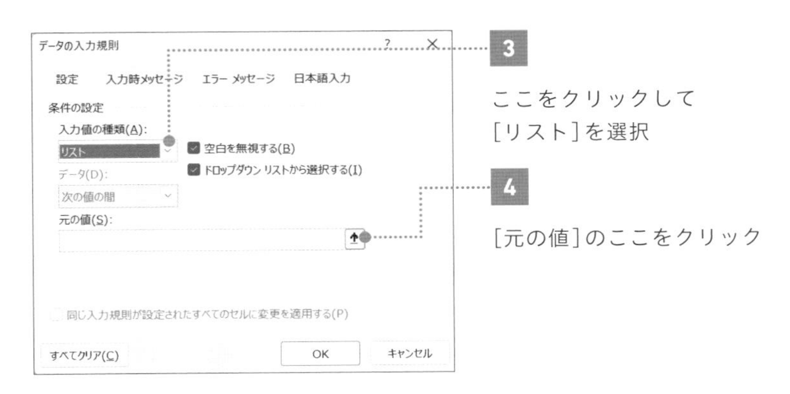

3 ここをクリックして［リスト］を選択

4 ［元の値］のここをクリック

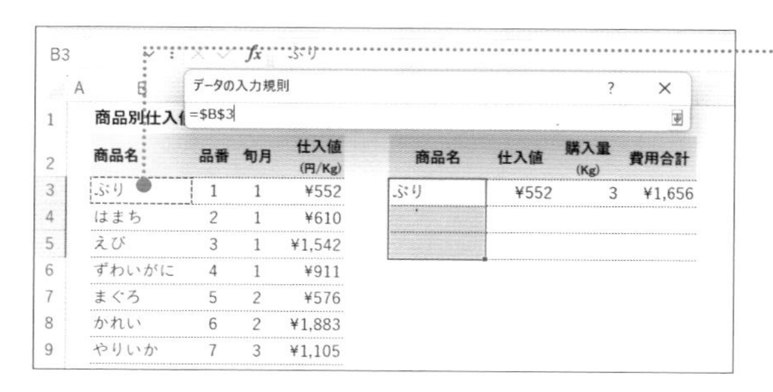

セルB３をクリックして Ctrl ＋ Shift ＋ ↓ キーを押す

商品名のデータがある末尾まで選択できた。

6

ここをクリック

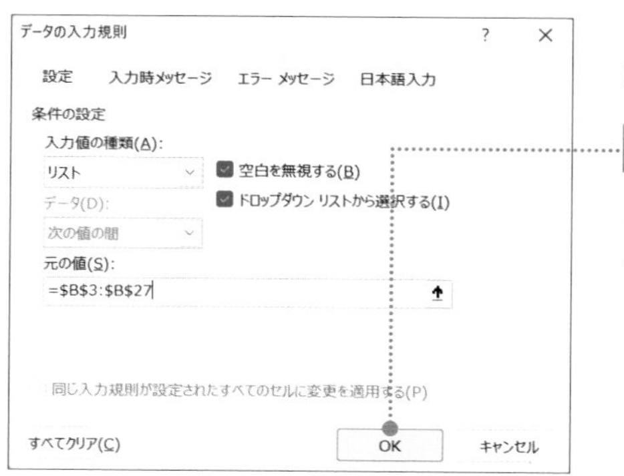

リストの項目を選択できた。

［OK］ボタンをクリック

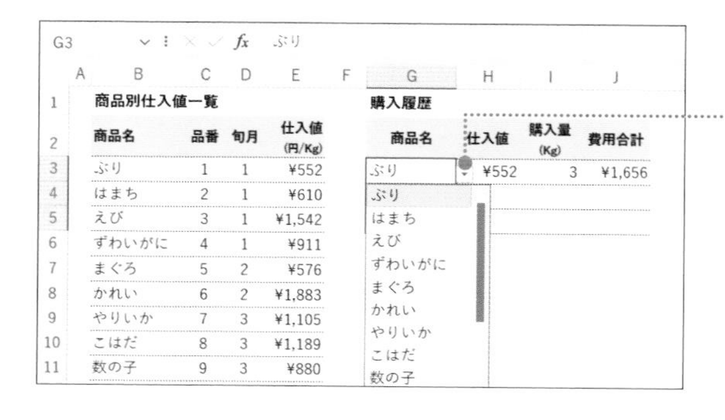

セルG３～G５にリストを設定できた。ドロップダウンリストをクリックすると、商品名が表示される。

理解を深めるHINT

複数データはショートカットキーで選択！

何十行や何百行もある表で、先頭行から最終行までスクロールして選択するのは大変です。そんなときは前ページの手順5のようにショートカットキーを使いましょう。Ctrl ＋ Shift ＋方向キーを押すと、データの先頭から末尾まで正確に選択できます。またCtrlを押さずにShift＋方向キーを押すと、複数のセル範囲を選択できます。

データがある末尾まで選択する

Ctrl＋Shift＋→キーを押す

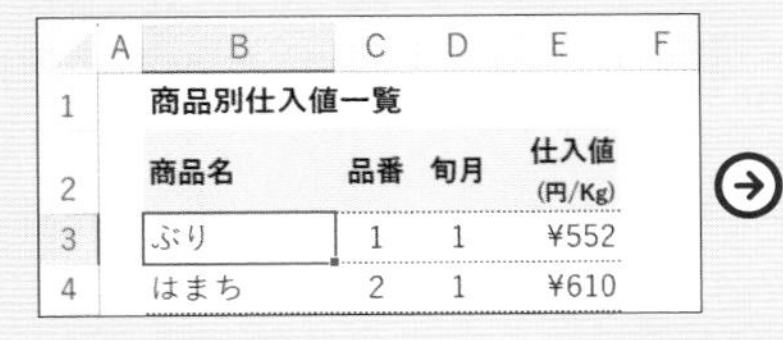

	A	B	C	D	E	F
1		商品別仕入値一覧				
2		商品名	品番	旬月	仕入値 (円/Kg)	
3		ぶり	1	1	¥552	
4		はまち	2	1	¥610	

セルB3をクリックしてCtrl＋Shift＋→キーを押す。

	A	B	C	D	E	F
1		商品別仕入値一覧				
2		商品名	品番	旬月	仕入値 (円/Kg)	
3		ぶり	1	1	¥552	
4		はまち	2	1	¥610	

データがある末尾まで選択できた。

複数のセル範囲を選択する

Shift＋→キーを押す

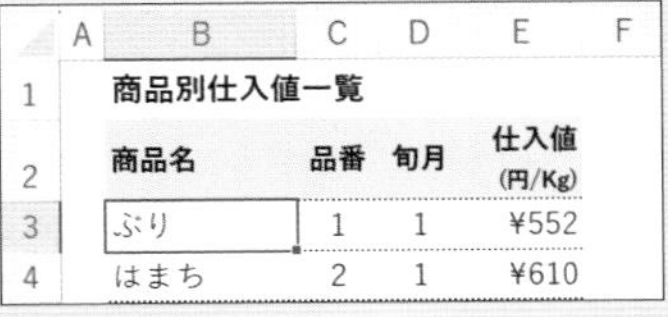

	A	B	C	D	E	F
1		商品別仕入値一覧				
2		商品名	品番	旬月	仕入値 (円/Kg)	
3		ぶり	1	1	¥552	
4		はまち	2	1	¥610	

セルB3をクリックしてShift＋→キーを押す。

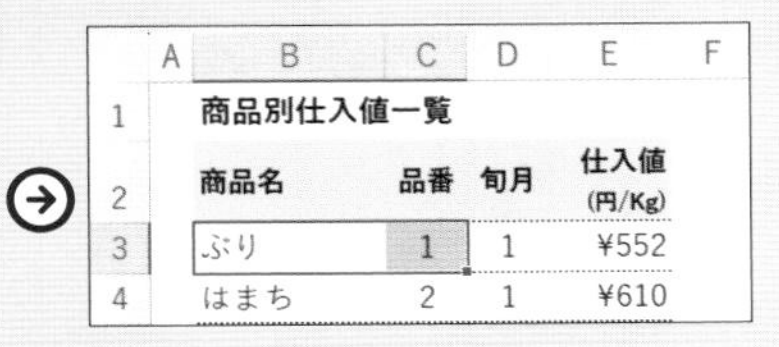

	A	B	C	D	E	F
1		商品別仕入値一覧				
2		商品名	品番	旬月	仕入値 (円/Kg)	
3		ぶり	1	1	¥552	
4		はまち	2	1	¥610	

右隣のセルが選択できた。さらにShiftキー＋方向キーを押すと選択範囲を広げられる。

05

FILE：Chap3-05.xlsx

テーブル／
構造化参照

テーブルの活用でデータの増減に自動対応

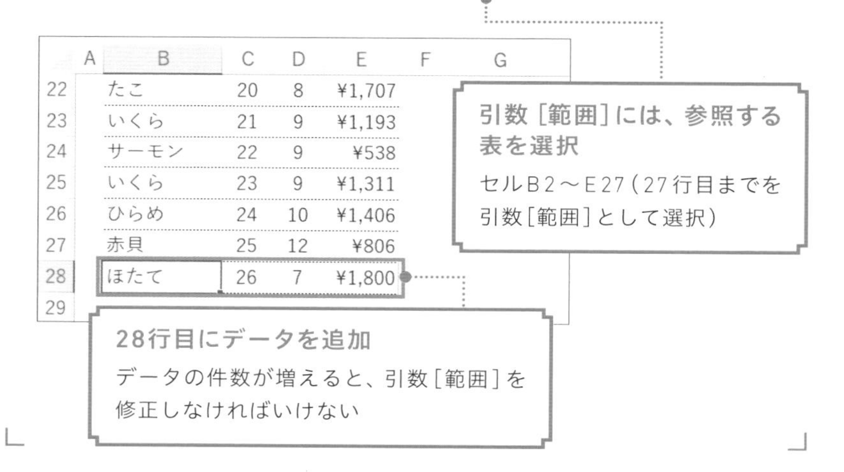

▶ 随時追加されるデータを自動的に計算の対象にする

データの件数が増えることはよくありますが、その度に、VLOOKUP関数の数式を修正していくことは手間です。これを解決するために、参照元の表をあらかじめテーブルに変換しておきましょう。データベース形式の表をフル活用するための機能であり、データが増減しても自動的に範囲を拡張してくれます。なお、テーブル内のセルを使って数式を組むと、構造化参照という通常のセル参照とは異なる参照方法になりますが、操作は直感的にできるためご安心ください。ここではテーブルに変換する方法を紹介します。

POINT：

1 データ件数が増加すると数式のメンテナンスが面倒

2 参照する表をテーブルに変換する

3 構造化参照でVLOOKUP関数の修正が不要になる

MOVIE：

https://dekiru.net/ytex305

表をテーブルに変換する

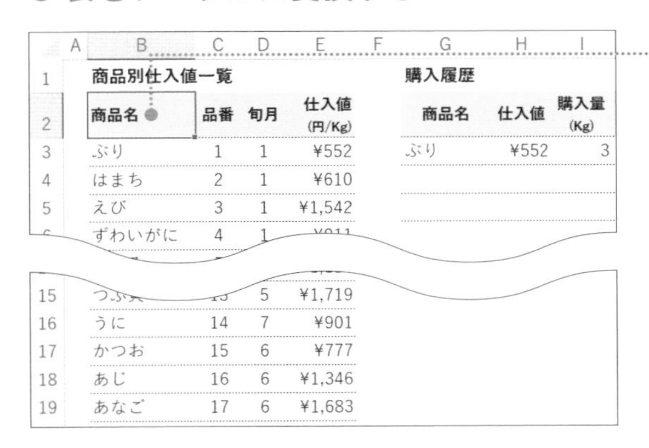

1 表内のセルを選択して Ctrl + T キーを押す

CHECK!

[挿入]タブの[テーブル]をクリックしても[テーブルの作成]ダイアログボックスを表示できます。

テーブルの作成

テーブルに変換するデータ範囲を指定してください(W)

$B$2:$E$27

先頭行をテーブルの見出しとして使用する(M)

OK キャンセル

選択されている範囲が正しいことを確認。正しい範囲が選択されていない場合は、セルをドラッグして正しい範囲を選択し直す。

2 [OK]ボタンをクリック

自動的に範囲が正しく選択されない場合は、その表がデータベース形式の表の基本要件を満たしていません。次のレッスンを参考にまずは表の体裁を整えましょう。

・データベースの概念 ………………… P.050

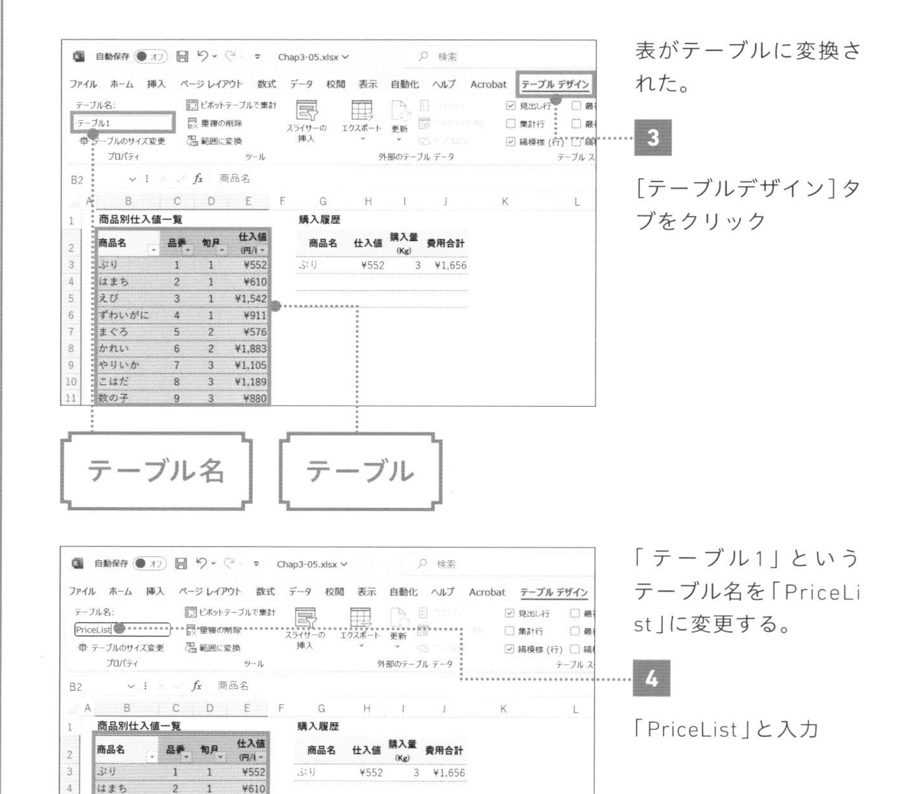

表がテーブルに変換された。

3 ［テーブルデザイン］タブをクリック

「テーブル1」というテーブル名を「PriceList」に変更する。

4 「PriceList」と入力

▶ 構造化参照を使って数式入力する

参照元となる「商品別仕入値一覧」をテーブルに変換できたら、テーブル名を確認しましょう。テーブル名は自動的に付与されますが、英語の名前に変えるのが原則です。こうしておけば、数式の入力時にオートコンプリート（自動入力の）候補にあがるなどのメリットが生まれます（詳しくは動画で！）。その後、VLOOKUP関数の引数［範囲］をテーブル名に書き換えます。ここでは「=VLOOKUP(H3,**PriceList**,4,0)」と修正しました。これが「構造化参照」の一例です。

= VLOOKUP (G3 , PriceList , 4 , 0)

検索値　範囲　列番号　検索の型

	A	B	C	D	E	F	G	H	I	J	K
1		商品別仕入値一覧					購入履歴				
2		商品名	品番	旬月	仕入値(円/I		商品名	仕入値	購入量(Kg)	費用合計	
3		ぶり	1	1	¥552		ぶり	=VLOOKUP(G3, PriceList,4,0)			
4		はまち	2	1	¥610						
5		えび	3	1	¥1,542						
6		ずわいがに	4	1	¥911						
7		まぐろ	5	2	¥576						
8		かれい	6	2	¥1,883						
9		やりいか	7	3	¥1,105						

1

セルH3に上の数式を入力

データの追加に対応できるか確認

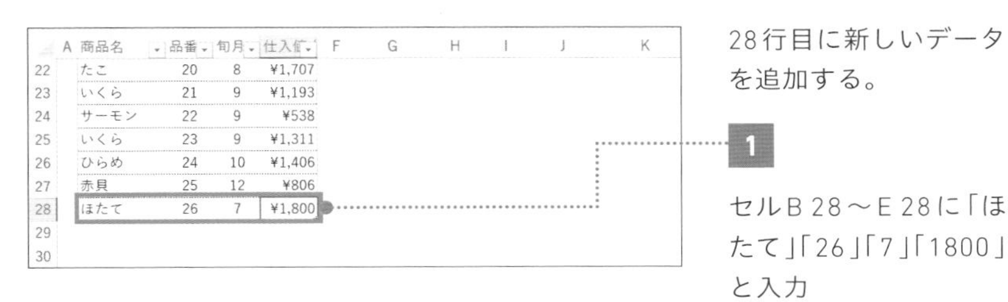

	A	商品名	品番	旬月	仕入値	F	G	H	I	J	K
22		たこ	20	8	¥1,707						
23		いくら	21	9	¥1,193						
24		サーモン	22	9	¥538						
25		いくら	23	9	¥1,311						
26		ひらめ	24	10	¥1,406						
27		赤貝	25	12	¥806						
28		ほたて	26	7	¥1,800						
29											
30											

28行目に新しいデータを追加する。

1

セルB28～E28に「ほたて」「26」「7」「1800」と入力

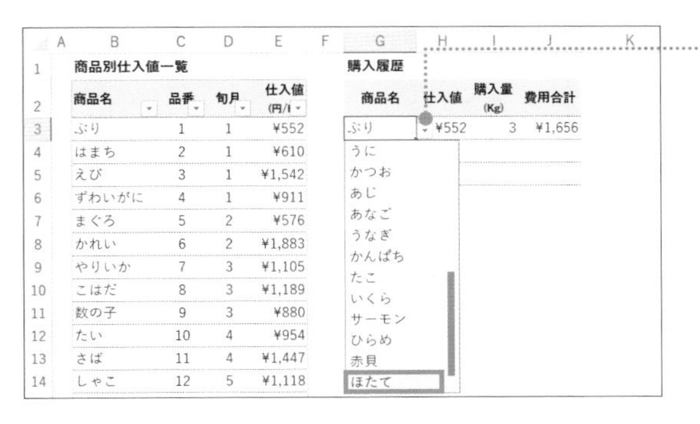

	A	B	C	D	E	F	G	H	I	J	K
1		商品別仕入値一覧					購入履歴				
2		商品名	品番	旬月	仕入値(円/I		商品名	仕入値	購入量(Kg)	費用合計	
3		ぶり	1	1	¥552		ぶり	¥552	3	¥1,656	
4		はまち	2	1	¥610		うに				
5		えび	3	1	¥1,542		かつお				
6		ずわいがに	4	1	¥911		あじ				
7		まぐろ	5	2	¥576		あなご				
8		かれい	6	2	¥1,883		うなぎ				
9		やりいか	7	3	¥1,105		かんぱち				
10		こはだ	8	3	¥1,189		たこ				
11		数の子	9	3	¥880		いくら				
12		たい	10	4	¥954		サーモン				
13		さば	11	4	¥1,447		ひらめ 赤貝				
14		しゃこ	12	5	¥1,118		ほたて				

2

ここをクリックして「ほたて」を選択

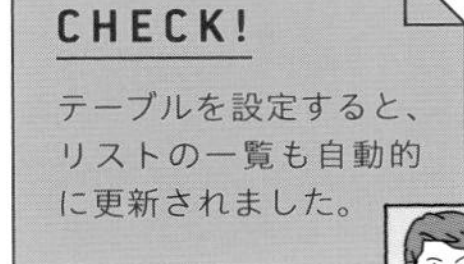

CHECK!

テーブルを設定すると、リストの一覧も自動的に更新されました。

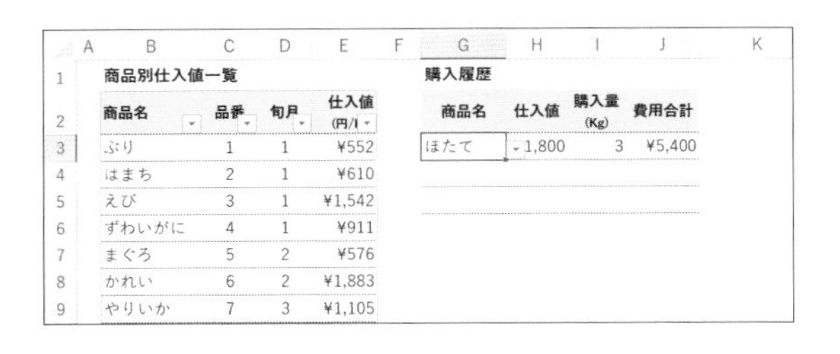

	A	B	C	D	E	F	G	H	I	J	K
1		商品別仕入値一覧					購入履歴				
2		商品名	品番	旬月	仕入値(円/I		商品名	仕入値	購入量(Kg)	費用合計	
3		ぶり	1	1	¥552		ほたて	¥1,800	3	¥5,400	
4		はまち	2	1	¥610						
5		えび	3	1	¥1,542						
6		ずわいがに	4	1	¥911						
7		まぐろ	5	2	¥576						
8		かれい	6	2	¥1,883						
9		やりいか	7	3	¥1,105						

「ほたて」の単価が自動表示された。数式を修正しないでも、自動的に引数[範囲]が拡張されている。

06

FILE：Chap3-06.xlsx

COLUMN

引数［列番号］を修正するひと手間を省く

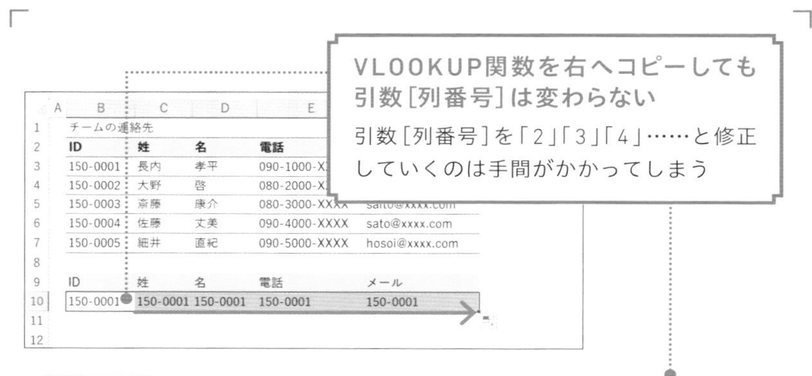

セルB10 =VLOOKUP($B3,$B$3:$F$7,1,0)

セルC10 =VLOOKUP($B3,$B$3:$F$7,1,0)

セルD10 =VLOOKUP($B3,$B$3:$F$7,1,0)

▶ 引数［列番号］にCOLUMN関数を組み込む

さて続いては、引数［列番号］に組み込みたいテクニックをご紹介します。通常、実務でセルにVLOOKUP関数を使うときは、数式を入力したセルを縦横にコピーして使い回します。しかし、引数［列番号］が「1」や「2」のようなベタ打ちの固定値だと、いちいち数式を修正しなければなりません。ポイントは固定値ではなく、指定したセルの列番号を教えてくれるCOLUMN関数を使うことです。これによって、参照元の行や列が削除されても、自動的に引数［列番号］の値が対応するのでメンテナンス性も向上します。

POINT :

1 引数[列番号]を1つずつ修正するのは面倒

2 VLOOKUP関数に、列数を数えるCOLUMN関数を組み合わせる

3 参照元の行列が削除されても修正不要

MOVIE :

https://dekiru.net/ytex306

選択範囲に含まれる列番号の数を数える

COLUMN関数は、指定した参照元が何列目にいるかを数えてくれます。VLOOKUP関数に組み込む前に、COLUMN関数をどのように使えば、列番号が求められるかを見ていきましょう。

セルの列番号を求める

COLUMN(参照)

引数[参照]で指定したセルの列番号を求める。列番号はワークシートの先頭の列を1として数えた値である。

〈 数式の入力例 〉

= COLUMN (B2)

〈 引数の役割 〉

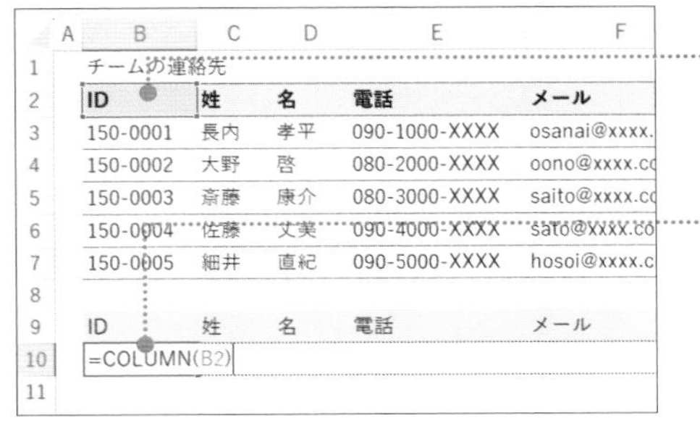

❶ 参照
セルB2

上の数式を入力するとセルB2は2列目なので「2」と返されます。

引数[列番号]を求める

= COLUMN (B2) - COLUMN ($A$2)

「2」と返される　　「1」と返される

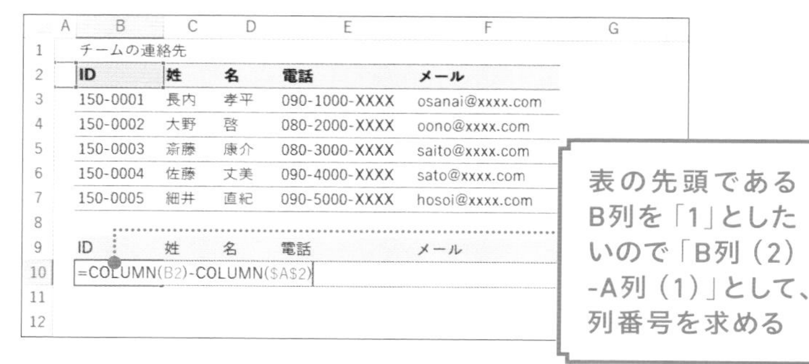

	A	B	C	D	E	F	G
1		チームの連絡先					
2		ID	姓	名	電話	メール	
3		150-0001	長内	孝平	090-1000-XXXX	osanai@xxxx.com	
4		150-0002	大野	啓	080-2000-XXXX	oono@xxxx.com	
5		150-0003	斎藤	康介	080-3000-XXXX	saito@xxxx.com	
6		150-0004	佐藤	丈美	090-4000-XXXX	sato@xxxx.com	
7		150-0005	細井	直紀	090-5000-XXXX	hosoi@xxxx.com	
8							
9		ID	姓	名	電話	メール	
10		=COLUMN(B2)-COLUMN($A$2)					
11							
12							

表の先頭であるB列を「1」としたいので「B列（2）-A列（1）」として、列番号を求める

セルA2を基準にして数えたいので、「$A$2」と絶対参照で指定しましょう。

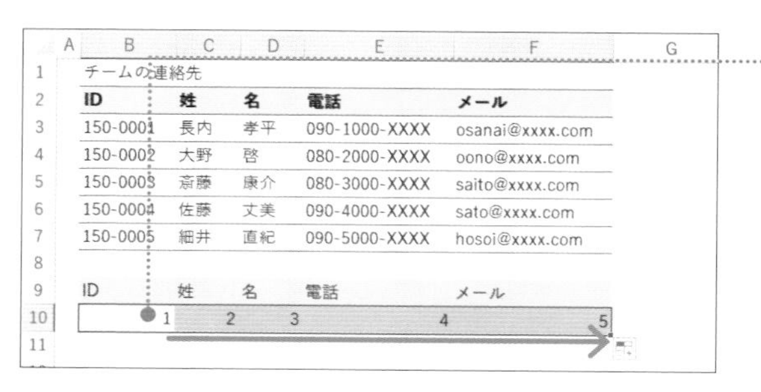

	A	B	C	D	E	F	G
1		チームの連絡先					
2		ID	姓	名	電話	メール	
3		150-0001	長内	孝平	090-1000-XXXX	osanai@xxxx.com	
4		150-0002	大野	啓	080-2000-XXXX	oono@xxxx.com	
5		150-0003	斎藤	康介	080-3000-XXXX	saito@xxxx.com	
6		150-0004	佐藤	丈美	090-4000-XXXX	sato@xxxx.com	
7		150-0005	細井	直紀	090-5000-XXXX	hosoi@xxxx.com	
8							
9		ID	姓	名	電話	メール	
10		1	2	3	4	5	
11							

1

上の数式を入力して右へコピー

セルB10に「1」、セルC11から右方向に「2」「3」「4」「5」と列番号が表示される。

● COLUMN関数で引数[列番号]を自動で計算

上の結果のようにCOLUMN関数を使えば、引数[列番号]に入れたい列番号が返されました。ここまで理解できたら、VLOOKUP関数の引数[列番号]にCOLUMN関数を組み合わせていきましょう。

# =VLOOKUP($B3,$B$3:$F$7,
COLUMN(B$2)-COLUMN($A$2),0)

	A	B	C	D	E	F	G
1		チームの連絡先					
2		ID	姓	名	電話	メール	
3		150-0001	長内	孝平	090-1000-XXXX	osanai@xxxx.com	
4		150-0002	大野	啓	080-2000-XXXX	oono@xxxx.com	
5		150-0003	斎藤	康介	080-3000-XXXX	saito@xxxx.com	
6		150-0004	佐藤	丈美	090-4000-XXXX	sato@xxxx.com	
7		150-0005	細井	直紀	090-5000-XXXX	hosoi@xxxx.com	
8							
9		ID	姓	名	電話	メール	
10		=VLOOKUP($B3,$B$3:$F$7,COLUMN(B$2)-COLUMN($A$2),0)					
11							
12							

1

セルB10に上の数式を入力

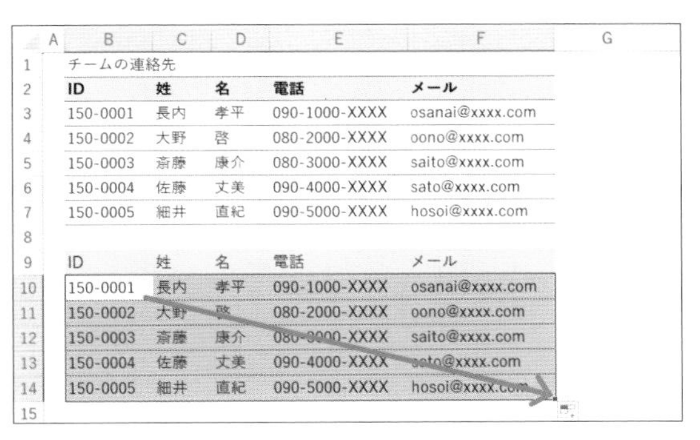

	A	B	C	D	E	F	G
1		チームの連絡先					
2		ID	姓	名	電話	メール	
3		150-0001	長内	孝平	090-1000-XXXX	osanai@xxxx.com	
4		150-0002	大野	啓	080-2000-XXXX	oono@xxxx.com	
5		150-0003	斎藤	康介	080-3000-XXXX	saito@xxxx.com	
6		150-0004	佐藤	丈美	090-4000-XXXX	sato@xxxx.com	
7		150-0005	細井	直紀	090-5000-XXXX	hosoi@xxxx.com	
8							
9		ID	姓	名	電話	メール	
10		150-0001	長内	孝平	090-1000-XXXX	osanai@xxxx.com	
11		150-0002	大野	啓	080-2000-XXXX	oono@xxxx.com	
12		150-0003	斎藤	康介	080-3000-XXXX	saito@xxxx.com	
13		150-0004	佐藤	丈美	090-4000-XXXX	sato@xxxx.com	
14		150-0005	細井	直紀	090-5000-XXXX	hosoi@xxxx.com	
15							

2

セルB10をセルF14までコピー

引数［列番号］が自動で計算されているので、数式の修正は不要でコピーできた。

理解を深めるHINT

指定したセルの行番号を教えるROW関数

COLUMN関数はセルの列番号を数える関数ですが、同様に、セルの行番号を数える関数も存在します。それがROW関数です。COLUMN関数と同じ要領で行番号を求められます。

▶ セルの行番号を求める

ROW（参照）（ロウ）

引数［参照］で指定したセルの行番号を求める。行番号はワークシートの先頭の行を1として数えた値。

07

FILE：Chap3-07.xlsx

近似一致

「～以上～未満」の検索は近似一致であるTRUE(1)で！

4月の売上から歩合給を求めたい

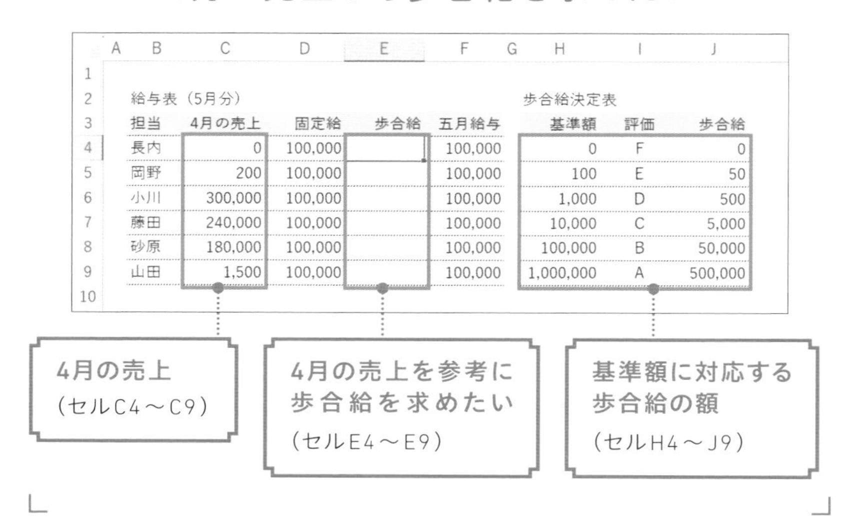

担当	4月の売上	固定給	歩合給	五月給与
長内	0	100,000		100,000
岡野	200	100,000		100,000
小川	300,000	100,000		100,000
藤田	240,000	100,000		100,000
砂原	180,000	100,000		100,000
山田	1,500	100,000		100,000

基準額	評価	歩合給
0	F	0
100	E	50
1,000	D	500
10,000	C	5,000
100,000	B	50,000
1,000,000	A	500,000

▶ 一致する値がなくても表を参照できる

ここまでVLOOKUP関数の引数［検索方法］は、完全一致であるFALSE(0)を指定する前提で、解説してきました。今回はさらなるレベルアップを目指すために、近似一致であるTRUE(1)を指定する事例を紹介します。完全一致は、引数［検索値］と同じデータしか検索できませんが、近似一致は、一致する値がなくても、最も近い値(検索値未満の近似値)を検索します。上の画面のように、岡野さんの4月の売上である「200」に対応する歩合給が表になくても、歩合給決定表を使って岡野さんの歩合給を検索できます。

POINT :

1 VLOOKUP関数の引数［検索の型］は2種類ある

2 引数［検索値］を完全に一致させたいときは「0」を指定する

3 引数［検索値］に最も近い値を検索したいときは「1」を指定する

MOVIE :

https://dekiru.net/ytex307

引数［検索の型］をシーンによって使い分ける

実務ではどんなときに引数［検索の型］で近似一致を指定するか、完全一致と比較しながら見ていきましょう。

完全一致と近似一致の違いを知る

VLOOKUP（検索値,範囲,列番号,検索の型）

完全一致
FALSE（0）

「晴」「雨」「雲」などの固有名詞を使って同じ値を検索したいときは、完全一致。

雨 のときは 5% の割引率です

天気	割引率
晴	0
雨	5%
雪	5%

近似一致
TRUE（1）

「13Kg」のように「～以上～未満」という範囲を持つ数値で検索したいときは、近似一致。

13 Kgのときは 5% の割引率です

購入数	割引率
1 Kg~	0
10 Kg以上	5%
15 Kg以上	10%

実務の9割は完全一致（FALSE）です。近似一致（TRUE）は、頭の片隅においておきましょう。

4月の売上から歩合給を求める

〈 数式の入力例 〉

=VLOOKUP (C4 , $H$4:$J$9 , 3 , 1)

❶ C4　❷ $H$4:$J$9　❸ 3　❹ 1

〈 引数の役割 〉

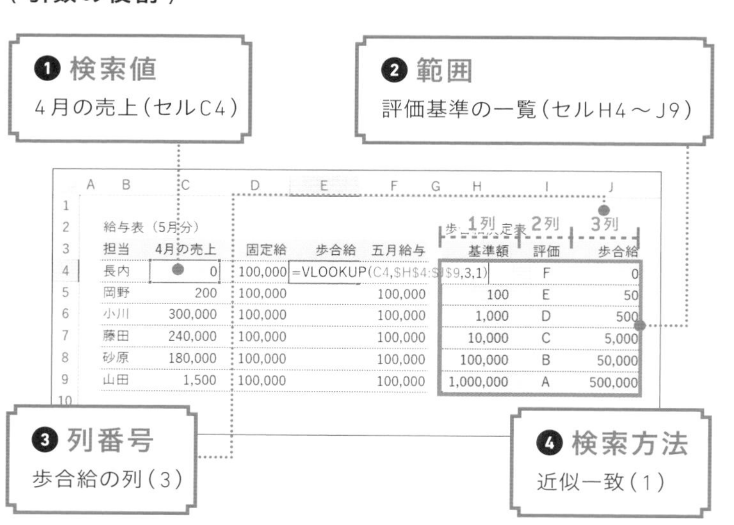

	A	B	C	D	E	F	G	H	I	J
1										
2		給与表（5月分）						歩合給判定表		
3		担当	4月の売上	固定給	歩合給	五月給与		基準額	評価	歩合給
4		長内	0	100,000	=VLOOKUP(C4,$H$4:$J$9,3,1)				F	0
5		岡野	200	100,000		100,000		100	E	50
6		小川	300,000	100,000		100,000		1,000	D	500
7		藤田	240,000	100,000		100,000		10,000	C	5,000
8		砂原	180,000	100,000		100,000		100,000	B	50,000
9		山田	1,500	100,000		100,000		1,000,000	A	500,000
10										

4月の売上を基準額から探します。一致する値が見つかったら、そこから3列目の歩合給を抽出します。売上と完全一致する基準額がなくても、最も近い値(検索値未満の近似値)を検索値として抽出します。

(例)

- 売上が「200」の場合→基準額「100」を検索し、歩合給「50」を抽出
- 売上が「300,000」の場合→基準額「100,000」を検索し、歩合給「50,000」を抽出

=VLOOKUP(C4,$H$4:$J$9,3,1)

給与表（5月分）

担当	4月の売上	固定給	歩合給	五月給与
長内	0	100,000	0	100,000
岡野	200	100,000	50	100,050
小川	300,000	100,000	50,000	150,000
藤田	240,000	100,000	50,000	150,000
砂原	180,000	100,000	50,000	150,000
山田	1,500	100,000	500	100,500

歩合給決定表

基準額	評価	歩合給
0	F	0
100	E	50
1,000	D	500
10,000	C	5,000
100,000	B	50,000
1,000,000	A	500,000

1 セルE4に上の数式を入力して下へコピー

近似一致で歩合給が求められた。

理解を深めるHINT

近似一致で検索するときの注意点

近似一致は、引数［検索値］と一致する値がなくても、引数［検索値］より小さい値かつ、最も近い値を探してくれます。そのため基準額を昇順に並べておく必要があります。規則性がない並びや降順になってないか確認しましょう。

また、引数［検索値］が「-300」のようにマイナスの場合もそれより小さい値がないのでエラーになってしまいます。近似一致で計算するときは、以上の注意点を気にかけておきましょう。

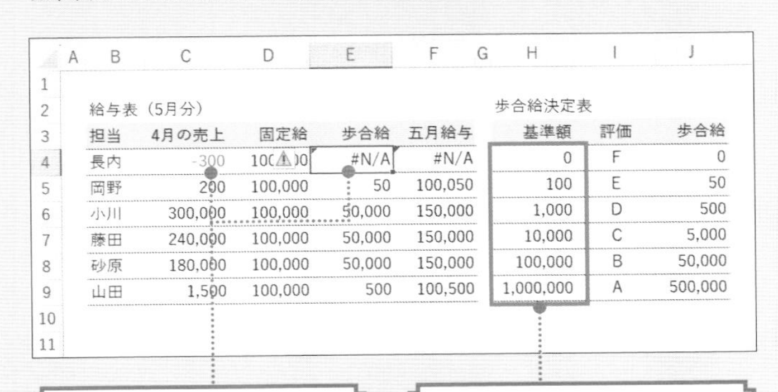

給与表（5月分）

担当	4月の売上	固定給	歩合給	五月給与
長内	-300	10(⚠)0	#N/A	#N/A
岡野	200	100,000	50	100,050
小川	300,000	100,000	50,000	150,000
藤田	240,000	100,000	50,000	150,000
砂原	180,000	100,000	50,000	150,000
山田	1,500	100,000	500	100,500

歩合給決定表

基準額	評価	歩合給
0	F	0
100	E	50
1,000	D	500
10,000	C	5,000
100,000	B	50,000
1,000,000	A	500,000

基準額より小さい値はエラーが返ってくる

基準額は昇順（小→大）に並べる

08 FILE：Chap3-08.xlsx

別シートの参照

別シートにあるマスタデータを参照する

参照元のマスタデータは同じシートに置かない

集計表の6行目に新規行を追加

マスタデータにも行が追加された

	A	B	C	D	E	F	G	H	I	J
1										
2		給与表（5月分）						歩合給決定表		
3		担当	4月の売上	固定給	歩合給	五月給与		基準額	評価	歩合給
4		長内	0	100,000	0	100,000		0	F	0
5		岡野	200	100,000	50	100,050		100	E	50
6										
7		小川	300,000	100,000	50000	150,000		1,000	D	500
8		藤田	240,000	100,000	50000	150,000		10,000	C	5,000
9		砂原	180,000	100,000	50000	150,000		100,000	B	50,000
10		山田	1,500	100,000	500	100,500		1,000,000	A	500,000
11										

「給与表」に行を追加したら「歩合給決定表」にも行が追加され、メンテナンスが面倒になってしまいます。VLOOKUP関数がエラーになってしまうことも！

▶ 参照元のデータをどこに配置するか

VLOOKUP関数を実務で使うときに悩むポイントの1つに、第2の引数［範囲］をどこから参照してくるか、があります。答えは、同じブック内の別シートです。理由は、最もエラーになりにくく、メンテナンスしやすいからです。同じシートで管理していると、データの増減で行・列を追加すると、表が崩れてしまいます。また、他のブックから参照することもできますが、そのブックを削除してしまうとリンクが切れてエラーになります。そのため「同一ブック内の別シート」から参照するのが一番なのです。

POINT：

1 集計表とマスタデータは同じシートに置くべからず

2 同じブックの別シートで、参照元のデータを管理するのが定石

3 データの修正などメンテナンスもしやすく、エラーを防げる

MOVIE：

https://dekiru.net/ytex308

参照元のデータは別シートで管理

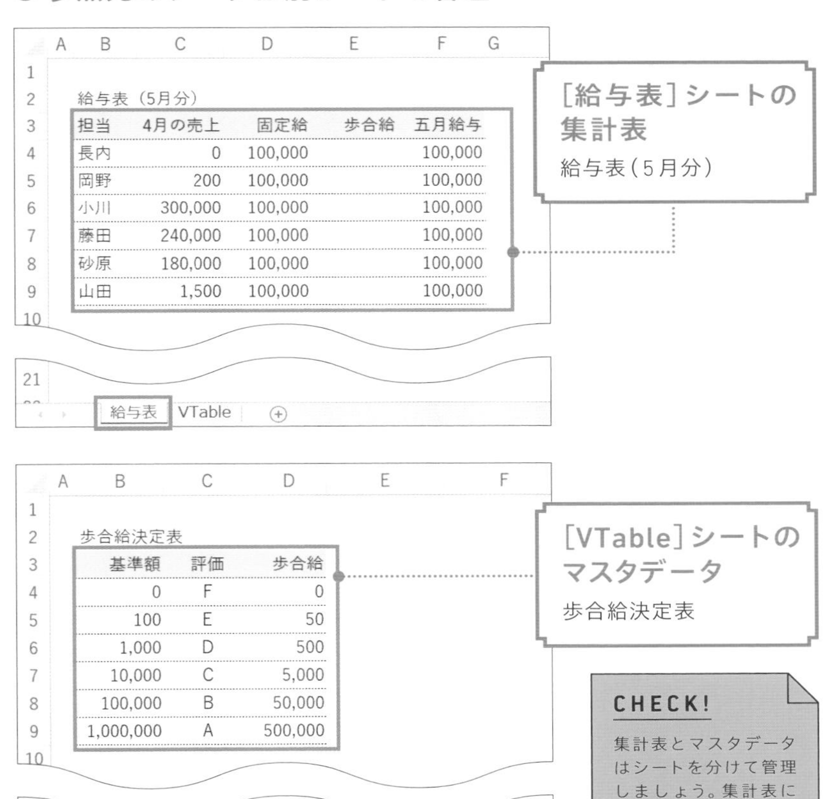

担当	4月の売上	固定給	歩合給	五月給与
長内	0	100,000		100,000
岡野	200	100,000		100,000
小川	300,000	100,000		100,000
藤田	240,000	100,000		100,000
砂原	180,000	100,000		100,000
山田	1,500	100,000		100,000

基準額	評価	歩合給
0	F	0
100	E	50
1,000	D	500
10,000	C	5,000
100,000	B	50,000
1,000,000	A	500,000

CHECK!

集計表とマスタデータはシートを分けて管理しましょう。集計表に行・列を追加しても参照元のデータには影響が生じません。

別シートのデータを参照する

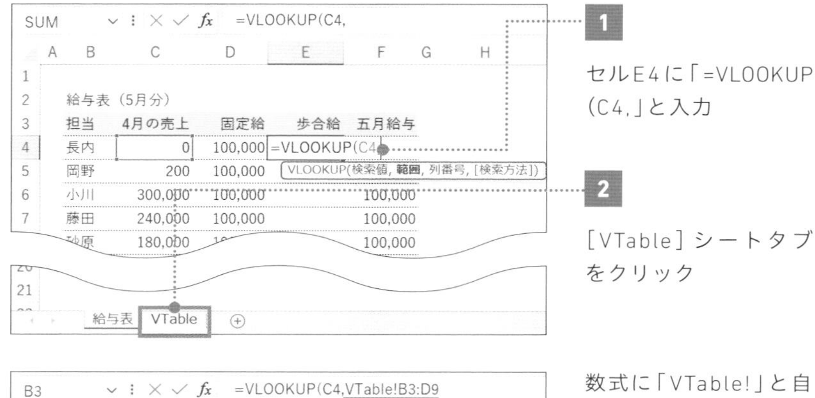

1

セルE4に「=VLOOKUP(C4,」と入力

2

[VTable] シートタブをクリック

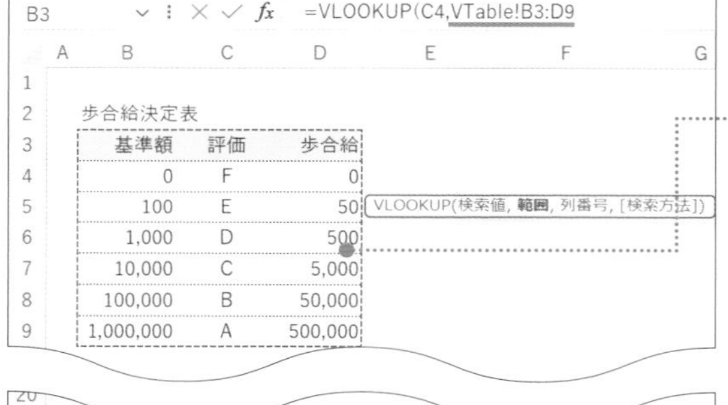

数式に「VTable!」と自動で入力された。

3

セルB3〜D9をドラッグして選択

4

F4 キーを押す

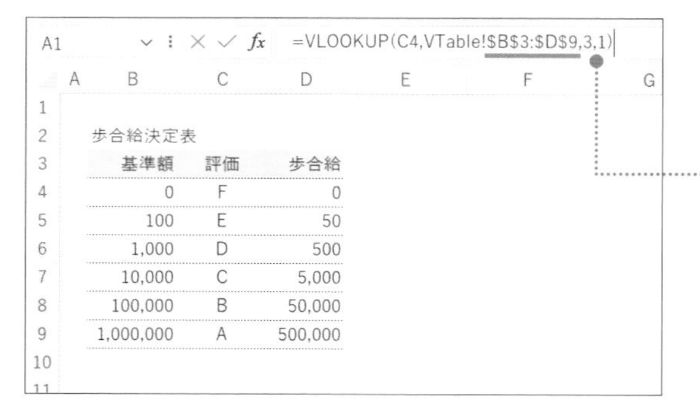

引数[範囲]が「$B$3:$D$9」と絶対参照に切り替わった。

5

「,3,1)」と入力して Enter キーを押す

CHECK!

別シートのときでも、引数[範囲]には本来テーブルを設定しましょう。ここでは説明のため絶対参照にしています。

E4 =VLOOKUP(C4,VTable!$B$3:$D$9,3,1)

給与表（5月分）

担当	4月の売上	固定給	歩合給	五月給与
長内	0	100,000	0	100,000
岡野	200	100,000	50	100,050
小川	300,000	100,000	50000	150,000
藤田	240,000	100,000	50000	150,000
砂原	180,000	100,000	50000	150,000
山田	1,500	100,000	500	100,500

6

セルE4を下へコピー

別シート参照で歩合給が求められた。

= VLOOKUP (C4 , VTable!$B$3:$D$9 , 3 , 1)

（シート名）!（セル範囲）

同じシート内の参照と違って、シート別の参照は「（シート名）!」が付きました。それ以外は参照場所が違っても数式の考え方は同じです。

理解を深めるHINT

他のブックのデータを参照するには

他のブックにあるデータを参照するのは管理が大変なのでおすすめしていませんが、参照方法は同じブックの別シート参照と同じです。引数[範囲]を指定するときに、他のブックにある参照したい範囲をドラッグします。同じブックの別シート参照との違いは、最初から絶対参照になっているので、相対参照から切り替える必要がないという点です。たとえば「Book1.xlsx」の[Sheet1]シートから参照した場合は以下の引数となります。

=VLOOKUP (C4 , [Book1]Sheet1!$B$3:$D$9 , 3 , 1)

[（ブック名）]（シート名）!（セル範囲）

09

LEFT／RIGHT／MID／FIND

FILE：Chap3-09.xlsx

複雑なIDの一部を引数［検索値］にしよう

引数［検索値］をそのまま利用できない……

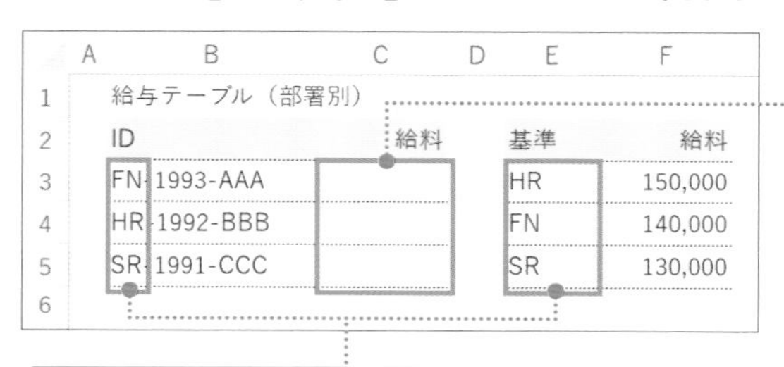

部署別の給与を求めたい

IDが「FN-****-****」のときは、基準「FN」を検索して「140,000」を抽出したい。

［基準］列に合わせて、ID列の頭文字2文字を引数［検索値］としたい

ビジネスの現場では、引数［検索値］がそのまま利用できないことがよくあります。こんなときも、関数を組み合わせれば解決できますよ。

▶ 頭文字2文字だけを取り出したい

実務では、あるセルに入力されている値をそのまま引数［検索値］として利用できないケースが多々あります。具体的には、上の図のように「FN-1993-AAA」のように連なっている文字列の「FN」だけを引数［検索値］に指定したい場合です。この場合、参照元のマスタデータを整えにいくか、VLOOKUP関数の中でなんとかするかの2つの対処法が考えられます。今回は、社内権限的にマスタデータを触れない場合を想定して、文字列操作関数を使って、関数の中でなんとかするという後者の発想を学びましょう。

POINT：

1. 頭文字から2文字目までを引数［検索値］として使いたい
2. マスタデータを整えるか、関数の中で整えるかの対処法がある
3. 関数で整えるなら、文字列操作関数を使いこなすのが鍵

MOVIE：

https://dekiru.net/ytex309

解決の糸口は文字列操作関数にある

セル内のデータから一部の文字を取り出したいときは、文字列操作関数を使います。VLOOKUP関数に組み合わせる前に、文字列操作関数にはどんな種類があって何ができるかを見ていきましょう。

左端から何文字か取り出す

レフト
LEFT (文字列 , 文字数)

引数［文字列］の左端から引数［文字数］分の文字列を取り出す。

右端から何文字か取り出す

ライト
RIGHT (文字列 , 文字数)

引数［文字列］の右端から引数［文字数］分の文字列を取り出す。

指定した位置から何文字かを取り出す

ミッド
MID (文字列 , 開始位置 , 文字数)

引数［文字列］の引数［開始位置］から引数［文字数］分の文字列を取り出す。

	A	B	C	D
1				
2		ID	数式	結果
3		FN-1993-AAA	=LEFT(B3,2)	FN
4		FN-1993-AAA	=RIGHT(B4,3)	AAA
5		FN-1993-AAA	=MID(B5,4,4)	1993
6				

LEFT関数を使って左端から2文字だけ取り出せば、「FN」だけを抽出できる。

▶ IDから部署別の給与を求めたい

それでは、本題である「IDの頭文字2文字と部署名が一致する給与」を調べていきます。VLOOKUP関数の引数［検索値］にLEFT関数をネストして計算してみましょう。

=VLOOKUP(LEFT(B3,2),$E$2:$F$5,2,0)

IDの頭文字2文字が取り出される

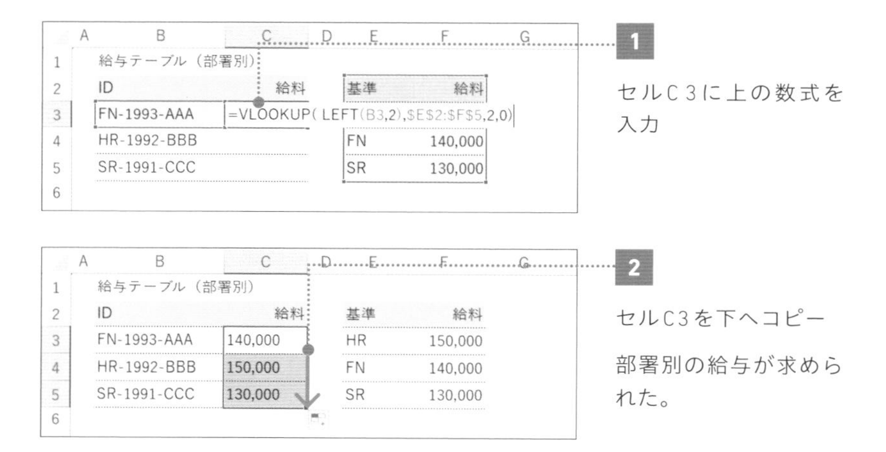

▶ FIND関数をマスターして文字列の位置を知る

ここではさらに応用技を紹介します。「A-1993-AAA」「BC-1992-BBB」「DEF-1993-CCC」といった文字列から、中央にある4桁の数値を抽出したいとしましょう。

この場合は141ページで紹介したMID関数を指定します。しかし引数［開始位置］はデータによって異なります。

このような場合は、文字列の位置を調べてくれるFIND関数を組み合わせて使いましょう。4桁の数値の前にある「-」の位置をFIND関数で調べて、抽出したい数値の開始位置を調べます。

文字列の位置を調べる

FIND（検索文字列 , 対象 , 開始位置）

（FIND：ファインド）

引数［検索文字列］が引数［対象］の文字列の中で先頭から何文字目にあるかを調べる。引数［開始位置］は省略してもよく、省略した場合は「1」と見なされる。

何文字目に1個目の「-」があるか調べる

=FIND("-" , B3)

	A	B	C	D	E	F	G
1		給与テーブル（部署別）					
2		ID					
3		A-1993-AAA	2				
4		BC-1992-BBB	3				
5		DEF-1991-CCC	4				
6							

1

セルC3に上の数式を入力して下へコピー

1個目の「-」がある位置が表示された。

MID関数と組み合わせて特定の文字列を抽出

=MID(B3 , FIND("-" , B3) + 1,4)

B3：文字列　FIND("-" , B3) + 1：開始位置　4：文字数

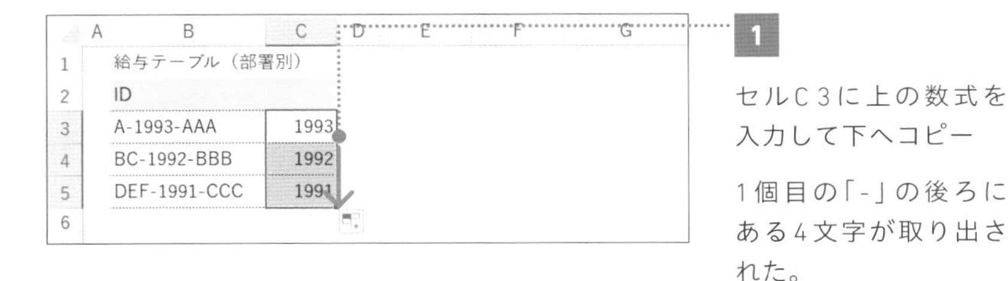

	A	B	C	D	E	F	G
1		給与テーブル（部署別）					
2		ID					
3		A-1993-AAA	1993				
4		BC-1992-BBB	1992				
5		DEF-1991-CCC	1991				
6							

1

セルC3に上の数式を入力して下へコピー

1個目の「-」の後ろにある4文字が取り出された。

MID関数の引数［開始位置］を「FIND("-",B3)+1」として1を足しているのがポイントです。

10

COUNTIF

FILE：Chap3-10.xlsx

重複するデータをユニークなものに置き換える

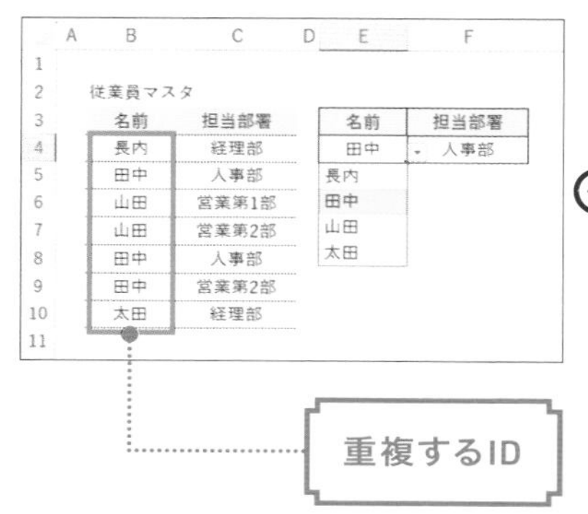

従業員マスタ

名前	担当部署
長内	経理部
田中	人事部
山田	営業第1部
山田	営業第2部
田中	人事部
田中	営業第2部
太田	経理部

名前	担当部署
田中	人事部

長内
田中
山田
太田

「田中」が3人いる場合、引数[検索値]が重複しているためVLOOKUP関数で思い通りに抽出できない。

GOOD

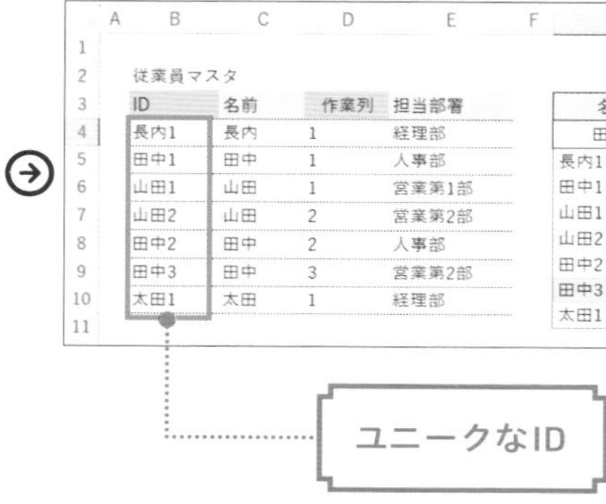

従業員マスタ

ID	名前	作業列	担当部署
長内1	長内	1	経理部
田中1	田中	1	人事部
山田1	山田	1	営業第1部
山田2	山田	2	営業第2部
田中2	田中	2	人事部
田中3	田中	3	営業第2部
太田1	太田	1	経理部

長内1
田中1
山田1
山田2
田中2
田中3
太田1

「田中1」「田中2」「田中3」と別のIDと認識できるように、ユニークなIDを振っていく。

VLOOKUP関数の弱点は、重複データの検索！

ビジネスの現場では、Excelで使いたいデータがきれいに整っていることは稀(まれ)です。たとえばマスタデータに同一のIDが複数存在してしまっていることも少なくありません。この場合、ただの重複データであれば削除すればいいのですが、別のデータとして扱いたい場合が問題です。VLOOKUP関数は引数[範囲]の左端列に同一の引数[検索値]が何度も出てくる場合に、常に上にあるデータをピックアップし、下のデータは永遠に無視されてしまいます。こんな場合は、重複データをユニークなデータに変えていきましょう。

POINT：

1 検索するデータは、重複していてはいけない

2 重複データをナンバリングして、ユニークなIDを作る

3 COUNTIF関数を使ってナンバリングしていく

MOVIE：

https://dekiru.net/ytex310

IDが重複しているときの解決法

それでは、重複データをユニークデータに変えていく方法を紹介します。もちろん手作業ではありません。「田中」を「田中1」「田中2」「田中3」と新規IDを作るように、重複したデータにナンバリングをしていきます。こうした場面で役立つのが、条件に一致するデータの個数を求めるCOUNTIF関数です。

1. ユニークなIDを振る列とナンバリングする作業列を新規作成
2. 作業列にCOUNTIF関数を用いて重複データにナンバリング
3. [ID]列に「(名前)+(番号)」のユニークなIDを作る

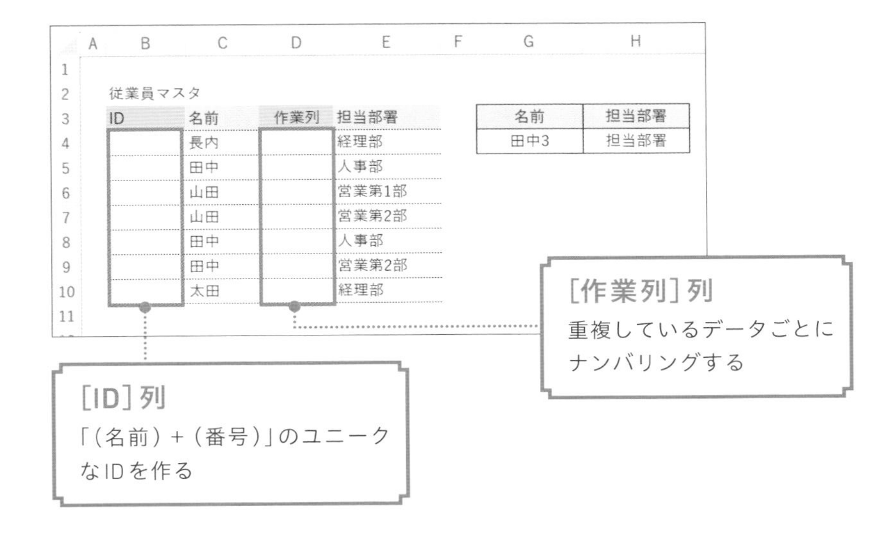

▶ 重複データをナンバリングする

条件に一致するデータの個数を求める

COUNTIF（範囲,検索条件）

引数［範囲］の中に引数［検索条件］を満たすセルがいくつあるか数える。

〈 数式の入力例 〉

=COUNTIF($C$4:C4, C4)

❶ $C$4:C4　❷ C4

〈 引数の役割 〉

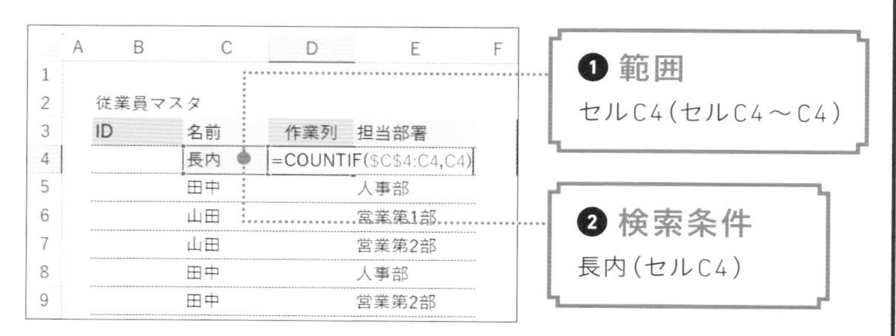

セルC４には「長内」を満たすセルは１つあるので「１」と返されます。ポイントは範囲を「C４:C４」と指定していること。下にコピーすると、選択範囲が広がっていきます。

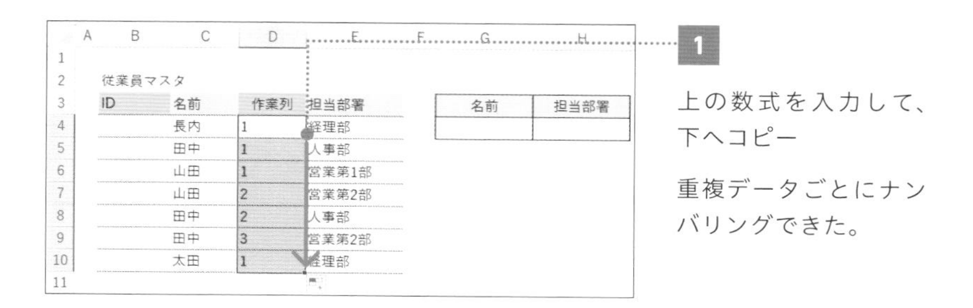

1

上の数式を入力して、下へコピー

重複データごとにナンバリングできた。

ユニークなIDを使って担当部署を求める

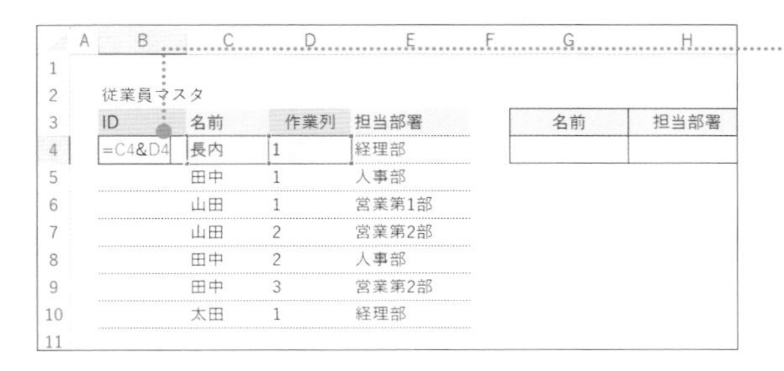

1 セルB4に「=C4&D4」と入力

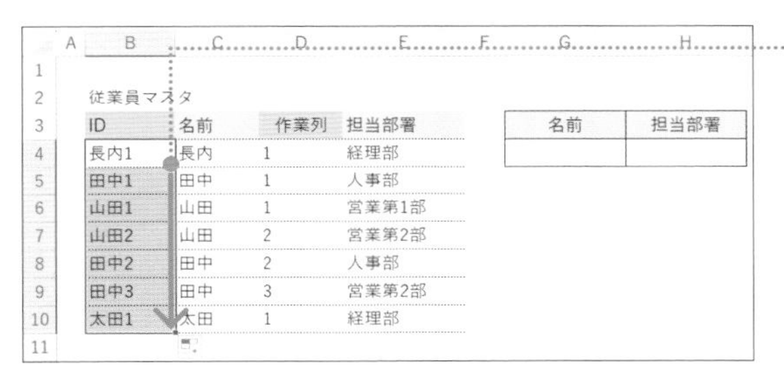

2 セルB4を下へコピー

2つのデータを結合して重複しないユニークなIDが振られた。

セルD9は「=COUNTIF($C$4:C9,C9)」と入力されていて、セルC4～C9の範囲に「田中」と一致するデータが3つあるので「3」と返されます。

=VLOOKUP (G4 , $B$3:$E$10 , 4 , 0)

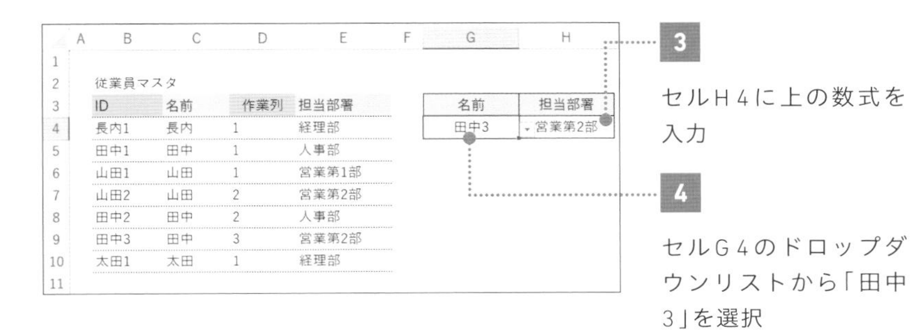

3 セルH4に上の数式を入力

4 セルG4のドロップダウンリストから「田中3」を選択

セルH4に「営業第2部」が表示された。

11

INDEX／MATCH

FILE：Chap3-11.xlsx

さらに高度な検索を可能にする2つの関数

出発地から目的地までの距離を調べたい

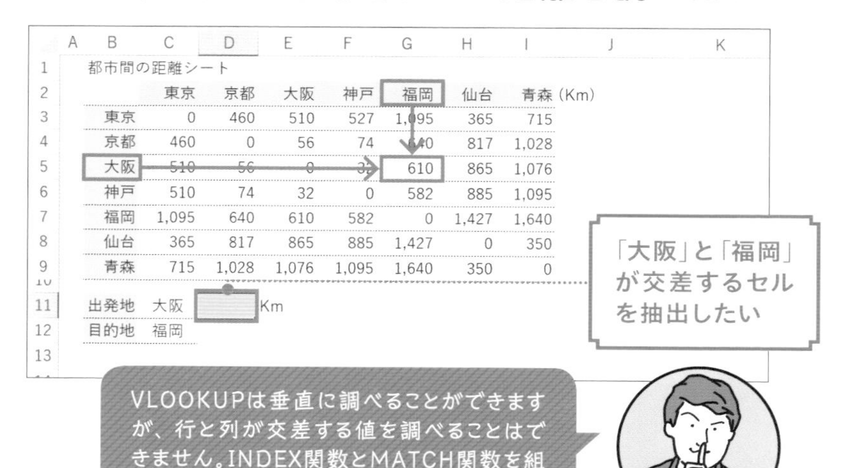

都市間の距離シート

	東京	京都	大阪	神戸	福岡	仙台	青森 (Km)
東京	0	460	510	527	1,095	365	715
京都	460	0	56	74	640	817	1,028
大阪	510	56	0	32	610	865	1,076
神戸	510	74	32	0	582	885	1,095
福岡	1,095	640	610	582	0	1,427	1,640
仙台	365	817	865	885	1,427	0	350
青森	715	1,028	1,076	1,095	1,640	350	0

出発地	大阪		Km
目的地	福岡		

▶ VLOOKUP関数の欠点を克服できる2つの関数

VLOOKUP関数は万能といいましたが、VLOOKUP関数にも限界はあります。「垂直に調べる」とはいえ、VLOOKUP関数のその動きは常にL字型でしかありません。上の図のように、縦軸と横軸の2つの条件で調べたいときや、[検索値]の左側にあるデータを調べたいときはどうすればいいでしょうか。

このようなケースでは、INDEX関数とMATCH関数を組み合わせて数式を作りましょう。まずはこの2つの関数の仕組みを理解してから、組み合わせる方法を紹介します。あと一息、一緒にがんばりましょう！

POINT：

1 VLOOKUP関数でできることの限界を知っておく

2 指定した行と列が交差する値を調べることはできない

3 INDEX関数とMATCH関数を組み合わせると抽出できる

MOVIE：

https://dekiru.net/ytex311

「大阪」と「福岡」間の距離を求める

指定した行と列が交差する値を返す

INDEX（範囲,行番号,列番号）（インデックス）

引数［範囲］の中の、指定した引数［行番号］と引数［列番号］の位置にある値を求める。

〈 数式の入力例 〉

=INDEX（B2:I9,4,6）

❶ B2:I9 ❷ 4 ❸ 6

〈 引数の役割 〉

❶ 範囲
都市間の距離シート（セルB2〜I9）

マトリックス表の端から数えて4行目（大阪）と6列目（福岡）が交わるセルG5の値（610）を取り出します。

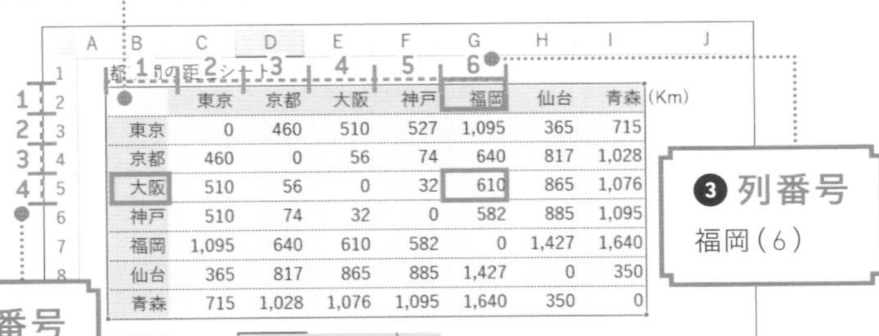

	東京	京都	大阪	神戸	福岡	仙台	青森
東京	0	460	510	527	1,095	365	715
京都	460	0	56	74	640	817	1,028
大阪	510	56	0	32	610	865	1,076
神戸	510	74	32	0	582	885	1,095
福岡	1,095	640	610	582	0	1,427	1,640
仙台	365	817	865	885	1,427	0	350
青森	715	1,028	1,076	1,095	1,640	350	0

❷ 行番号
大阪（4）

❸ 列番号
福岡（6）

= INDEX (B2:I9,4,6)

	A	B	C	D	E	F	G	H	I	J
1		都市間の距離シート								
2			東京	京都	大阪	神戸	福岡	仙台	青森	(Km)
3		東京	0	460	510	527	1,095	365	715	
4		京都	460	0	56	74	640	817	1,028	
5		大阪	510	56	0	32	610	865	1,076	
6		神戸	510	74	32	0	582	885	1,095	
7		福岡	1,095	640	610	582	0	1,427	1,640	
8		仙台	365	817	865	885	1,427	0	350	
9		青森	715	1,028	1,076	1,095	1,640	350	0	
10										
11		出発地	大阪	610	Km					
12		目的地	福岡							
13										

1

セルD11に上の数式を入力

セルG5の値が返されて、「大阪」と「福岡」間の距離を求められた。

実務では、INDEX関数を単体で使うことはほぼありません。なぜなら、手打ちで引数[行番号]と引数[列番号]を指定するのは手間がかかるうえに、ミスをしやすいからです。そこで、目的のセルが何個目にあるかを求められるMATCH関数の出番です。

「大阪」と「福岡」のセルの位置を求める

目的のセルが何個目のセルか求める

MATCH(マッチ) (検索値,検査範囲,照合の種類)

引数[検査値]が引数[検査範囲]の中の何番目のセルにあるかを求める。引数[検査範囲]における先頭のセルの位置を1として数えた値が返される。完全一致のデータを検索する場合、引数[照合の種類]は「0」または省略する。

〈 数式の入力例 〉

= MATCH (C11, B2:B9, 0)

C11：検索値　B2:B9：検査範囲

セルB2～B9の何番目に大阪が位置するかを求めます。

	A	B	C	D	E	F	G	H	I	J
1		都市間の距離シート								
2			東京	京都	大阪	神戸	福岡	仙台	青森	(Km)
3		東京	0	460	510	527	1,095	365	715	
4		京都	460	0	56	74	640	817	1,028	
5		大阪	510	56	0	32	610	865	1,076	
6		神戸	510	74	32	0	582	885	1,095	
7		福岡	1,095	640	610	582	0	1,427	1,640	
8		仙台	365	817	865	885	1,427	0	350	
9		青森	715	1,028	1,076	1,095	1,640	350	0	
11		出発地	大阪	はセルB2から下へ			4	個目		
12		目的地	福岡	はセルB2から右へ			6	個目		
13										

1

セルG11に左ページにあるMATCH関数の数式を入力

2

セルG12に「=MATCH(C12,B2:I2)」と入力

「大阪」と「福岡」のセルの位置が求められた。

それではINDEX関数の引数［行番号］と引数［列番号］に、MATCH関数をネストして、関数だけで大阪～福岡の距離を求めてみましょう。

INDEX関数とMATCH関数を組み合わせる

=INDEX(B2:I9,MATCH(C11,B2:B9,0),MATCH(C12,B2:I2,0))

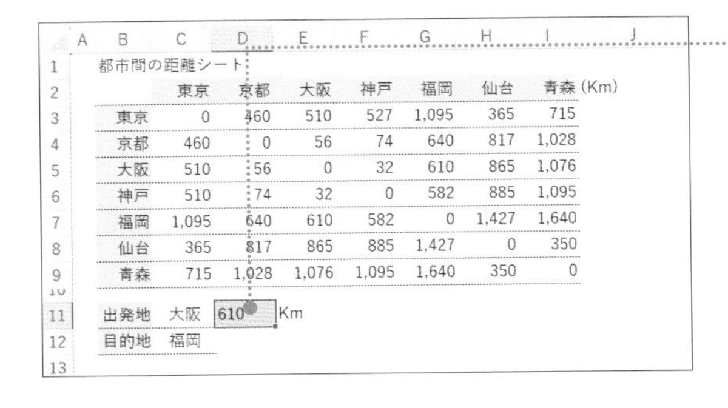

	A	B	C	D	E	F	G	H	I	J
1		都市間の距離シート								
2			東京	京都	大阪	神戸	福岡	仙台	青森	(Km)
3		東京	0	460	510	527	1,095	365	715	
4		京都	460	0	56	74	640	817	1,028	
5		大阪	510	56	0	32	610	865	1,076	
6		神戸	510	74	32	0	582	885	1,095	
7		福岡	1,095	640	610	582	0	1,427	1,640	
8		仙台	365	817	865	885	1,427	0	350	
9		青森	715	1,028	1,076	1,095	1,640	350	0	
11		出発地	大阪	610	Km					
12		目的地	福岡							
13										

1

セルD11に上の数式を入力

「大阪」と「福岡」間の距離が求められた。

12

XLOOKUP

FILE：Chap3-12.xlsx

柔軟に検索を行えるXLOOKUP関数を使いこなそう

「検査値の左側の値を抽出する」がより簡単に！

姓	名	ID	電話	メール
長内	孝平	150-0001	090-1000-XXXX	osanai@xxxx.com
大野	啓	150-0002	080-2000-XXXX	oono@xxxx.com
斎藤	康介	150-0003	080-3000-XXXX	saito@xxxx.com
佐藤	文美	150-0004	090-4000-XXXX	sato@xxxx.com
細井	直紀	150-0005	090-5000-XXXX	hosoi@xxxx.com

ID	姓
150-0001	長内

▶ 新たに覚えるべき最重要関数

本レッスンで学ぶXLOOKUP関数は、これまで学んできたVLOOKUP関数の進化系として、今後、実務で使われるスタンダードな関数になると注目されています。なぜなら、これまでのVLOOKUP関数では実現できなかった「検査値の左側の値を抽出すること」という課題が、とてもシンプルな操作で実現できるようになったからです。まずは実務でよく出くわすこの課題を丁寧に紐解いていきましょう。

なお、毎年新しい機能や関数がリリースされるExcelですが、その最新ツールの多くはMicrosoft 365というクラウド版のプランのみに実装されます。旧バージョンを利用している組織においてはXLOOKUP関数を使うことはできません。そのため、VLOOKUP関数とXLOOKUP関数の両方のマスターが大事になることを認識して、学びを深めましょう。

POINT：

1 引数の入力はVLOOKUP関数と同様の3ステップ

2 第2／第3引数の範囲指定は1行分（1列分）の指定でもOK

3 横に調べるHLOOKUP関数の代用関数にもなる

MOVIE：

https://dekiru.net/ytex312

IDに対応する姓を表示したい

範囲から検索値に一致した値を返す

エックスルックアップ
XLOOKUP（検索値,検索範囲,戻り範囲,見つからない場合,一致モード,検索モード）

引数［検索値］を［検索範囲］に指定した列や行から探し、［戻り範囲］の対応する行・列にある値を返す。検索値がない場合は［見つからない場合］に指定した文字列を表示できる。完全に一致する値を検索する場合は［一致モード］は省略する。［検索モード］を省略すると先頭から検索される。

〈 数式の入力例 〉

=XLOOKUP（H3,D3:D7,B3:B7）

〈 引数の役割 〉

=XLOOKUP(H3,D3:D7,B3:B7)

姓	名	ID	電話	メール
長内	孝平	150-0001	090-1000-XXXX	osanai@xxxx.com
大野	啓	150-0002	080-2000-XXXX	oono@xxxx.com
斎藤	康介	150-0003	080-3000-XXXX	saito@xxxx.com
佐藤	丈美	150-0004	090-4000-XXXX	sato@xxxx.com
細井	直紀	150-0005	090-5000-XXXX	hosoi@xxxx.com

ID	姓
150-0001	=XLOOKUP(H3,D3:D7,B3:B7)

1

セルI3に上の数式を入力

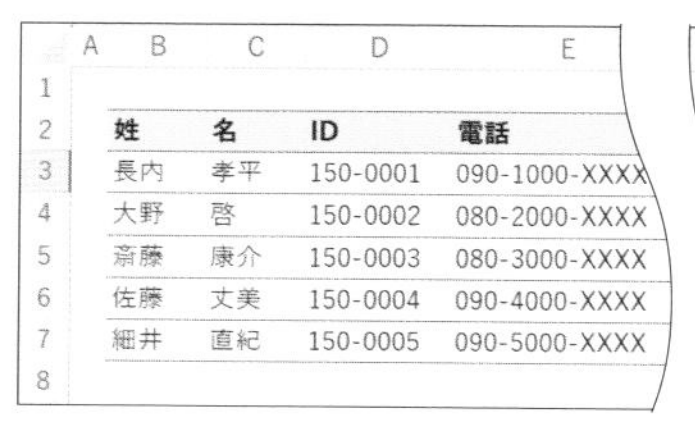

姓	名	ID	電話
長内	孝平	150-0001	090-1000-XXXX
大野	啓	150-0002	080-2000-XXXX
斎藤	康介	150-0003	080-3000-XXXX
佐藤	丈美	150-0004	090-4000-XXXX
細井	直紀	150-0005	090-5000-XXXX

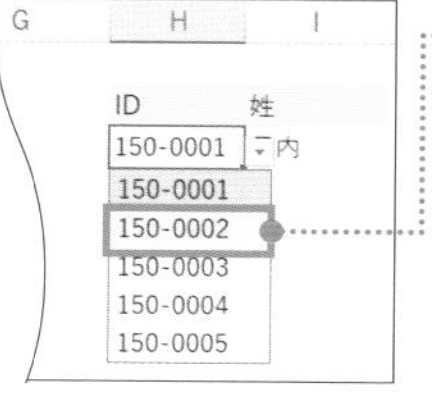

ID	姓
150-0001	長内

セルH3に入力したIDに対応した姓が表示された。

姓	名	ID	電話
長内	孝平	150-0001	090-1000-XXXX
大野	啓	150-0002	080-2000-XXXX
斎藤	康介	150-0003	080-3000-XXXX
佐藤	丈美	150-0004	090-4000-XXXX
細井	直紀	150-0005	090-5000-XXXX

ID	姓
150-0001	長内

150-0001
150-0002
150-0003
150-0004
150-0005

2

セルH3のドロップダウンリストから[150-0002]を選択

CHECK!

セルH3にはドロップダウンリストが設定されています。

姓	名	ID	電話
長内	孝平	150-0001	090-1000-XXXX
大野	啓	150-0002	080-2000-XXXX
斎藤	康介	150-0003	080-3000-XXXX
佐藤	丈美	150-0004	090-4000-XXXX
細井	直紀	150-0005	090-5000-XXXX

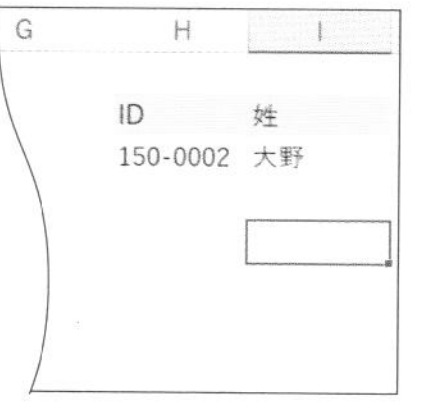

ID	姓
150-0002	大野

選択したIDに対応した姓[大野]が表示された。

検索した値の左側の値を取り出せましたね。続いて、水平方向に検索を行う方法を紹介します。

▶ 水平方向の範囲を検索する

XLOOKUP関数では、VLOOKUP関数ではできなかった水平方向の検索が可能です。

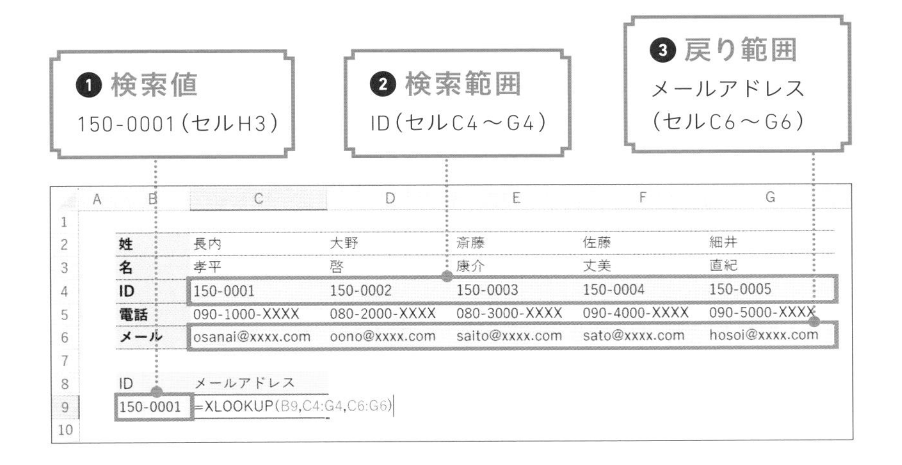

	A	B	C	D	E	F	G
1							
2		姓	長内	大野	斎藤	佐藤	細井
3		名	孝平	啓	康介	丈美	直紀
4		ID	150-0001	150-0002	150-0003	150-0004	150-0005
5		電話	090-1000-XXXX	080-2000-XXXX	080-3000-XXXX	090-4000-XXXX	090-5000-XXXX
6		メール	osanai@xxxx.com	oono@xxxx.com	saito@xxxx.com	sato@xxxx.com	hosoi@xxxx.com
7							
8		ID	メールアドレス				
9		150-0001	=XLOOKUP(B9,C4:G4,C6:G6)				
10							

=XLOOKUP（B9,C4:G4,C6:G6）

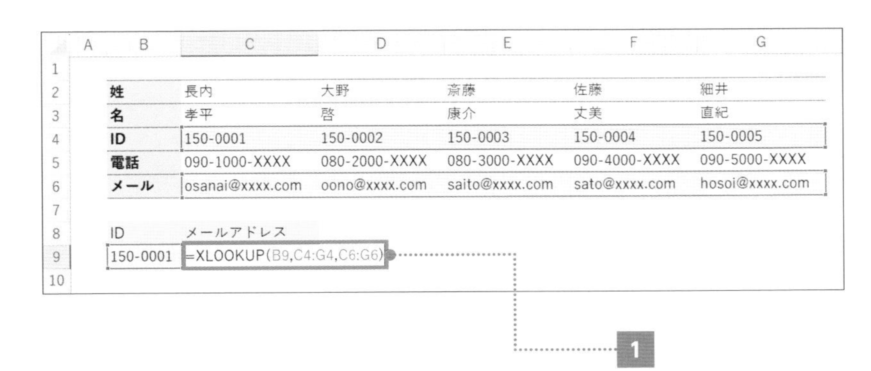

	A	B	C	D	E	F	G
1							
2		姓	長内	大野	斎藤	佐藤	細井
3		名	孝平	啓	康介	丈美	直紀
4		ID	150-0001	150-0002	150-0003	150-0004	150-0005
5		電話	090-1000-XXXX	080-2000-XXXX	080-3000-XXXX	090-4000-XXXX	090-5000-XXXX
6		メール	osanai@xxxx.com	oono@xxxx.com	saito@xxxx.com	sato@xxxx.com	hosoi@xxxx.com
7							
8		ID	メールアドレス				
9		150-0001	=XLOOKUP(B9,C4:G4,C6:G6)				
10							

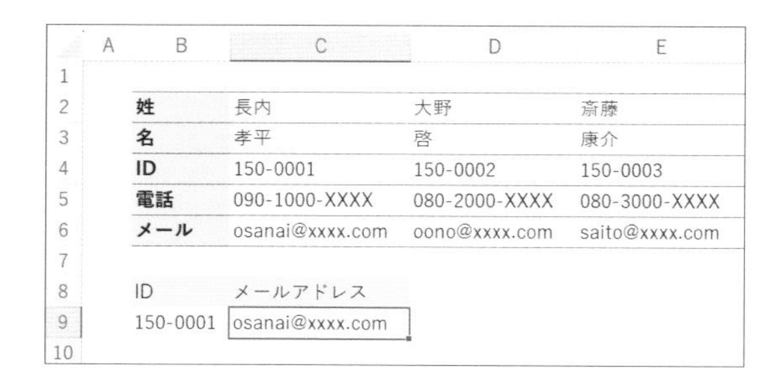

	A	B	C	D	E
1					
2		姓	長内	大野	斎藤
3		名	孝平	啓	康介
4		ID	150-0001	150-0002	150-0003
5		電話	090-1000-XXXX	080-2000-XXXX	080-3000-XXXX
6		メール	osanai@xxxx.com	oono@xxxx.com	saito@xxxx.com
7					
8		ID	メールアドレス		
9		150-0001	osanai@xxxx.com		
10					

セルC9に対応するメールアドレスが表示された。

2

セルB9のドロップダウンリストから[150-0002]を選択

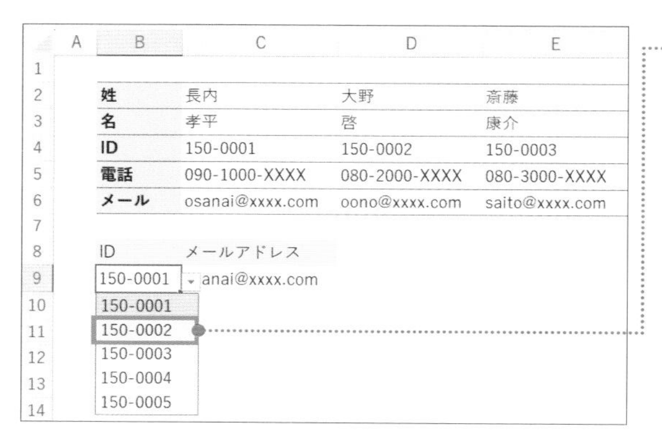

	A	B	C	D	E
1					
2		姓	長内	大野	斎藤
3		名	孝平	啓	康介
4		ID	150-0001	150-0002	150-0003
5		電話	090-1000-XXXX	080-2000-XXXX	080-3000-XXXX
6		メール	osanai@xxxx.com	oono@xxxx.com	saito@xxxx.com
7					
8		ID	メールアドレス		
9		150-0001	anai@xxxx.com		
10		150-0001			
11		150-0002			
12		150-0003			
13		150-0004			
14		150-0005			

CHECK!

セルB9にはドロップダウンリストが設定されています。

	A	B	C	D	E
1					
2		姓	長内	大野	斎藤
3		名	孝平	啓	康介
4		ID	150-0001	150-0002	150-0003
5		電話	090-1000-XXXX	080-2000-XXXX	080-3000-XXXX
6		メール	osanai@xxxx.com	oono@xxxx.com	saito@xxxx.com
7					
8		ID	メールアドレス		
9		150-0002	oono@xxxx.com		
10					

選択したIDに対応したメールアドレス「oono@xxx.com」が表示された。

XLOOKUP関数を活用すれば、VLOOKUP関数では実現できなかった「検索した値の左側の値の取り出し」や「水平方向への検索」が簡単に実現できます。数式を押さえて使いこなしましょう。

理解を深めるHINT

「一致モード」と「検索モード」を活用しよう

XLOOKUP関数には[一致モード][検索モード]という引数もあります。これらの使い方を理解して、活用の幅を広げましょう。まず[一致モード]では、検索値についての判定基準を設定できます。指定できる値は以下の通りで、何も指定しないと[0](完全一致)が適用されます。

・0
検索値と完全に一致した値のみ取り出す

・-1
検索値と完全に一致した値、またはそれ以下の最大値を取り出す

・1
検索値と完全に一致した値、またはそれ以上の最小値を取り出す

・2
ワイルドカードを使用して、たとえば検索値に[*田]と指定して「中田」や「上田」を検索する使い方ができる

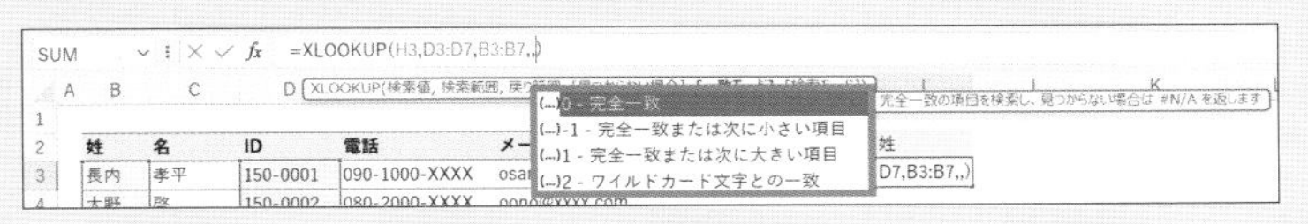

次に[検索モード]では、検索範囲の検索方向などを指定します。指定できる値は以下の通りで、何も指定しないと[0](先頭から末尾に検索)が適用されます

・1
先頭から末尾に向かって検索する

・-1
末尾から先頭に向かって検索する

・2
昇順で並べ替えられた大量のデータを高速に検索する

・-2
降順で並べ替えられた大量のデータを高速に検索する

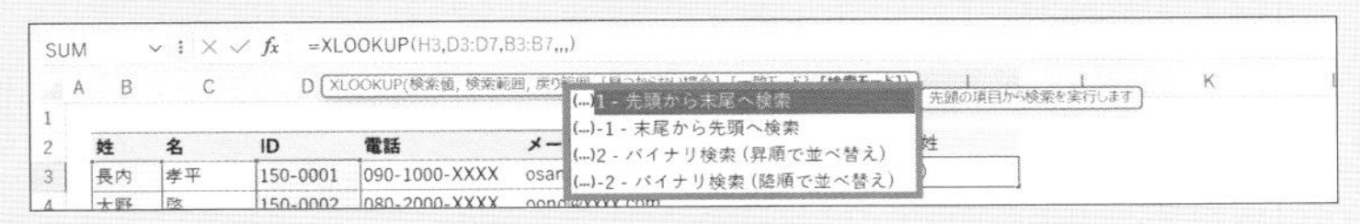

COLUMN

組織を変える研修のカギ「学び方に対する共通言語を持つ」

「仕事で忙しいのに、なんで研修を受けなきゃいけないの……。」

現場で働く私たちにとって、新しい知識を得る機会はありがたいけれども逆に時間のロスになって迷惑、ということはよく起こります。研修の受講者と主催者（人事・DX推進・管理職）とで、その必要性に対するギャップが大きいと「研修って何のためにあるのかわからないし、役に立たないんじゃないか」という誤解が生まれることもあります。これでは皆アンハッピーです。

私たちビジネスパーソンは、どういった研修を積極的に受講すべきか、またはチームのために企画すべきか、成功には2つの法則があります。

研修の成功法則1：即効性があって実用的

研修テーマを選ぶときに大切なのは「この研修を受けたら、明日から仕事が楽になる」といった実利が得られるかどうかです。AIやプログラミング、RPAなど多くの人にとって飛び地にある知識を学ぶ前に、まずは日頃の業務に直結するテーマを選びましょう。ExcelなどMicrosoft 365関連のトレーニングは、即効性と実用性があるうえに、AIなど高度技術を学ぶための基礎力が身につくという意味で、発展性のある秀逸なテーマです。

研修の成功法則2：受け身から自発的な学びへ

そもそも研修という一時的な場での学習効果は限定的です。人が大きく成長するのは、危機感や必要性を感じ、本気で学ぼうとした瞬間です。「受け身社員だった私が、自走人材に変わる」、この変化にこそ価値があり、この姿勢の変化を促す仕組み作りに自らがコミットできるかが大事です。自ら動画や本で学ぶ、リスキリングの習慣を身につけること。そしてもしあなたが人を育てる立場にあるならば、そういった本質的なメッセージを提供する研修を組むべきです。

私たちユースフルとしても、Microsoft 365、Power Platformなどの動画を1,000本以上YouTubeに公開してきました。これらを活かした本質的な人材教育をお望みの方がいらっしゃれば、ぜひお気軽にご相談ください。

CHAPTER 4

データを最適な「アウトプット」に落とし込む

01

見える化

データの「見える化」を助ける重要機能とは?

見えなかったモノを可視化していく

適切なインプットによりデータベース形式の一覧表を構えられたら、この章でご紹介するアウトプット機能をフルに活用できます。並べ替え、フィルターといった基本機能はもちろんのこと、ピボットテーブルを使いこなせるスキルは、大量のデータを分析するうえで非常に役立ちます。またデータを視覚的な情報として整理するためには欠かせないグラフの特徴をつかみ、場面に応じて適切な表現方法を選択できるようにしましょう。ここではピボットテーブルと連携が可能なピボットグラフをご紹介します。

・データベースの概念 ……………………………… P.050

大量のデータも思いのままに表示できる

	A	B	C	D	E	F
1						
2		従業員ID	氏名	日付	売上	
3		EMP-1003	伊藤 修平	2024/5/6	999,995	
4		EMP-1003	伊藤 修平	2024/3/26	999,964	
5		EMP-1003	伊藤 修平	2023/6/27	995,053	
6		EMP-1003	伊藤 修平	2024/1/20	969,782	
7		EMP-1003	伊藤 修平	2023/2/23	968,789	
8		EMP-1003	伊藤 修平	2023/10/4	955,805	
9		EMP-1003	伊藤 修平	2022/12/20	951,792	
10		EMP-1003	伊藤 修平	2023/9/2	944,541	

並べ替え
小さい順、あいうえお順、日付順など昇順・降順に並べ替えられる

	A	B	C	D	E	F
1						
2		従業員IC	氏名	日	売	商品名
6		EMP-1003	伊藤 修平	2024/6/16	493,687	ExcelPro
22		EMP-1003	伊藤 修平	2024/6/9	276,836	ExcelPro
71		EMP-1003	伊藤 修平	2024/5/19	53,201	ExcelPro
150		EMP-1003	伊藤 修平	2024/4/8	842,414	ExcelPro
159		EMP-1003	伊藤 修平	2024/4/2	226,737	ExcelPro
218		EMP-1003	伊藤 修平	2024/3/1	759,612	ExcelPro
252		EMP-1003	伊藤 修平	2024/2/11	108,130	ExcelPro
1000						

フィルター
項目ごとに条件が設定でき、その条件に見合ったデータだけを表示できる

POINT：

1. Excelにはデータの「見える化」に役立つ機能が豊富
2. とくにピボットテーブルはデータ分析に欠かせない
3. 機能を使うにはデータベース形式のインプットが重要

関数不要で思いのままに集計・加工できる

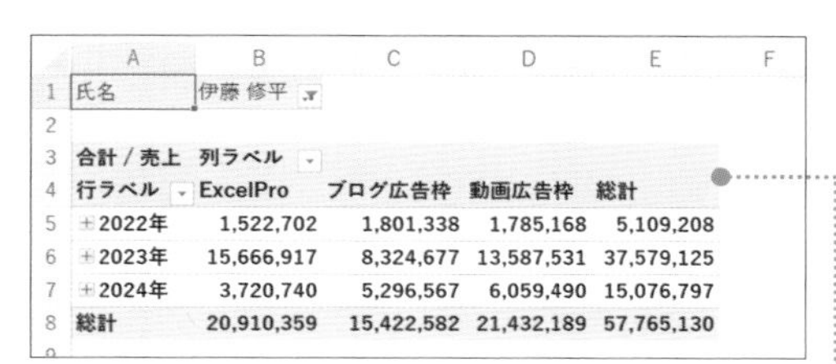

	A	B	C	D	E	F
1	氏名	伊藤 修平				
2						
3	合計 / 売上	列ラベル				
4	行ラベル	ExcelPro	ブログ広告枠	動画広告枠	総計	
5	＋2022年	1,522,702	1,801,338	1,785,168	5,109,208	
6	＋2023年	15,666,917	8,324,677	13,587,531	37,579,125	
7	＋2024年	3,720,740	5,296,567	6,059,490	15,076,797	
8	総計	20,910,359	15,422,582	21,432,189	57,765,130	

ピボットテーブル
複雑な計算式は不要で、大量データを多角的に集計できる

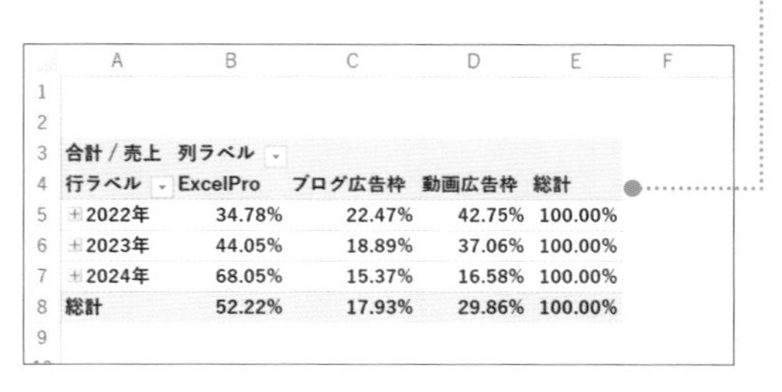

	A	B	C	D	E	F
1						
2						
3	合計 / 売上	列ラベル				
4	行ラベル	ExcelPro	ブログ広告枠	動画広告枠	総計	
5	＋2022年	34.78%	22.47%	42.75%	100.00%	
6	＋2023年	44.05%	18.89%	37.06%	100.00%	
7	＋2024年	68.05%	15.37%	16.58%	100.00%	
8	総計	52.22%	17.93%	29.86%	100.00%	
9						

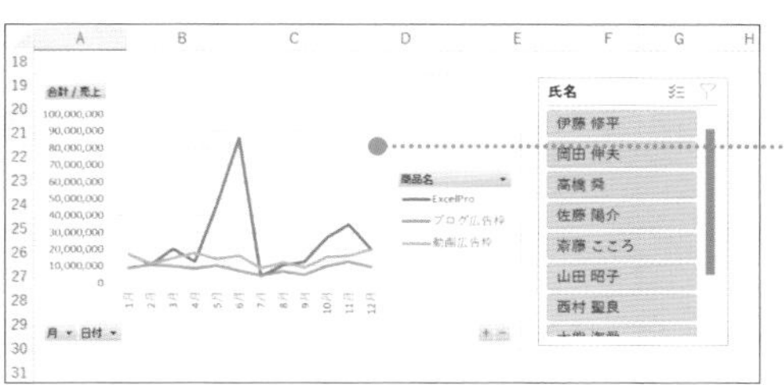

ピボットグラフ
数値を視覚化して、相手に伝える

Excelに備わっている機能を使うためには、データベース形式の表がうまく構築されていることが前提となります。アウトプットは正確なインプットがあって初めて効果を発揮することを常に意識しましょう。

02

FILE：Chap4-02.xlsx

並べ替え

データ分析の第一歩は「並べ替え」のマスターから

BEFORE

従業員ID	氏名	日付	売上
EMP-1006	岡田 伸夫	2022/10/18	317,843
EMP-1005	山田 昭子	2022/10/19	965,609
EMP-1005	山田 昭子	2022/10/19	764,182
EMP-1005	山田 昭子	2022/10/19	351,130
EMP-1003	伊藤 修平	2022/10/20	758,860
EMP-1007	西村 聖良	2022/10/20	849,958
EMP-1005	山田 昭子	2022/10/20	949,331
EMP-1008	大熊 海愛	2022/10/22	555,767
EMP-1008	大熊 海愛	2022/10/24	694,699

［氏名］をあいうえお順（昇順）に並べ替え、後に［売上］を大きい順（降順）に並べ替えたい

AFTER

従業員ID	氏名	日付	売上
EMP-1003	伊藤 修平	2024/5/6	999,995
EMP-1003	伊藤 修平	2024/3/26	999,964
EMP-1003	伊藤 修平	2023/6/27	995,053
EMP-1003	伊藤 修平	2024/1/20	969,782
EMP-1003	伊藤 修平	2023/2/23	968,789
EMP-1003	伊藤 修平	2023/10/4	955,805
EMP-1003	伊藤 修平	2022/12/20	951,792
EMP-1003	伊藤 修平	2023/9/2	944,541
EMP-1003	伊藤 修平	2023/6/11	944,322

［並べ替え］ダイアログボックスを使って、複数条件の並べ替えが実行できた

思いのままにデータを並べ替える

Excelには、表のデータを並べ替えることができる「並べ替え」機能が用意されています。不規則に並んだデータから規則性を捉えることで、新たな発見もあるでしょう。

基本的な並べ方には、昇順と降順の2種類があります。昇順は、50音の「あ→ん」順、英字の「A→Z」順、数字の小さい順、日付の古い順に並べ替えてくれます。降順はこの逆です。また、実務で「うまく並べ変えられない」という声もよく聞きます。ここでは、状況別の原因についても解説していきます。

POINT：

1 不規則なデータの並びも並べ替え機能で一発！

2 1行1件のデータとして、行単位で並べ替わる

3 複数の条件でも並べ替えられる

MOVIE：

https://dekiru.net/ytex402

▶［氏名］をあ→ん順に並べ替える

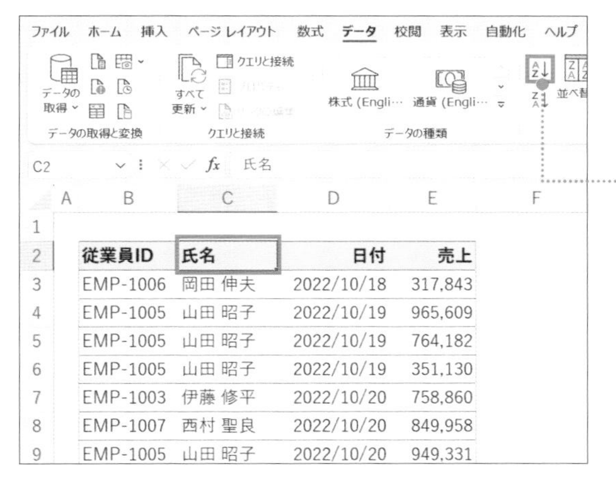

	A	B	C	D	E	F
1						
2		従業員ID	氏名	日付	売上	
3		EMP-1006	岡田 伸夫	2022/10/18	317,843	
4		EMP-1005	山田 昭子	2022/10/19	965,609	
5		EMP-1005	山田 昭子	2022/10/19	764,182	
6		EMP-1005	山田 昭子	2022/10/19	351,130	
7		EMP-1003	伊藤 修平	2022/10/20	758,860	
8		EMP-1007	西村 聖良	2022/10/20	849,958	
9		EMP-1005	山田 昭子	2022/10/20	949,331	

1 ［氏名］列内のセルをクリックして選択

2 ［データ］タブの［並べ替えとフィルター］グループの［昇順］をクリック

	A	B	C	D	E	F
1						
2		従業員ID	氏名	日付	売上	
3		EMP-1003	伊藤 修平	2022/10/20	758,860	
4		EMP-1003	伊藤 修平	2022/10/25	517,709	
5		EMP-1003	伊藤 修平	2022/10/31	274,165	
6		EMP-1003	伊藤 修平	2022/11/6	156,719	
7		EMP-1003	伊藤 修平	2022/11/9	752,143	
8		EMP-1003	伊藤 修平	2022/12/3	53,201	
9		EMP-1003	伊藤 修平	2022/12/12	238,418	

［氏名］が「あ→ん」順に並べ替わった。

CHECK!

［氏名］列だけではなく、行単位で並べ替わります。

こうした条件が1つだけなら、［昇順］［降順］をクリックするだけでデータを並べ替えられます。それでは、同じ氏名の中で売上が高い順に並べ替えるにはどうしたらいいのでしょうか？

[氏名]と[売上]の複数条件で並べ替える

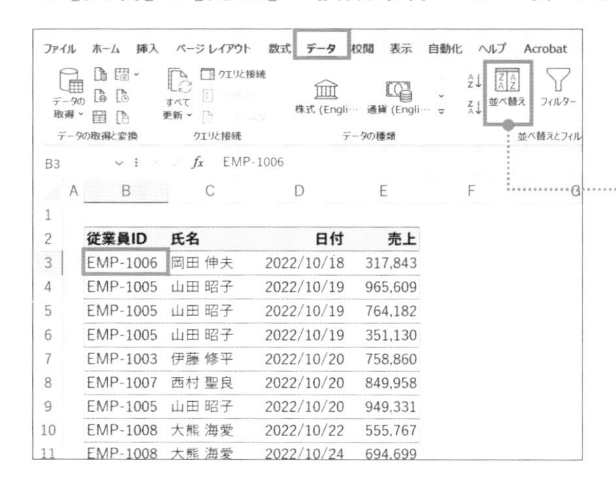

従業員ID	氏名	日付	売上
EMP-1006	岡田 伸夫	2022/10/18	317,843
EMP-1005	山田 昭子	2022/10/19	965,609
EMP-1005	山田 昭子	2022/10/19	764,182
EMP-1005	山田 昭子	2022/10/19	351,130
EMP-1003	伊藤 修平	2022/10/20	758,860
EMP-1007	西村 聖良	2022/10/20	849,958
EMP-1005	山田 昭子	2022/10/20	949,331
EMP-1008	大熊 海愛	2022/10/22	555,767
EMP-1008	大熊 海愛	2022/10/24	694,699

1

表のセルをクリックして選択

2

[データ]タブの[並べ替えとフィルター]グループの[並べ替え]をクリック

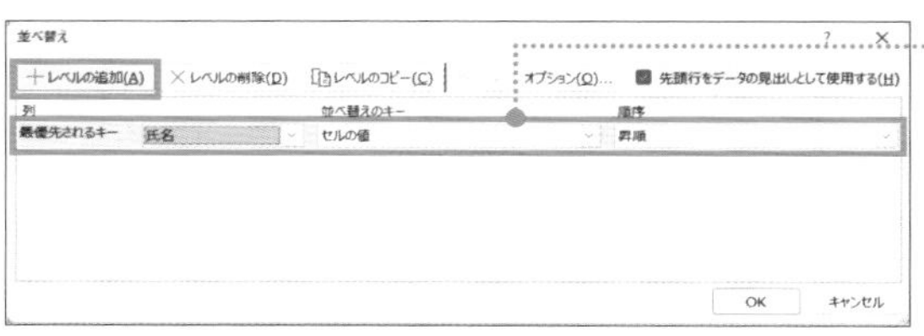

3

[最優先されるキー]に、[氏名][セルの値][昇順]と設定

4

[レベルの追加]をクリック

[レベルの追加]をクリックすると、条件を追加できます。並べ替えの優先順位を変更したいときは[∧]ボタンを押して移動させましょう。

5

[次に優先されるキー]に[売上][セルの値][大きい順]と設定

6

[OK]ボタンをクリック

	A	B	C	D	E	F
1						
2		従業員ID	氏名	日付	売上	
3		EMP-1003	伊藤 修平	2024/5/6	999,995	
4		EMP-1003	伊藤 修平	2024/3/26	999,964	
5		EMP-1003	伊藤 修平	2023/6/27	995,053	
6		EMP-1003	伊藤 修平	2024/1/20	969,782	
7		EMP-1003	伊藤 修平	2023/2/23	968,789	
8		EMP-1003	伊藤 修平	2023/10/4	955,805	
9		EMP-1003	伊藤 修平	2022/12/20	951,792	

［氏名］が昇順に並び、［氏名］の中で［売上］が降順で並べ替わった。

▶ 並べ替えに失敗しないための5カ条

データの並べ替えが思い通りにできないケースは少なくありません。実はこのレッスンで紹介した事例も、下図のように正しく並べ替わっていませんでした。表がデータベース形式になっていない場合も並べ替えはうまくいきません。その原因と対策を紹介していきます。

失敗事例		解決策
・エラーが出る	→	表内のセルは結合しない
・元の順番に戻したい	→	1件のデータごとにナンバリングする
・見出し行まで並べ替えられる	→	見出しに書式を設定する
・合計行まで並べ替わる	→	合計行の上に空白行を作る
・名前があ→ん順に並ばない	→	フリガナの列を作る

	A	B	C	D	E	F
987		EMP-1005	山田 昭子	2023/2/7	139,647	
988		EMP-1005	山田 昭子	2024/5/8	89,036	
989		EMP-1005	山田 昭子	2023/4/16	67,042	
990		EMP-1005	山田 昭子	2023/5/25	63,600	
991		EMP-1007	西村 聖良	2023/12/31	17,956	
992		EMP-1008	大熊 海愛	2023/10/26	1,964	
993		EMP-1009	田中 孝平	2023/3/6	894	

氏名が「あ→ん」順に並び変わってない行がある。このケースの解決方法は次のレッスンで解説していく。

・データベースの概念 ………………………… P.050
・氏名からフリガナを取り出す ……………… P.166

03

PHONETIC

FILE：Chap4-03.xlsx

氏名からフリガナを取り出して修正

BEFORE

986	EMP-1005	山田 昭子	ヤマダ アキコ
987	EMP-1005	山田 昭子	ヤマダ アキコ
988	EMP-1005	山田 昭子	ヤマダ アキコ
989	EMP-1005	山田 昭子	ヤマダ アキコ
990	EMP-1005	山田 昭子	ヤマダ アキコ
991	EMP-1007	西村 聖良	西村 聖良
992	EMP-1008	大熊 海愛	大熊 海愛
993	EMP-1009	田中 孝平	田中 孝平
994			

PHONETIC関数でフリガナを取り出しても、フリガナのデータがないときがある。

AFTER

	A	B	C	D
987		EMP-1005	山田 昭子	ヤマダ アキコ
988		EMP-1005	山田 昭子	ヤマダ アキコ
989		EMP-1005	山田 昭子	ヤマダ アキコ
990		EMP-1005	山田 昭子	ヤマダ アキコ
991		EMP-1007	西村 聖良	ニシムラ セイラ
992		EMP-1008	大熊 海愛	オオクマ ミア
993		EMP-1009	田中 孝平	タナカ コウヘイ
994				

フリガナのデータを自動入力してから、並べ替えを実行してみよう。

ウェブからコピーした漢字は、フリガナの情報がないので、並べ替えを失敗することがよくあります。

▶ ウェブからのコピペは要注意！ 漢字を正確に並べ替える

　前のレッスンで学んだ並べ替え機能を用いるときに、押さえておきたいポイントがあります。それは、漢字の場合、正しく並べ替わらないときがある、ということです。これは漢字にフリガナが振られているときには、その読み通りに並べ替えが行われる一方で、フリガナのデータがない場合（ウェブからデータをコピペしたときなど）には、そこだけアスキーコード順になるからです。こういったケースでは、PHONETIC関数を利用して、フリガナのデータを確認し、必要に応じて修正しましょう。

POINT：

1 漢字の並べ替えはうまくいかない場合がある

2 PHONETIC関数はフリガナ情報を調べるために用いる

3 Alt + Shift + ↑ キーでフリガナを自動入力

MOVIE：

https://dekiru.net/ytex403

氏名からフリガナを取り出す

フリガナを取り出す

PHONETIC（参照）（フォネティック）

引数[参照]のセルに設定されている文字列のフリガナを取り出す。

〈 数式の入力例 〉

= PHONETIC（C3）

〈 引数の役割 〉

❶ 参照
伊藤 修平（セルC3）

セルD3に「伊藤 修平」のフリガナを取り出します。

= PHONETIC (C3)

	A	B	C	D	E
1					
2		従業員ID	氏名	フリガナ	日付
3		EMP-1003	伊藤 修平	イトウ シュウヘイ	2024/5/6
4		EMP-1003	伊藤 修平	イトウ シュウヘイ	2024/3/26
5		EMP-1003	伊藤 修平	イトウ シュウヘイ	2023/6/27
6		EMP-1003	伊藤 修平	イトウ シュウヘイ	2024/1/20
7		EMP-1003	伊藤 修平	イトウ シュウヘイ	2023/2/23
8		EMP-1003	伊藤 修平	イトウ シュウヘイ	2023/10/4
9		EMP-1003	伊藤 修平	イトウ シュウヘイ	2022/12/20
10		EMP-1003	伊藤 修平	イトウ シュウヘイ	2023/9/2
11		EMP-1003	伊藤 修平	イトウ シュウヘイ	2023/6/11

1

セルD3に上の数式を入力して下へコピー

C列の[氏名]項目に含まれるフリガナを取り出せた。

	A	B	C	D	E
987		EMP-1005	山田 昭子	ヤマダ アキコ	2023/2/7
988		EMP-1005	山田 昭子	ヤマダ アキコ	2024/5/8
989		EMP-1005	山田 昭子	ヤマダ アキコ	2023/4/16
990		EMP-1005	山田 昭子	ヤマダ アキコ	2023/5/25
991		EMP-1007	西村 聖良	西村 聖良	2023/12/31
992		EMP-1008	大熊 海愛	大熊 海愛	2023/10/26
993		EMP-1009	田中 孝平	田中 孝平	2023/3/6
994					

2

画面を下にスクロール

セルD991～D993は、フリガナが取り出せなかった。

フリガナのデータがないと、漢字が思い通りに並び変わりません。フリガナのデータを入力して並べ替えを実行しましょう。

▶ フリガナを自動入力する

	A	B	C	D	E
987		EMP-1005	山田 昭子	ヤマダ アキコ	2023/2/7
988		EMP-1005	山田 昭子	ヤマダ アキコ	2024/5/8
989		EMP-1005	山田 昭子	ヤマダ アキコ	2023/4/16
990		EMP-1005	山田 昭子	ヤマダ アキコ	2023/5/25
991		EMP-1007	ニシムラ セラ 西村 聖良	西村 聖良	2023/12/31
992		EMP-1008	大熊 海愛	大熊 海愛	2023/10/26
993		EMP-1009	田中 孝平	田中 孝平	2023/3/6
994					

1

セルC991を選択して Alt + Shift + ↑ キーを押す

「ニシムラ セラ」とフリガナが自動で表示された。

	A	B	C	D	E
987		EMP-1005	山田 昭子	ヤマダ アキコ	2023/2/7
988		EMP-1005	山田 昭子	ヤマダ アキコ	2024/5/8
989		EMP-1005	山田 昭子	ヤマダ アキコ	2023/4/16
990		EMP-1005	山田 昭子	ヤマダ アキコ	2023/5/25
991		EMP-1007	ニシムラ セイラ 西村 聖良	西村 聖良	2023/12/31
992		EMP-1008	大熊 海愛	大熊 海愛	2023/10/26
993		EMP-1009	田中 孝平	田中 孝平	2023/3/6
994					

2

「ニシムラ セイラ」と修正

3

Enter キーを2回押す

	A	B	C	D	E
987		EMP-1005	山田 昭子	ヤマダ アキコ	2023/2/7
988		EMP-1005	山田 昭子	ヤマダ アキコ	2024/5/8
989		EMP-1005	山田 昭子	ヤマダ アキコ	2023/4/16
990		EMP-1005	山田 昭子	ヤマダ アキコ	2023/5/25
991		EMP-1007	西村 聖良	ニシムラ　セイラ	2023/12/31
992		EMP-1008	大熊 海愛	オオクマ　ミア	2023/10/26
993		EMP-1009	田中 孝平	タナカ　コウヘイ	2023/3/6
994					

セルD991にも「ニシムラ セイラ」と表示された。他のセルのフリガナ情報も修正しておく。

理解を深めるHINT

住所入力がラクになるPHONETIC関数の裏技！

PHONETIC関数は郵便番号を抽出するインプットの場面でも役に立ちます。下の画面のように、セルC3に住所を入力した後に、セルB3で郵便番号を取り出すという順序が効率的です。なおセルC3に住所を入力する際は、全角の郵便番号から変換するのがおすすめです。

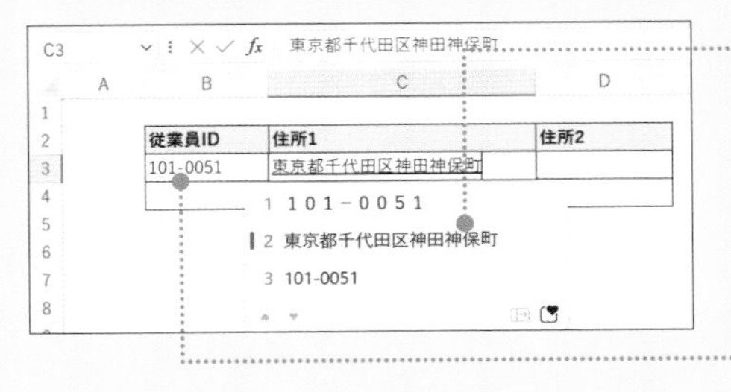

1

セルC3に全角で「１０１－００５１」と入力して変換して住所を選択

2

セルB3に「=PHONETIC(C3)」と入力して郵便番号を取り出す

04 FILE：Chap4-04.xlsx

フィルター

ほしい情報だけを瞬時に絞り込む

BEFORE

	A	B	C	D	E	F
1						
2		従業員ID	氏名	日付	売上	商品名
3		EMP-1007	西村 聖良	2024/6/18	197,243	動画広告枠
4		EMP-1004	斎藤 こころ	2024/6/17	882,256	ブログ広告枠
5		EMP-1004	斎藤 こころ	2024/6/16	577,779	動画広告枠
6		EMP-1003	伊藤 修平	2024/6/16	493,687	ExcelPro
7		EMP-1002	高橋 舜	2024/6/16	186,795	ExcelPro
8		EMP-1008	大熊 海愛	2024/6/15	238,972	ブログ広告枠
9		EMP-1009	田中 孝平	2024/6/14	378,857	ExcelPro
10		EMP-1004	斎藤 こころ	2024/6/14	481,968	ExcelPro
11		EMP-1009	田中 孝平	2024/6/14	16,618	ブログ広告枠

マスタデータから「伊藤修平」「2023/4/1～6/30」「ExcelPro」の複数条件でデータを絞り込みたい。

AFTER

	A	B	C	D	E	F
1						
2		従業員IC	氏名	日	売	商品名
701		EMP-1003	伊藤 修平	2023/6/30	143,535	ExcelPro
713		EMP-1003	伊藤 修平	2023/6/22	733,927	ExcelPro
743		EMP-1003	伊藤 修平	2023/6/10	512,236	ExcelPro
755		EMP-1003	伊藤 修平	2023/6/5	750,956	ExcelPro
756		EMP-1003	伊藤 修平	2023/6/3	880,260	ExcelPro
763		EMP-1003	伊藤 修平	2023/6/1	999,964	ExcelPro
767		EMP-1003	伊藤 修平	2023/5/31	797,360	ExcelPro
805		EMP-1003	伊藤 修平	2023/5/10	912,004	ExcelPro
818		EMP-1003	伊藤 修平	2023/5/4	923,522	ExcelPro

フィルター機能を使えば、目的の項目を指定してデータを抽出できます。

フィルターを設定すると、見出しのセルにフィルターボタンが表示され、ここから簡単に抽出を実行できます。

▶ 大量データでも問題なし！フィルター機能で絞り込み

フィルターは、大量のデータを扱うときによく用いられる機能です。マスタデータにフィルターボタンを設定しておくことで、特定の条件を満たすデータを瞬時に調べられるようになります。「○以上△以下」といった数値範囲や日付範囲、セルの色などでの絞り込みも可能です。フィルターを使う際は、次の2つのショートカットキーを覚えておきましょう。1つは、Ctrl+Shift+Lキーを押してフィルターボタンを設定。もう1つは、絞り込みたいデータを右クリックしてE→Vキー。頻出キーなので役に立ちます。

POINT：

1 ［フィルター］は特定の条件を満たすデータを瞬時に抽出できる

2 Ctrl ＋ Shift ＋ L キーでフィルターボタンが表示される

3 特定の期間だけのデータも抽出できる

MOVIE：

https://dekiru.net/ytex404

フィルターボタンを設定する

従業員ID	氏名	日付	売上	商品名
EMP-1007	西村 聖良	2024/6/18	197,243	動画広告枠
EMP-1004	斎藤 こころ	2024/6/17	882,256	ブログ広告枠
EMP-1004	斎藤 こころ	2024/6/16	577,779	動画広告枠
EMP-1003	伊藤 修平	2024/6/16	493,687	ExcelPro
EMP-1002	高橋 舜	2024/6/16	186,795	ExcelPro
EMP-1008	大熊 海愛	2024/6/15	238,972	ブログ広告枠
EMP-1009	田中 孝平	2024/6/14	378,857	ExcelPro
EMP-1004	斎藤 こころ	2024/6/14	481,968	ExcelPro
EMP-1009	田中 孝平	2024/6/14	16,618	ブログ広告枠
EMP-1005	山田 昭子	2024/6/14	940,272	動画広告枠
EMP-1008	大熊 海愛	2024/6/13	515,314	ブログ広告枠
EMP-1009	田中 孝平	2024/6/13	563,621	ブログ広告枠

1

セル内の表をクリックして選択

2

Ctrl ＋ Shift ＋ L キーを押す

従業員II	氏名	日	売	商品名
EMP-1007	西村 聖良	2024/6/18	197,243	動画広告枠
EMP-1004	斎藤 こころ	2024/6/17	882,256	ブログ広告枠
EMP-1004	斎藤 こころ	2024/6/16	577,779	動画広告枠
EMP-1003	伊藤 修平	2024/6/16	493,687	ExcelPro
EMP-1002	高橋 舜	2024/6/16	186,795	ExcelPro
EMP-1008	大熊 海愛	2024/6/15	238,972	ブログ広告枠
EMP-1009	田中 孝平	2024/6/14	378,857	ExcelPro
EMP-1004	斎藤 こころ	2024/6/14	481,968	ExcelPro
EMP-1009	田中 孝平	2024/6/14	16,618	ブログ広告枠
EMP-1005	山田 昭子	2024/6/14	940,272	動画広告枠
EMP-1008	大熊 海愛	2024/6/13	515,314	ブログ広告枠
EMP-1009	田中 孝平	2024/6/13	563,621	ブログ広告枠

フィルターボタン

表の見出しにフィルターボタンが設定された。

［ホーム］タブの［編集］グループの［フィルターの並べ替え］の［フィルター］をクリックしても、設定できます。

氏名が「伊藤 修平」のデータを抽出する

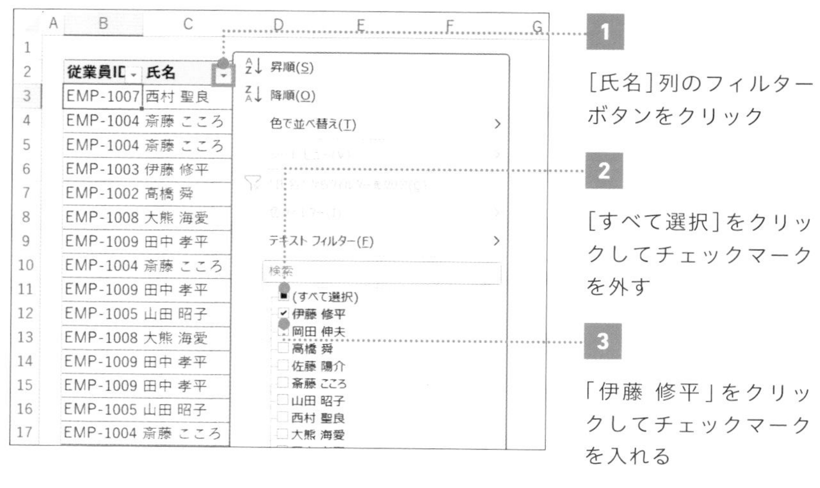

1

[氏名]列のフィルターボタンをクリック

2

[すべて選択]をクリックしてチェックマークを外す

3

「伊藤 修平」をクリックしてチェックマークを入れる

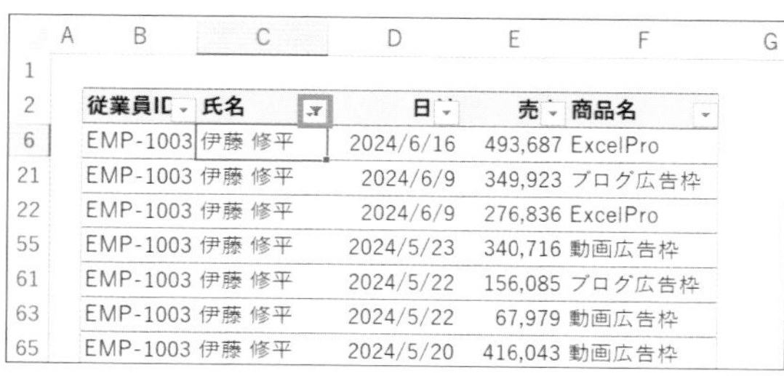

選択した「伊藤 修平」のデータのみが抽出された。抽出条件件が設定されたフィルターボタンは表示が変わる。

特定の期間のデータを抽出する

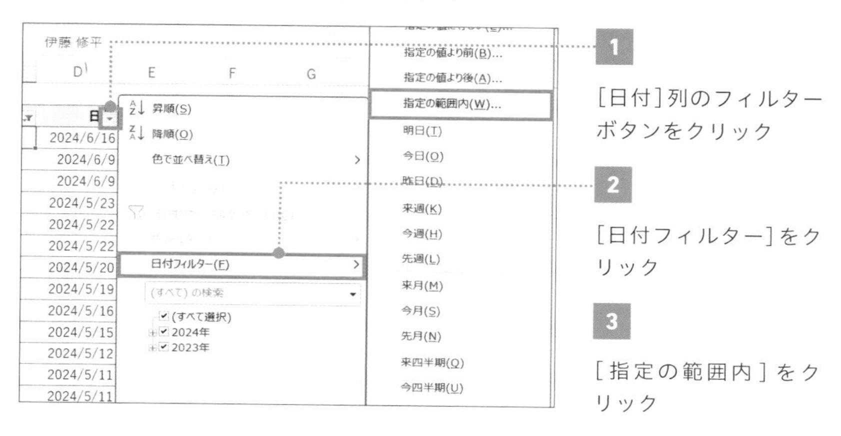

1

[日付]列のフィルターボタンをクリック

2

[日付フィルター]をクリック

3

[指定の範囲内]をクリック

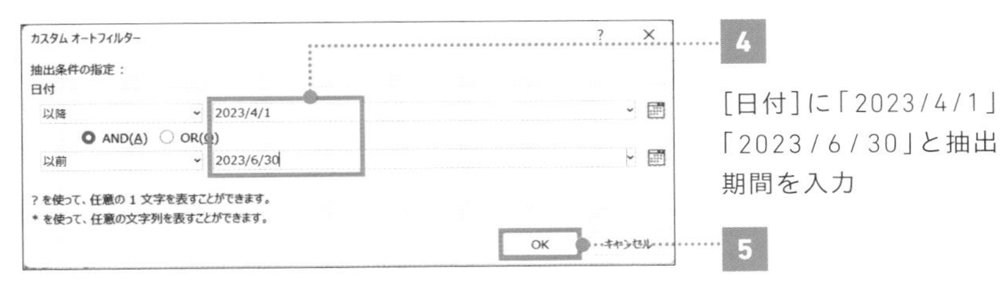

4

[日付]に「2023/4/1」「2023/6/30」と抽出期間を入力

5

[OK]ボタンをクリック

2023/4/1～6/30のデータが抽出される。

▶ 商品名が「ExcelPro」のデータを抽出する

	従業員IC	氏名	日	売	商品名
701	EMP-1003	伊藤 修平	2023/6/30	143,535	ExcelPro
711	EMP-1003	伊藤 修平	2023/6/23	777,282	動画広告枠
713	EMP-1003	伊藤 修平	2023/6/22	733,927	ExcelPro
715	EMP-1003	伊藤 修平	2023/6/22	737,453	動画広告枠
719	EMP-1003	伊藤 修平	2023/6/20	813,545	動画広告枠
728	EMP-1003	伊藤 修平	2023/6/16	942,988	ブログ広告枠
740	EMP-1003	伊藤 修平	2023/6/13	854,408	ブログ広告枠
742	EMP-1003	伊藤 修平	2023/6/12	675,791	ブログ広告枠
743	EMP-1003	伊藤 修平	2023/6/10	512,236	ExcelPro
752	EMP-1003	伊藤 修平	2023/6/7	313,003	動画広告枠

1

「ExcelPro」のセルを右クリック

2

E→Vキーを押す

	従業員IC	氏名	日	売	商品名
701	EMP-1003	伊藤 修平	2023/6/30	143,535	ExcelPro
713	EMP-1003	伊藤 修平	2023/6/22	733,927	ExcelPro
743	EMP-1003	伊藤 修平	2023/6/10	512,236	ExcelPro
755	EMP-1003	伊藤 修平	2023/6/5	750,956	ExcelPro
756	EMP-1003	伊藤 修平	2023/6/3	880,260	ExcelPro
763	EMP-1003	伊藤 修平	2023/6/1	999,964	ExcelPro
767	EMP-1003	伊藤 修平	2023/5/31	797,360	ExcelPro
805	EMP-1003	伊藤 修平	2023/5/10	912,004	ExcelPro
818	EMP-1003	伊藤 修平	2023/5/4	923,522	ExcelPro
845	EMP-1003	伊藤 修平	2023/4/21	752,143	ExcelPro

「ExcelPro」のデータのみが抽出された。

フィルターを1つずつ解除したいときは、フィルターボタンをクリックして["商品名"からフィルターをクリア]を選択しましょう。一気に解除する場合はCtrl+Shift+Lキーを押します。

05

ピボットテーブル

大量のデータを多角的に分析するピボットテーブル

ピボットテーブルはこんなに便利なんです！

ピボットテーブルとは、大量のデータを一瞬で分析できる機能であり、アウトプット作業をするうえでは最もパワフルなツールです。課題解決の仮説検証を行ううえでも便利なため、どのような使い方ができるかを一通り頭に入れておくいいでしょう。

ただ、ピボットテーブルが苦手だという方が多いのも事実です。視聴者の方からも「ピボットで何ができるかよくわかりません……」というお悩みの声をいただきます。ピボットテーブルがすごいのは、複雑な関数を入力したりせずに、簡単に実務で使える集計表が作れるところです。ここではどんな集計表が作れるのかを概観します。

	A	B	C	D	E	F	G
1							
2		従業員ID	氏名	日付	売上		
3		EMP-1003	伊藤 修平	2024/5/6	999,995		
4		EMP-1003	伊藤 修平	2024/3/26	999,964		
5		EMP-1003	伊藤 修平	2023/6/27	995,053		
6		EMP-1003	伊藤 修平	2024/1/20	969,782		
7		EMP-1003	伊藤 修平	2023/2/23	968,789		
8		EMP-1003	伊藤 修平	2023/10/4	955,805		
9		[illegible]	[illegible]	[illegible]	[illegible]		
10							
11							

データベースとして整ってない一覧表はうまく集計できません。ピボットテーブルを集計する前に、その一覧表がきちんとデータベース形式になっているか確認しよう！

・データベースの概念 …………………… P.050

POINT：

1. ピボットテーブルは、大量のデータを瞬時に分析できる
2. 関数や数式を使わずに、簡単に集計できる
3. 元データをデータベース形式で作っておく

▶「いつ何がどれだけ売れたか」を自在にアウトプットできる

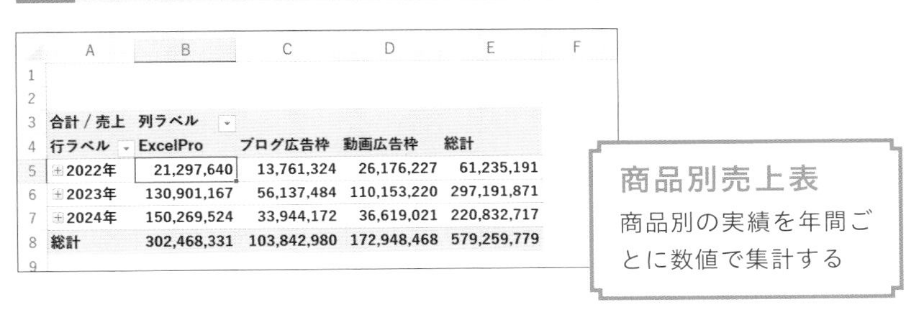

	A	B	C	D	E	F
1						
2						
3	合計 / 売上	列ラベル				
4	行ラベル	ExcelPro	ブログ広告枠	動画広告枠	総計	
5	⊞2022年	21,297,640	13,761,324	26,176,227	61,235,191	
6	⊞2023年	130,901,167	56,137,484	110,153,220	297,191,871	
7	⊞2024年	150,269,524	33,944,172	36,619,021	220,832,717	
8	総計	302,468,331	103,842,980	172,948,468	579,259,779	

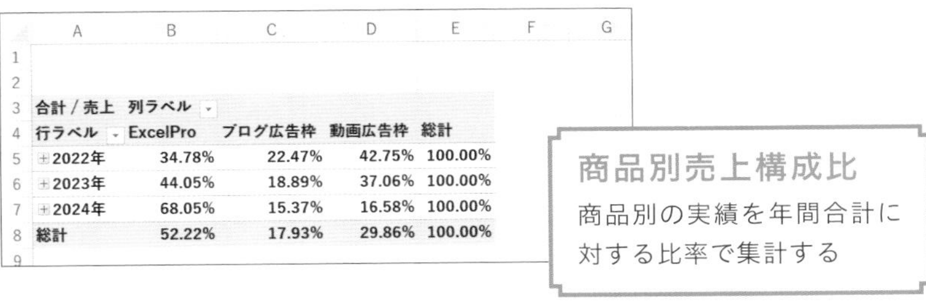

	A	B	C	D	E	F	G
1							
2							
3	合計 / 売上	列ラベル					
4	行ラベル	ExcelPro	ブログ広告枠	動画広告枠	総計		
5	⊞2022年	34.78%	22.47%	42.75%	100.00%		
6	⊞2023年	44.05%	18.89%	37.06%	100.00%		
7	⊞2024年	68.05%	15.37%	16.58%	100.00%		
8	総計	52.22%	17.93%	29.86%	100.00%		

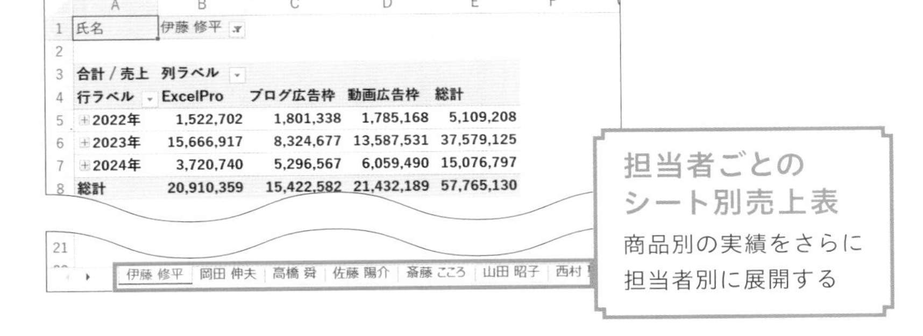

	A	B	C	D	E	F
1	氏名	伊藤 修平				
2						
3	合計 / 売上	列ラベル				
4	行ラベル	ExcelPro	ブログ広告枠	動画広告枠	総計	
5	⊞2022年	1,522,702	1,801,338	1,785,168	5,109,208	
6	⊞2023年	15,666,917	8,324,677	13,587,531	37,579,125	
7	⊞2024年	3,720,740	5,296,567	6,059,490	15,076,797	
8	総計	20,910,359	15,422,582	21,432,189	57,765,130	

06

ピボットテーブルの作成

FILE：Chap4-06.xlsx

データをあらゆる視点で分析してみよう

ピボットテーブルを使って集計してみよう

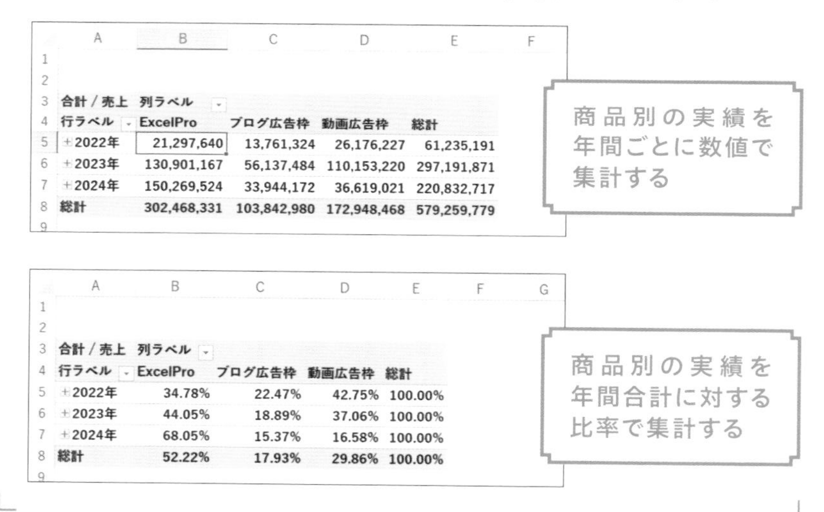

	A	B	C	D	E
3	合計 / 売上	列ラベル			
4	行ラベル	ExcelPro	ブログ広告枠	動画広告枠	総計
5	+2022年	21,297,640	13,761,324	26,176,227	61,235,191
6	+2023年	130,901,167	56,137,484	110,153,220	297,191,871
7	+2024年	150,269,524	33,944,172	36,619,021	220,832,717
8	総計	302,468,331	103,842,980	172,948,468	579,259,779

	A	B	C	D	E
3	合計 / 売上	列ラベル			
4	行ラベル	ExcelPro	ブログ広告枠	動画広告枠	総計
5	+2022年	34.78%	22.47%	42.75%	100.00%
6	+2023年	44.05%	18.89%	37.06%	100.00%
7	+2024年	68.05%	15.37%	16.58%	100.00%
8	総計	52.22%	17.93%	29.86%	100.00%

▶ ドラッグするだけで簡単に集計できる

ピボットテーブルを使えば、項目名をドラッグ&ドロップするだけで集計表を作ることができます。数式や関数を入力する必要はありません。元のデータにある表の見出し、このレッスンの例では「日付」「商品名」「氏名」「売上」を、レイアウトセクションの4つの項目に配置するだけです。

ここでは、ピボットテーブルを使って「いつ何がどれくらい売れたのか」という情報を引き出して、売上表と構成比を集計してみましょう。慣れてくると、多角的な切り口でデータを分析できるようになります。

POINT：

1 マウス操作で瞬時に集計できる

2 元の表にある項目を使って集計表の土台を作る

3 各項目をどのエリアに配置するかがポイント

MOVIE：

https://dekiru.net/ytex406

ピボットテーブルを作成する

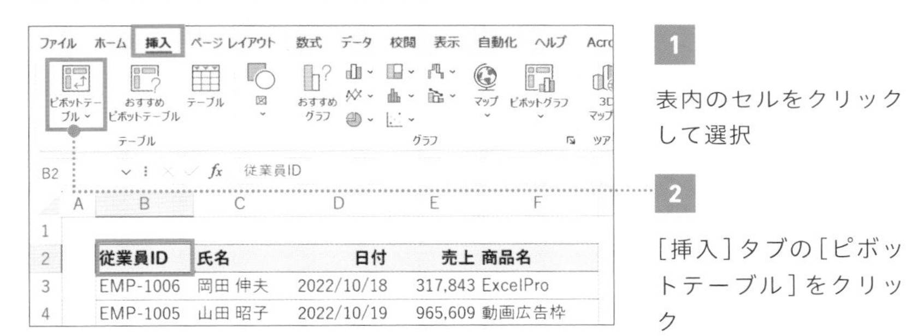

1 表内のセルをクリックして選択

2 [挿入]タブの[ピボットテーブル]をクリック

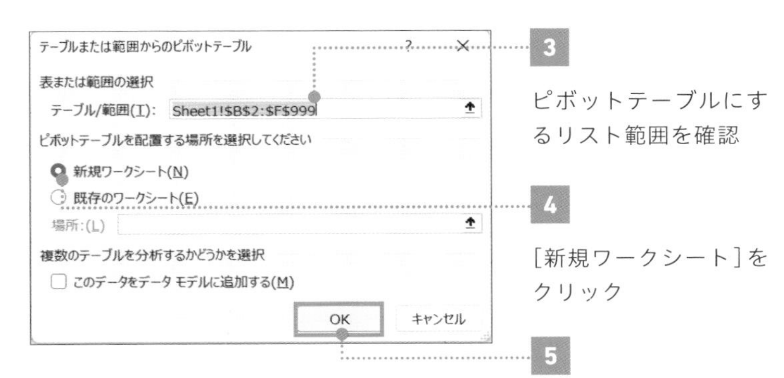

3 ピボットテーブルにするリスト範囲を確認

4 [新規ワークシート]をクリック

5 [OK]ボタンをクリック

ドラッグするだけでどんどん集計表が作られていくピボットテーブルのすごさは、本よりも動画のほうが伝わると思います。ぜひ、動画もチェックしてみてください。

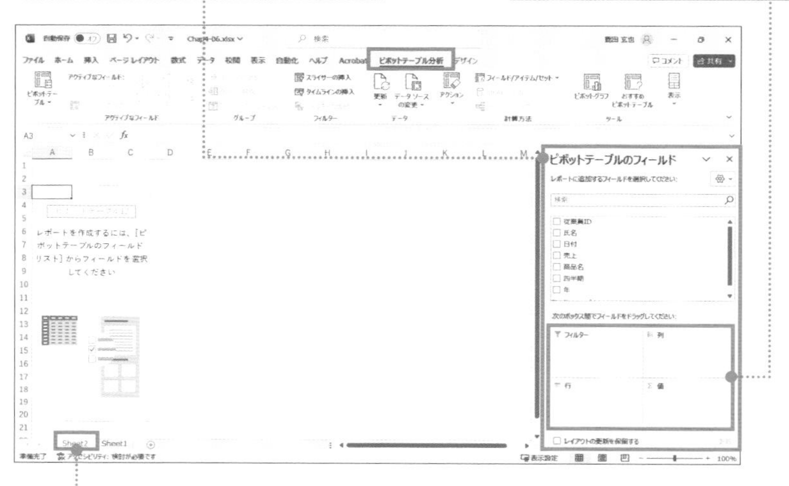

新規シート([Sheet2])が作成され、[ピボットテーブル分析] タブが表示された。

● 日付別商品売上表を作成する

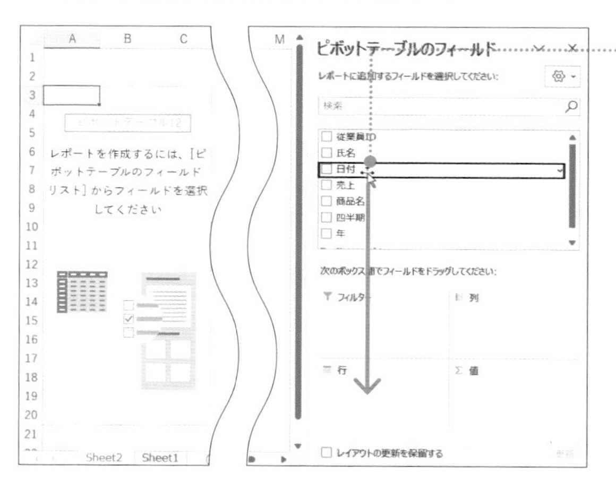

1 [日付]を[行]エリアへドラッグ

CHECK!

間違ったエリアへ項目をドラッグしても、何度でも項目を配置し直せます。集計項目は簡単に変えられるので、いろんなエリアに配置して視点を変えてみるのもいいでしょう。

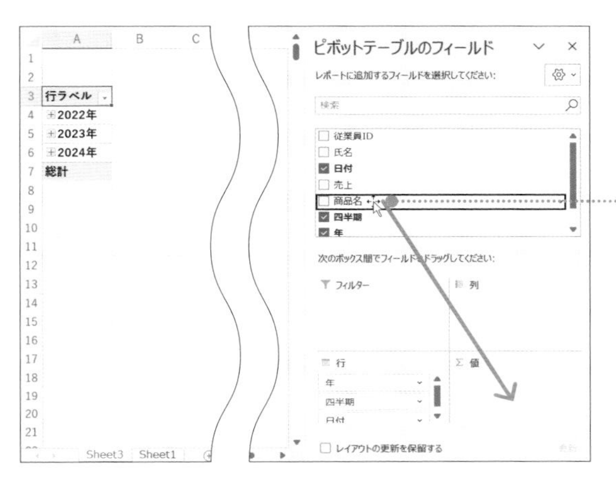

［行］フィールドに［日付］が配置され、セルA3～A7に［年］の項目が追加された。

2

［商品名］を［列］エリアへドラッグ

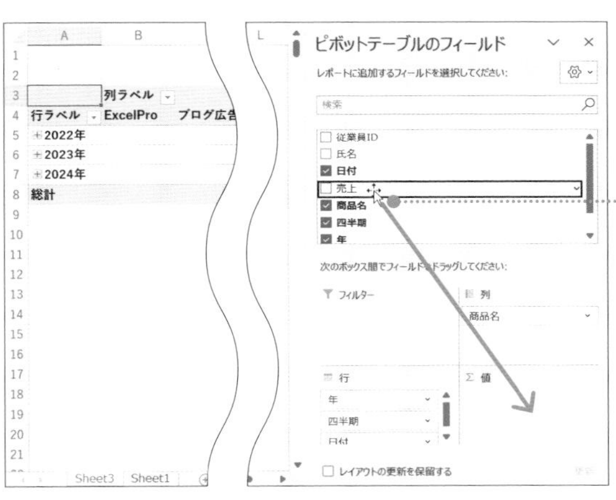

［列］フィールドに［商品名］が配置され、セルB3～E4に［商品名］の項目が追加された。

3

［売上］を［値］エリアへドラッグ

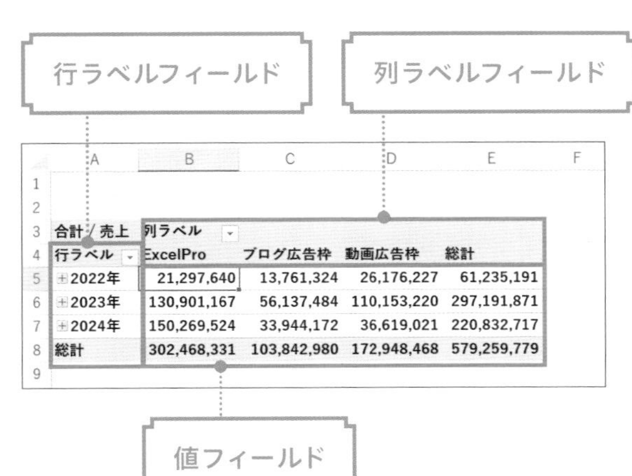

合計 / 売上	列ラベル			
行ラベル	ExcelPro	ブログ広告枠	動画広告枠	総計
2022年	21,297,640	13,761,324	26,176,227	61,235,191
2023年	130,901,167	56,137,484	110,153,220	297,191,871
2024年	150,269,524	33,944,172	36,619,021	220,832,717
総計	302,468,331	103,842,980	172,948,468	579,259,779

日付ごとに商品別の売上金額が集計された。

CHECK!

ドラッグするだけで簡単に集計できました。次は、計算の種類を変更して構成比を求めてみましょう。

商品別の売上構成比を求める

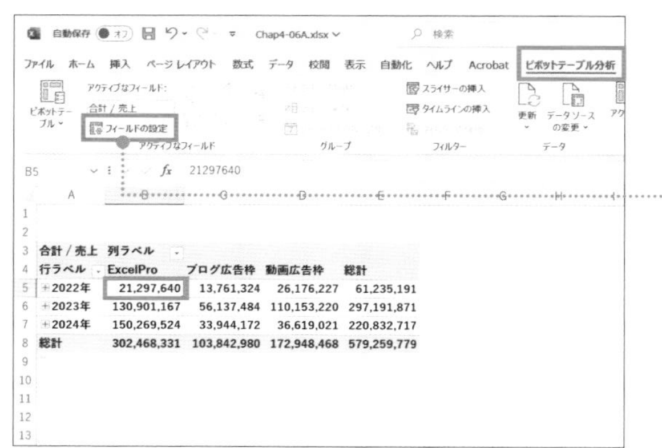

合計 / 売上	列ラベル			
行ラベル	ExcelPro	ブログ広告枠	動画広告枠	総計
2022年	21,297,640	13,761,324	26,176,227	61,235,191
2023年	130,901,167	56,137,484	110,153,220	297,191,871
2024年	150,269,524	33,944,172	36,619,021	220,832,717
総計	302,468,331	103,842,980	172,948,468	579,259,779

1 [値]フィールドのセルをクリックして選択

2 [ピボットテーブル分析]タブの[アクティブなフィールド]グループの[フィールドの設定]をクリック

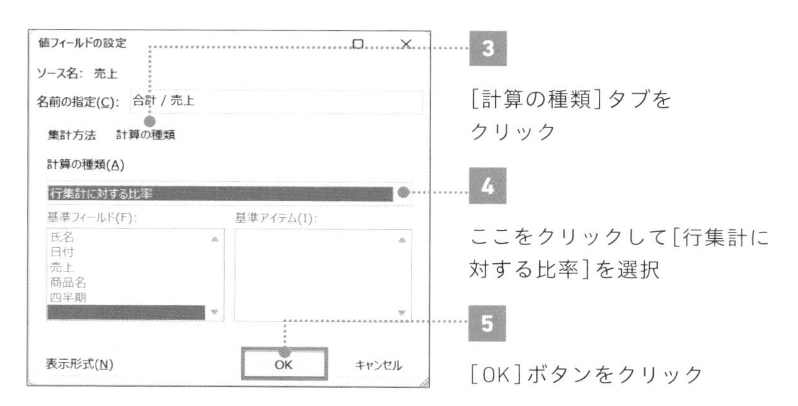

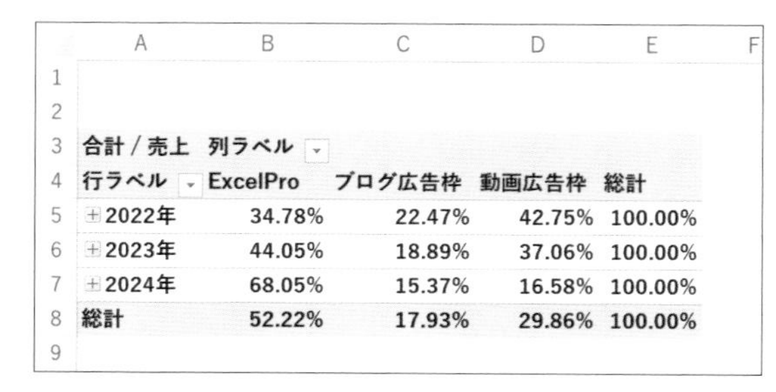

合計 / 売上	列ラベル			
行ラベル	ExcelPro	ブログ広告枠	動画広告枠	総計
2022年	34.78%	22.47%	42.75%	100.00%
2023年	44.05%	18.89%	37.06%	100.00%
2024年	68.05%	15.37%	16.58%	100.00%
総計	52.22%	17.93%	29.86%	100.00%

商品別の売上構成比が求められた。

CHECK!

[値フィールドの設定]ダイアログボックスの[集計方法]タブで、合計や個数、平均など計算の種類を選択できます。数式や関数不要で集計できることがわかったかと思います。

理解を深めるHINT

ピボットテーブルの書式を設定するには

ピボットテーブルで集計した後は、表示形式を設定しておきましょう。3桁ごとに「,」で区切ったり、少数点以下の数値をそろえたり、ちょっとした手間で数値が断然と読みやすくなります。

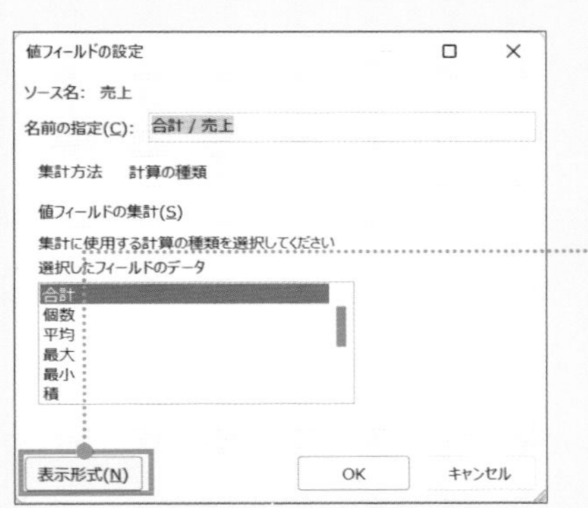

前ページの手順2を参考に[値フィールドの設定]ダイアログボックスを表示しておく。

1 [表示形式]ボタンをクリック

2 [セルの書式設定]ダイアログボックスで、表示形式を設定しておく

[数値]のここにチェックマークを付けると、桁区切りで表示できる。

・表示形式の設定 ………………………… P.032

07

ドリルダウン／グループ化

FILE：Chap4-07.xlsx

「四半期別」や「月別」の売上もすぐわかる

BEFORE

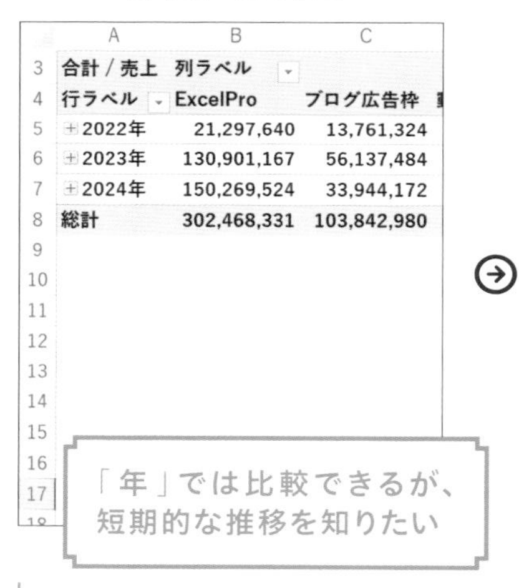

	A	B	C
3	合計 / 売上	列ラベル	
4	行ラベル	ExcelPro	ブログ広告枠
5	⊞2022年	21,297,640	13,761,324
6	⊞2023年	130,901,167	56,137,484
7	⊞2024年	150,269,524	33,944,172
8	総計	302,468,331	103,842,980

AFTER

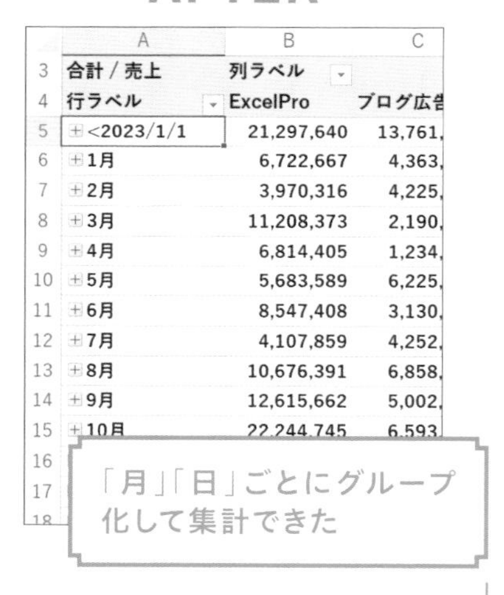

	A	B	C
3	合計 / 売上	列ラベル	
4	行ラベル	ExcelPro	ブログ広告
5	⊞<2023/1/1	21,297,640	13,761,
6	⊞1月	6,722,667	4,363,
7	⊞2月	3,970,316	4,225,
8	⊞3月	11,208,373	2,190,
9	⊞4月	6,814,405	1,234,
10	⊞5月	5,683,589	6,225,
11	⊞6月	8,547,408	3,130,
12	⊞7月	4,107,859	4,252,
13	⊞8月	10,676,391	6,858,
14	⊞9月	12,615,662	5,002,
15	⊞10月	22,244,745	6,593

▶ 日付のグループ化でデータの推移を見よう

ピボットテーブルでは、日付のデータを［行］や［列］に配置すると、自動的に「年」「四半期」などの単位にグループ化されて表示されます（Microsoft 365の場合）。ここでは、「月」「日」の単位でまとめる方法を紹介します。これにより、「月」「日」は短期間の推移、「年」「四半期」は長期間の推移を確認できるようになります。

また、グループ化されているセルには［+］ボタンがあります。［+］をクリックして詳細を表示することをドリルダウン、［−］ボタンをクリックして詳細を非表示にすることをドリルアップといいます。

POINT：

1 日付データは「年」「四半期」「月」「日」で集計できる

2 データの項目を掘り下げるにはドリルダウン

3 大まかな傾向を把握できるドリルアップ

MOVIE：

https://dekiru.net/ytex407

集計項目の詳細を表示する（ドリルダウン）

	A	B	C	D	E
3	合計 / 売上	列ラベル			
4	行ラベル	ExcelPro	ブログ広告枠	動画広告枠	総計
5	⊞2022年	21,297,640	13,761,324	26,176,227	61,235,191
6	⊞2023年	130,901,167	56,137,484	110,153,220	297,191,871
7	⊞2024年	150,269,524	33,944,172	36,619,021	220,832,717
8	総計	302,468,331	103,842,980	172,948,468	579,259,779
9					
10					
11					

セルA5の［＋］をクリック

	A	B	C	D	E
3	合計 / 売上	列ラベル			
4	行ラベル	ExcelPro	ブログ広告枠	動画広告枠	総計
5	⊟2022年	21,297,640	13,761,324	26,176,227	61,235,191
6	⊞第4四半期	21,297,640	13,761,324	26,176,227	61,235,191
7	⊟2023年	130,901,167	56,137,484	110,153,220	297,191,871
8	⊞第1四半期	21,901,356	10,779,329	23,847,282	56,527,967
9	⊞第2四半期	21,045,402	10,590,613	30,609,663	62,245,678
10	⊞第3四半期	27,399,912	16,113,495	30,150,077	73,663,484
11	⊞第4四半期	60,554,497	18,654,047	25,546,198	104,754,742
12	⊟2024年	150,269,524	33,944,172	36,619,021	220,832,717
13	⊞第1四半期	26,482,852	18,693,625	19,086,912	64,263,389
14	⊞第2四半期	123,786,672	15,250,547	17,532,109	156,569,328
15	総計	302,468,331	103,842,980	172,948,468	579,259,779
16					
17					

2022年の［四半期］ごとの詳細が表示された。2023年と2024年もドリルダウンしておく。

Excelの標準機能では、1月始まりの年度（および半期・四半期）単位としてグループ分けがされてしまいます。4月始まりの年度（および半期・四半期）でグループ分けをする際は、日付データを工夫する必要があります。詳細は本レッスンの動画をご覧ください。

[年][四半期]のグループ化を解除する

	A	B	C	D	E
1					
2					
3	合計 / 売上	列ラベル			
4	行ラベル	ExcelPro	ブログ広告枠	動画広告枠	総計
5	⊟2022年	21,297,640	13,761,324	26,176,227	61,235,191
6	⊞第4四半期	21,297,640	13,761,324	26,176,227	61,235,191
7	⊟2023年	130,901,167	56,137,484	110,153,220	297,191,871
8	⊞第1四半期	21,901,356	10,779,329	23,847,282	56,527,967
9	⊞第2四半期	21,045,402	10,590,613	30,609,663	62,245,678
10	⊞第3四半期	27,399,912	16,113,495	30,150,077	73,663,484
11	⊞第4四半期	60,554,497	18,654,047	25,546,198	104,754,742
12	⊟2024年	150,269,524	33,944,172	36,619,021	220,832,717
13	⊞第1四半期	26,482,852	18,693,625	19,086,912	64,263,389
14	⊞第2四半期	123,786,672	15,250,547	17,532,109	156,569,328
15	総計	302,468,331	103,842,980	172,948,468	579,259,779

1

[日付]フィールドのセルをクリックして選択

2

Alt + Shift + ← キーを押す

	A	B	C	D	E
3	合計 / 売上	列ラベル			
4	行ラベル	ExcelPro	ブログ広告枠	動画広告枠	総計
5	2022/10/18	317,843			317,843
6	2022/10/19	864,182		965,609	1,829,791
7	2022/10/20	949,331		1,608,818	2,558,149
8	2022/10/22	555,767			555,767
9	2022/10/24			1,597,163	1,597,163
10	2022/10/25	517,709		427,877	945,586
11	2022/10/26		1,310,898	230,837	1,541,735
12	2022/10/27		1,326,842		1,326,842
13	2022/10/29			587,147	587,147
14	2022/10/30	1,379,727	498,649	924,505	2,802,881
15	2022/10/31		234,542	274,165	508,707
16	2022/11/1	693,049			693,049
17	2022/11/2	661,460			661,460

グループ化が解除されて、すべての日付が表示された。

CHECK!

[ピボットテーブル分析]タブの[グループ]をクリックして[グループ解除]を選択しても解除できます。

[月][日]でグループ化する

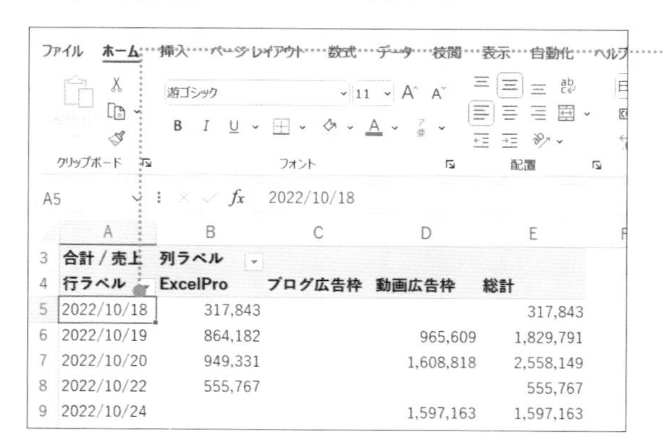

	A	B	C	D	E
3	合計 / 売上	列ラベル			
4	行ラベル	ExcelPro	ブログ広告枠	動画広告枠	総計
5	2022/10/18	317,843			317,843
6	2022/10/19	864,182		965,609	1,829,791
7	2022/10/20	949,331		1,608,818	2,558,149
8	2022/10/22	555,767			555,767
9	2022/10/24			1,597,163	1,597,163

1

[日付]フィールドのセルをクリックして選択

2

Alt + Shift + → キーを押す

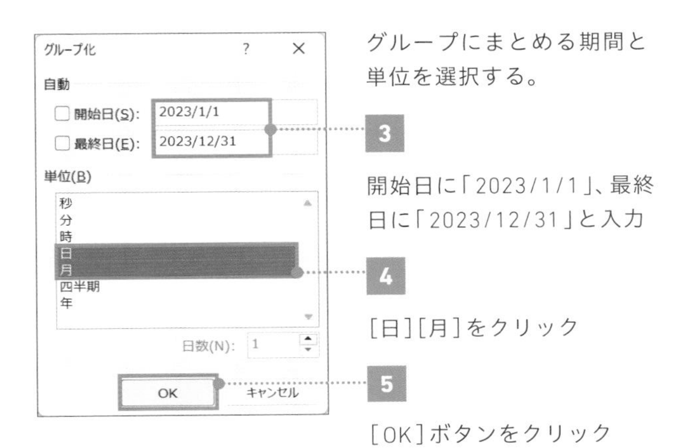

グループにまとめる期間と単位を選択する。

3 開始日に「2023/1/1」、最終日に「2023/12/31」と入力

4 [日][月]をクリック

5 [OK]ボタンをクリック

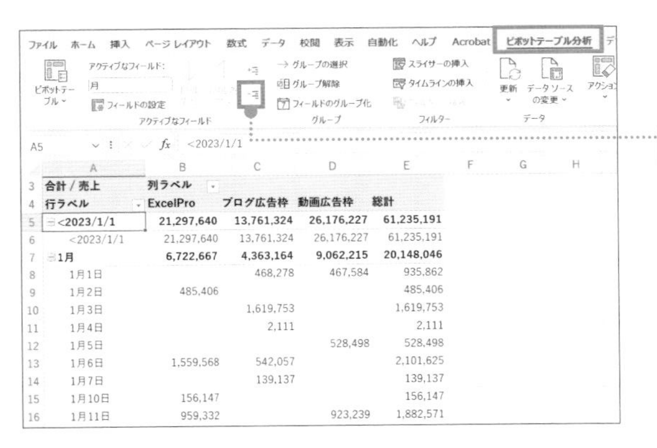

	A	B	C	D	E
3	合計 / 売上	列ラベル			
4	行ラベル	ExcelPro	ブログ広告枠	動画広告枠	総計
5	<2023/1/1	21,297,640	13,761,324	26,176,227	61,235,191
6	<2023/1/1	21,297,640	13,761,324	26,176,227	61,235,191
7	1月	6,722,667	4,363,164	9,062,215	20,148,046
8	1月1日		468,278	467,584	935,862
9	1月2日	485,406			485,406
10	1月3日		1,619,753		1,619,753
11	1月4日		2,111		2,111
12	1月5日			528,498	528,498
13	1月6日	1,559,568	542,057		2,101,625
14	1月7日		139,137		139,137
15	1月10日	156,147			156,147
16	1月11日	959,332		923,239	1,882,571

「日」「月」がグループ化された。

6 [ピボットテーブル分析]タブの[フィールドの折りたたみ]をクリック

	A	B	C	D	E
3	合計 / 売上	列ラベル			
4	行ラベル	ExcelPro	ブログ広告枠	動画広告枠	総計
5	<2023/1/1	21,297,640	13,761,324	26,176,227	61,235,191
6	1月	6,722,667	4,363,164	9,062,215	20,148,046
7	2月	3,970,316	4,225,606	7,365,549	15,561,471
8	3月	11,208,373	2,190,559	7,419,518	20,818,450
9	4月	6,814,405	1,234,841	11,138,008	19,187,254
10	5月	5,683,589	6,225,724	7,987,395	19,896,708
11	6月	8,547,408	3,130,048	11,484,260	23,161,716
12	7月	4,107,859	4,252,573	8,588,445	16,948,877
13	8月	10,676,391	6,858,028	12,267,063	29,801,482
14	9月	12,615,662	5,002,894	9,294,569	26,913,125
15	10月	22,244,745	6,593,157	8,871,779	37,709,681
16	11月	23,444,227	6,741,586	7,239,553	37,425,366
17	12月	14,865,525	5,319,304	9,434,866	29,619,695
18	>2023/12/31	150,269,524	33,944,172	36,619,021	220,832,717
19	総計	302,468,331	103,842,980	172,948,468	579,259,779

「日」のデータが折りたたまれて、「月」ごとの売上データが表示された。

CHECK!

2023年以前のデータは「<2023/1/1」、以降のデータは「>2023/12/31」にまとまっています。

08

レポートフィルター

FILE：Chap4-08.xlsx

シート別に担当者ごとの売上表を一気に作る

フィルターの項目は各シートに展開できる！

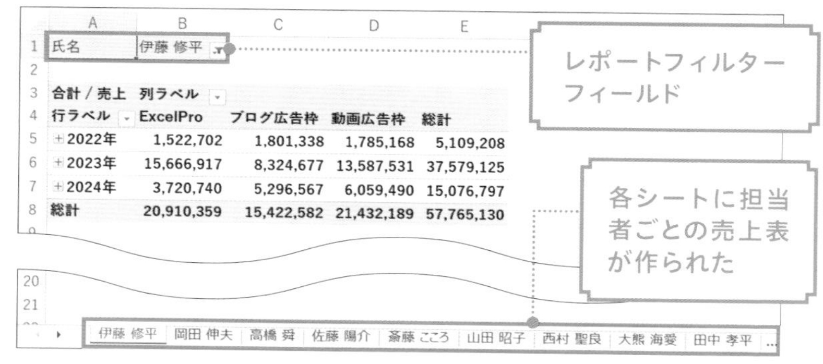

	A	B	C	D	E
1	氏名	伊藤 修平			
2					
3	合計 / 売上	列ラベル			
4	行ラベル	ExcelPro	ブログ広告枠	動画広告枠	総計
5	+2022年	1,522,702	1,801,338	1,785,168	5,109,208
6	+2023年	15,666,917	8,324,677	13,587,531	37,579,125
7	+2024年	3,720,740	5,296,567	6,059,490	15,076,797
8	総計	20,910,359	15,422,582	21,432,189	57,765,130

フィルターエリアは、行や列に並べたものを別の観点から絞り込み分析するのに役立ちます。フィルターに設定した項目は各シートに一瞬で展開されます。

半日仕事が1分で終わる！レポートフィルター

ピボットテーブルのフィルター機能は、[フィルター]エリアに項目をドラッグするだけでレポートフィルターが設定されます。たとえば、「いつ何をどれだけ売ったのか」という情報に加えて「誰が売ったのか」という視点で分析を行うときは、[行]エリアに日付、[列]エリアに商品名、[値]エリアに売上を設定したうえで、[フィルター]エリアに氏名を配置します。

フィルターに設定した項目は、それを基準として集計表を各シートに横展開できます。これを「レポートフィルターページ」といいます。

POINT：

1 特定の項目を絞り込みたいときはレポートフィルターを設定

2 項目を［フィルター］エリアにドラッグするだけでOK！

3 フィルターの項目を各シートに分割できる

MOVIE：

https://dekiru.net/ytex408

［氏名］のフィルターを設定する

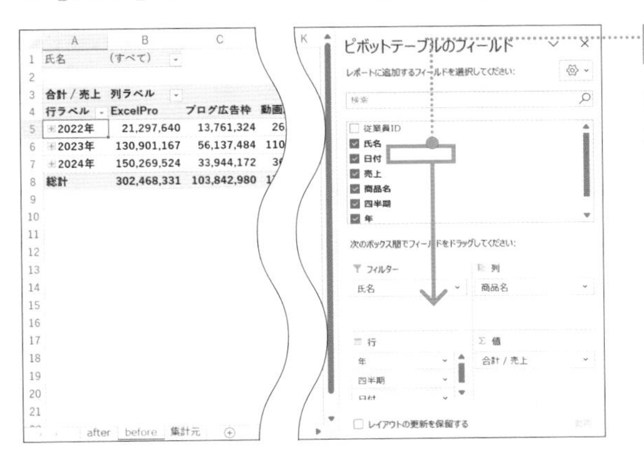

1 ［氏名］を［フィルター］エリアへドラッグ

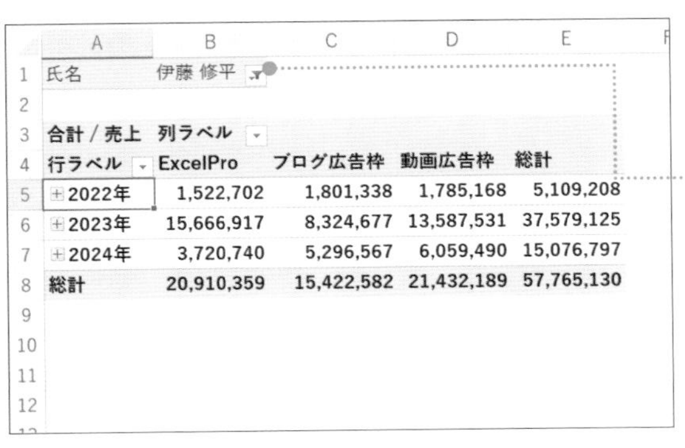

氏名	伊藤 修平			
合計 / 売上	列ラベル			
行ラベル	ExcelPro	ブログ広告枠	動画広告枠	総計
2022年	1,522,702	1,801,338	1,785,168	5,109,208
2023年	15,666,917	8,324,677	13,587,531	37,579,125
2024年	3,720,740	5,296,567	6,059,490	15,076,797
総計	20,910,359	15,422,582	21,432,189	57,765,130

セルA1～B1に氏名ごとのフィルターが設定された。

2 フィルターボタンをクリックして［伊藤 修平］を選択して［OK］ボタンをクリック

［伊藤 修平］の売上表が作成された。

● 担当者ごとの売上表を各シートに作成

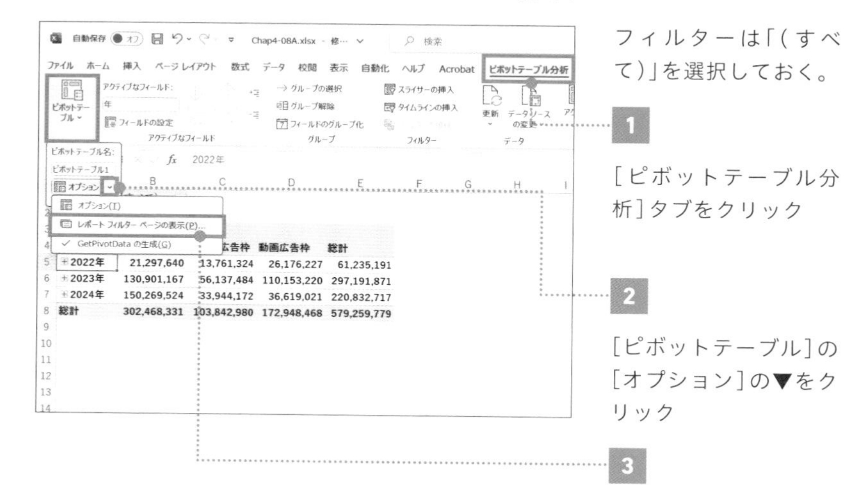

フィルターは「(すべて)」を選択しておく。

1

[ピボットテーブル分析]タブをクリック

2

[ピボットテーブル]の[オプション]の▼をクリック

3

[レポートフィルターページの表示]をクリック

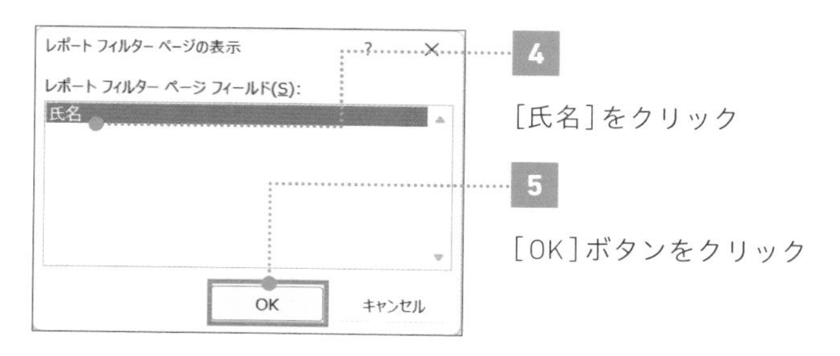

4

[氏名]をクリック

5

[OK]ボタンをクリック

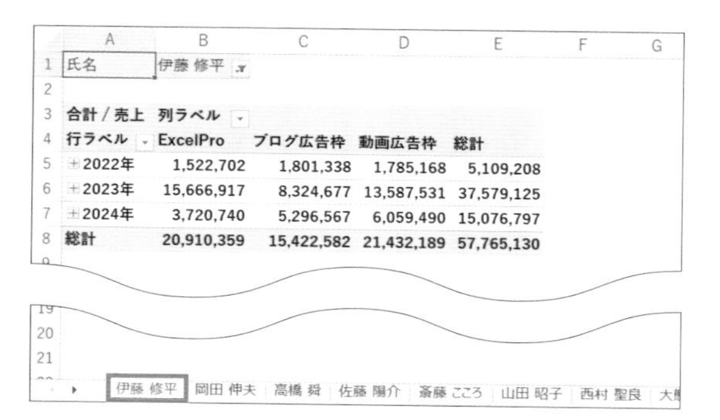

「伊藤 修平」の売上が表示され担当者ごとの売上表が各シートに作成できた。

6

Ctrl + Page Down キーを押す

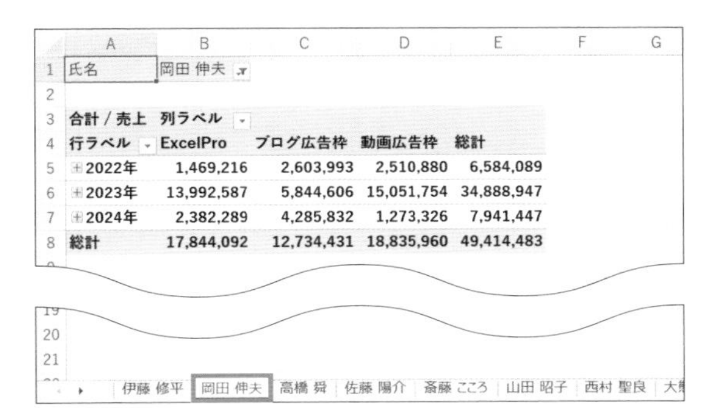

氏名	岡田 伸夫			
合計 / 売上	列ラベル			
行ラベル	ExcelPro	ブログ広告枠	動画広告枠	総計
2022年	1,469,216	2,603,993	2,510,880	6,584,089
2023年	13,992,587	5,844,606	15,051,754	34,888,947
2024年	2,382,289	4,285,832	1,273,326	7,941,447
総計	17,844,092	12,734,431	18,835,960	49,414,483

［岡田 伸夫］シートが表示された。

CHECK!

シート間の移動はショートカットキーがラクです。1つ前のシートに戻りたいときは Ctrl ＋ Page Up キーを押しましょう。

理解を深めるHINT

集計元のデータを修正&追加するときの注意点

集計元のデータを変更した場合、デフォルトの設定ではピボットテーブルを手動で「更新」しなければなりません。データを修正・追加する際は、必ず以下の手順で反映させましょう。

修正後のデータを更新するには

［ピボットテーブル分析］タブにある［データ］グループの［更新］をクリックしておく。

集計元のデータを追加した後は

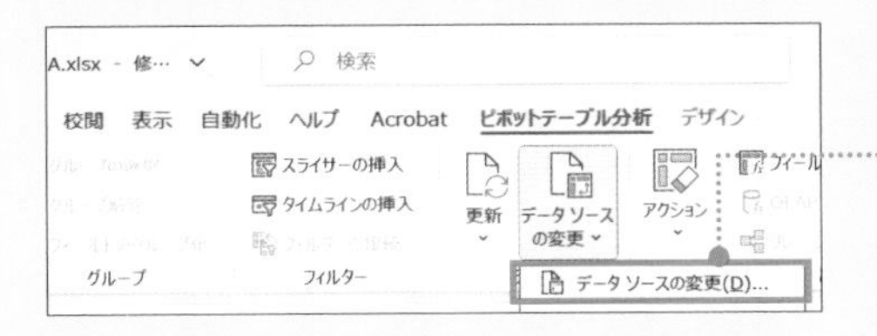

［ピボットテーブル分析］タブにある［データ］グループの［データソースの変更］をクリックしておく。

09

FILE：Chap4-09.xlsx

パワーピボット

リレーションでピボット分析がもっと楽になる

BEFORE

従業員ID	日	売	商品ID	流入経路
EMP-1003	2023/4/1	733,927	P-002	2
EMP-1008	2023/4/1	783,339	P-001	2
EMP-1003	2023/4/1	675,791	P-003	1
EMP-1004	2023/4/2	764,364	P-001	4
EMP-1008	2023/4/2	267,075	P-002	1
EMP-1003	2023/4/2	143,535	P-001	4
EMP-1002	2023/4/2	551,777	P-002	2
EMP-1005	2023/4/4	245,567	P-002	3
EMP-1007	2023/4/4	919,978	P-001	4
EMP-1001	2023/4/4	1,247	P-001	1
EMP-1005	2023/4/4	395,326	P-003	2
EMP-1003	2023/4/5	23,574	P-001	4
EMP-1004	2023/4/5	354,406	P-001	4
EMP-1002	2023/4/5	533,675	P-002	4
EMP-1004	2023/4/6	388,071	P-001	2
EMP-1007	2023/4/6	94,628	P-001	4

販売履歴　従業員マスタ　商品マスタ　流入経路マスタ

データが複数シートに分かれていて分析に手間がかかる

AFTER

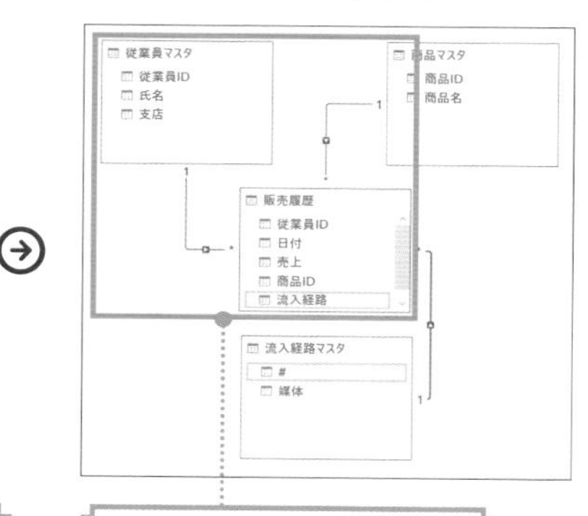

データを紐づけて効率的に分析できる!

ピボットテーブルの発展版：パワーピボット

ピボットテーブルを用いたデータ分析でよくあるのが「複数のシートやファイルにデータが分かれているとき、ピボット分析するのが面倒」という課題です。 ここまで学んできたピボットテーブルでは、散らばったデータを1つのデータベースとしてきれいに統合してからでないと、思うような分析はできません。しかし「パワーピボット」という機能をマスターすると、そうした手間を大幅に減らせます。まずはこの機能の勘所をつかんでいきましょう。なお、パワーピボットは、CHAPTER1に登場した、パワークエリとセットで使うことが多い機能です。

POINT：

1 基本の3ステップはモデル化→ピボット分析→ビジュアライズ

2 テーブルごとにリレーションを組むことがモデル化のポイント

3 詳細は『できるYouTuber式Excel パワーピボット現場の教科書』で

MOVIE：

https://dekiru.net/ytex409

パワーピボットを使う準備をしよう

パワーピボットはExcelのアドインという拡張機能で、利用する前に少しだけ準備が必要です。まずはアドインを有効にしましょう。

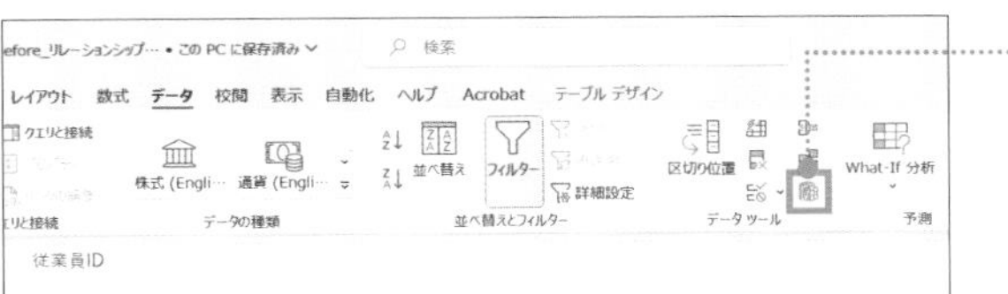

1 ［データ］タブ→［Power Pivotウィンドウに移動］をクリック

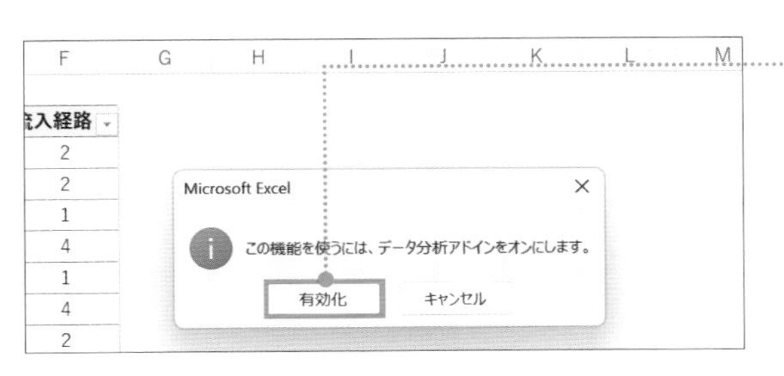

2 ［有効化］をクリック

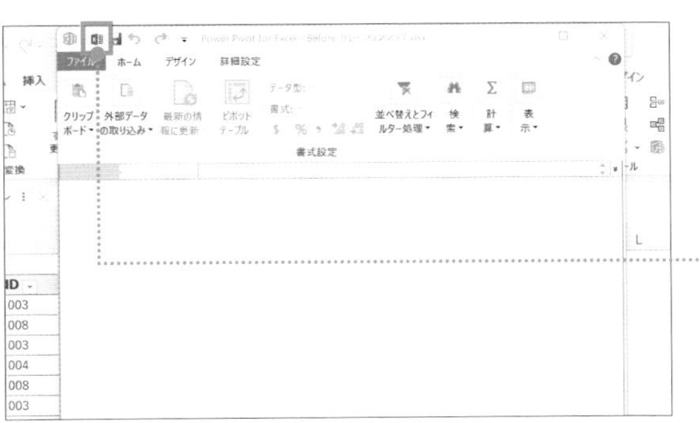

アドインが有効になり、Power Pivotウィンドウが開いた。

3 ［ブックに切り替え］をクリックしてExcelブックに戻っておく

▶ 各テーブルをパワーピボットに取り込もう

4つのシートに散らばったテーブルを、パワーピボットに取り込むことで、それぞれのデータを紐づけることができます。ここでは[販売履歴][従業員マスタ][商品マスタ][流入経路マスタ]それぞれのシートをパワーピボットに取り込みます。

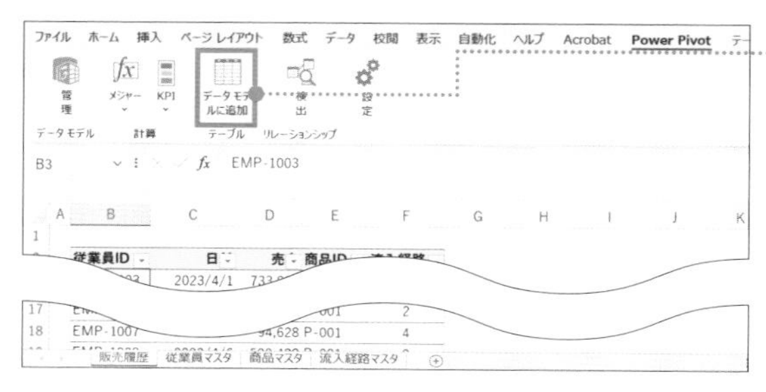

1

[販売履歴]シートを選択して[Power Pivot]タブ→[データ モデルに追加]をクリック

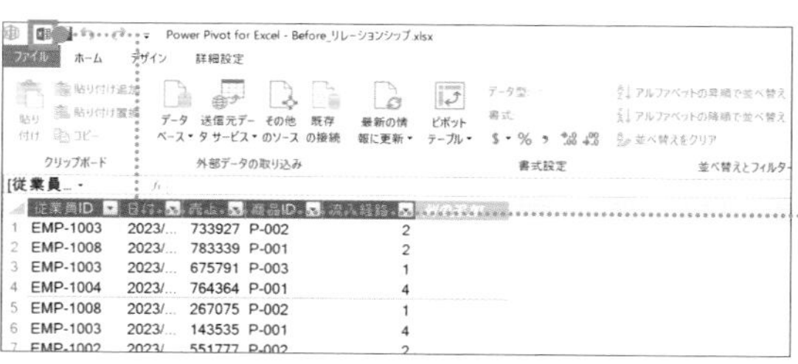

[販売履歴]のテーブルがパワーピボットに取り込まれた。

2

[ブックに切り替え]をクリック

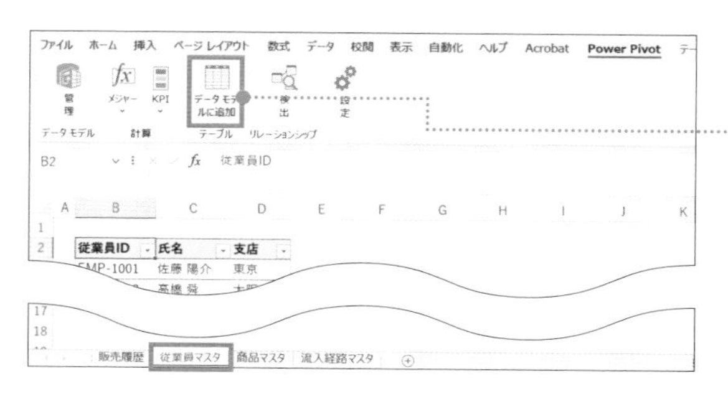

Excelブックに戻った。

3

[従業員マスタ]シートを選択して、[Power Pivot]タブ→[データ モデルに追加]をクリック

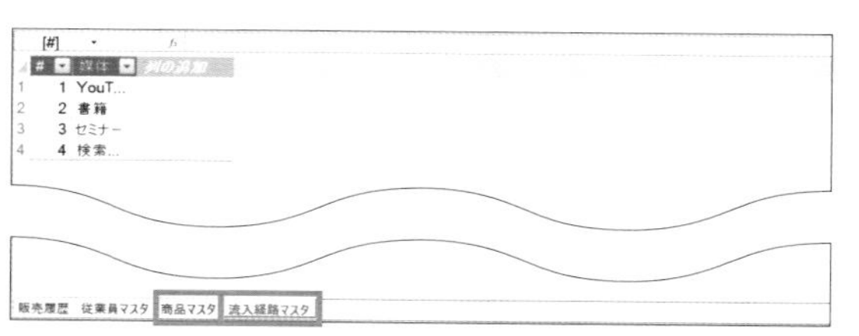

[商品マスタ]と[流入経路マスタ]も同様にパワーピボットに取り込んでおく。

▶ 各テーブルのデータを紐づけよう

ここまでで、パワーピボットに各テーブルを取り込めました。ここから、各テーブルのデータを紐づけていきます。リレーションとはこの紐づけのことを意味します。

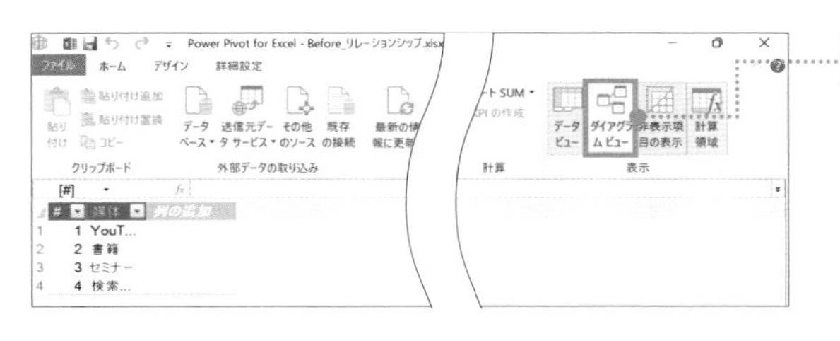

1

［ホーム］タブ→［ダイアグラム　ビュー］をクリック

各テーブルが一覧で表示された。

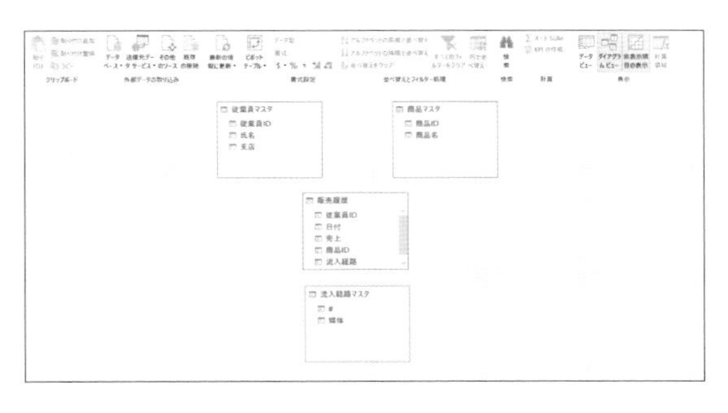

2

［販売履歴］を中央に、他の3つのテーブルが［販売履歴］テーブルを囲むように配置する

CHECK!

ダイアグラムビューの各テーブルは、ドラッグすることで好きな位置に配置できます。

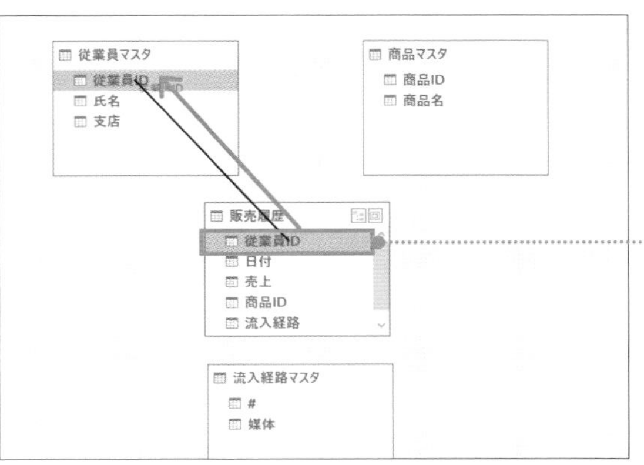

3

［販売履歴］テーブルの［従業員ID］を［従業員マスタ］テーブルの［従業員ID］までドラッグ

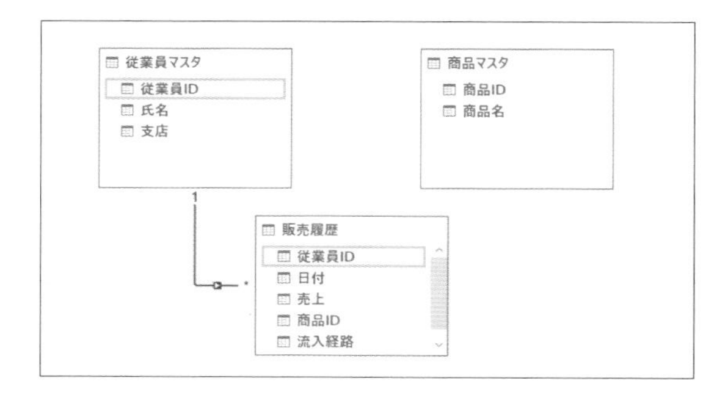

[販売履歴]テーブルの[従業員ID]と[従業員マスタ]テーブルの[従業員ID]が紐づけされた。

CHECK!

紐づけされたテーブル同士は線で繋がります。この線はリレーションを表します。

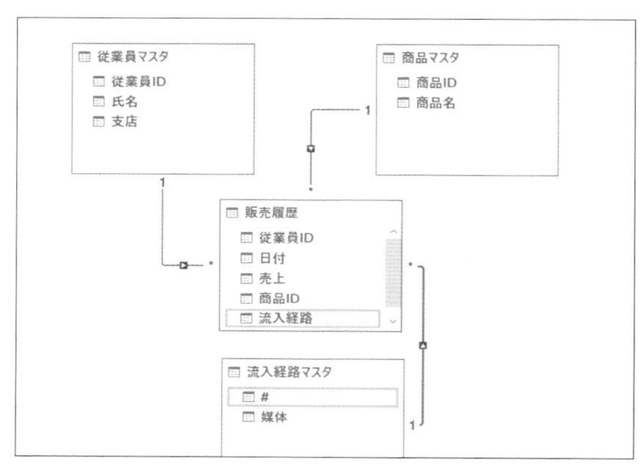

同様に、[販売履歴]テーブルの[商品ID]から[商品マスタ]テーブルの[商品ID]まで、[販売履歴]テーブルの[流入経路]から[流入経路マスタ]の[#]までリレーションを作成する。

▶ 複数シートにまたがったデータの分析を行う

ここまでで、各テーブルのデータを紐づけることができました。Excelに戻って、ピボットテーブルを挿入すると、複数シートに分かれたデータを1つのピボットテーブルで分析できます。

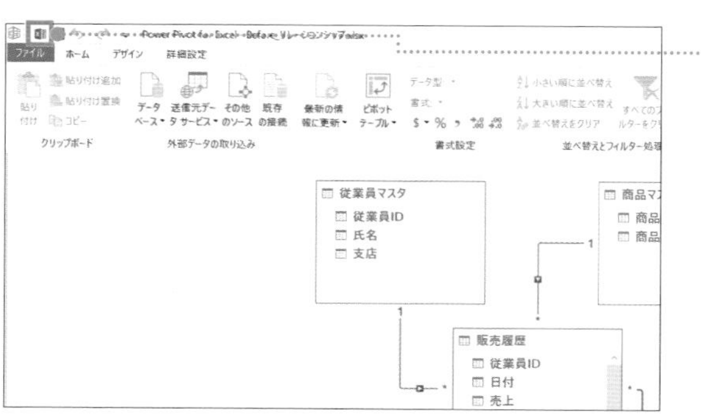

1

[ブックに切り替え]をクリック

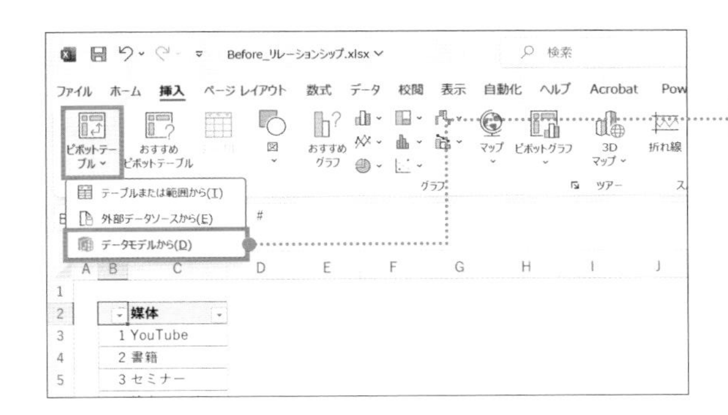

Excelブックに戻った。

2

［挿入］タブ→［ピボットテーブル］→［データモデルから］をクリック

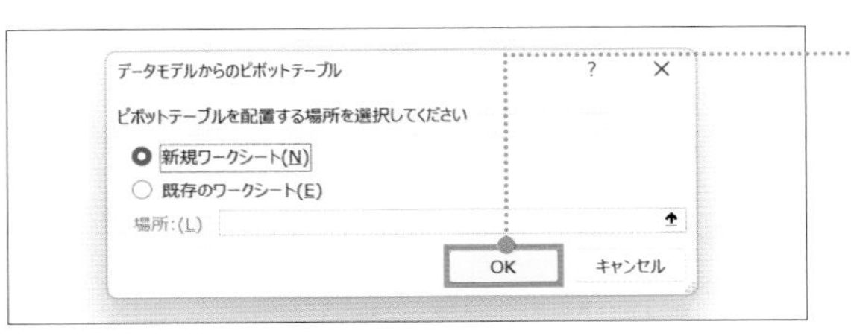

3

［新規のワークシート］を選択して［OK］ボタンをクリック

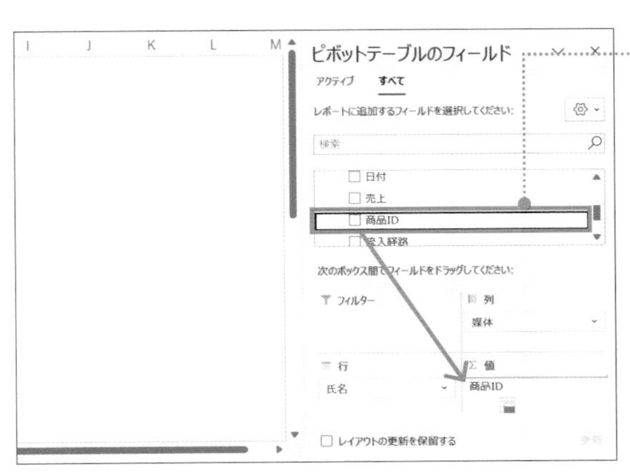

4

［従業員マスタ］の［氏名］を［行］に、［流入経路マスタ］の［媒体］を［列］に、［販売履歴］の［商品ID］を［値］にドラッグする

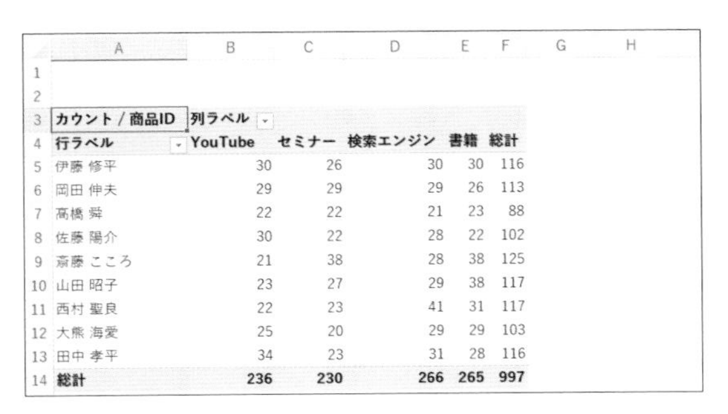

カウント / 商品ID	列ラベル				
行ラベル	YouTube	セミナー	検索エンジン	書籍	総計
伊藤 修平	30	26	30	30	116
岡田 伸夫	29	29	29	26	113
髙橋 舜	22	22	21	23	88
佐藤 陽介	30	22	28	22	102
斎藤 こころ	21	38	28	38	125
山田 昭子	23	27	29	38	117
西村 聖良	22	23	41	31	117
大熊 海愛	25	20	29	29	103
田中 孝平	34	23	31	28	116
総計	236	230	266	265	997

複数シートに分かれたデータを1つのピボットテーブルで分析できるようになった。

10

FILE：Chap4-10.xlsx

ピボットグラフ／スライサー

伝える力を高める！集計結果を視覚化しよう

ピボットグラフは臨機応変に作り変えられる

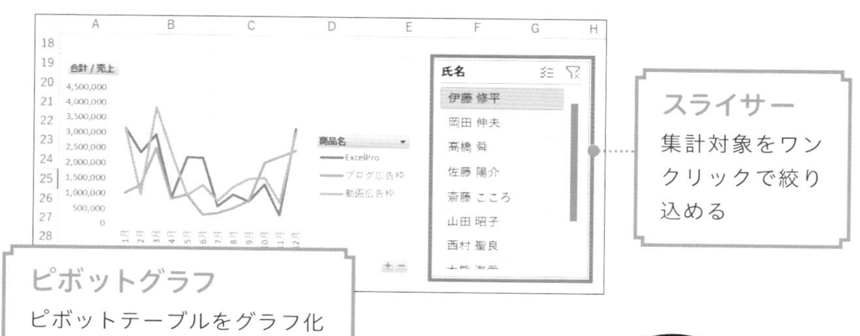

▶ 変幻自在のピボットグラフを使いこなす

グラフは、アウトプットのゴールであり、その作成はExcel業務の大切なスキルです。ここでは、ピボットテーブルの集計表をもとに、ピボットグラフを作成していきます。スライサーは、レポートフィルターと同様の働きをしますが、集計対象を視覚的に絞り込めるので、その場でグラフを作り変えることが求められるチーム議論の場などで役に立つ機能です。ただし、グラフにおいて最も重要なことは、データに応じた適切な「グラフの種類」を選ぶことです。Excelにはどのようなグラフがあり、どんな場面で使うことが効果的かをマスターしましょう。

POINT：

1 グラフはデータを「見える化」する

2 どのグラフがどの場面に効果的かを知っておく

3 スライサーを組み合わせると変幻自在なグラフになる

MOVIE：

https://dekiru.net/ytex410

ピボットグラフを作成する

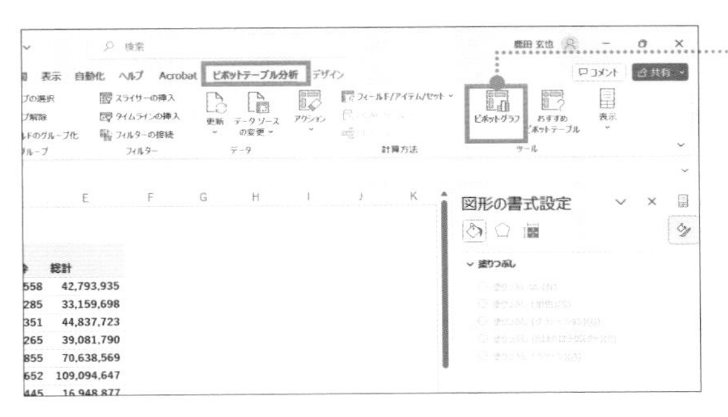

1

［ピボットテーブル分析］タブにある［ツール］グループの［ピボットグラフ］をクリック

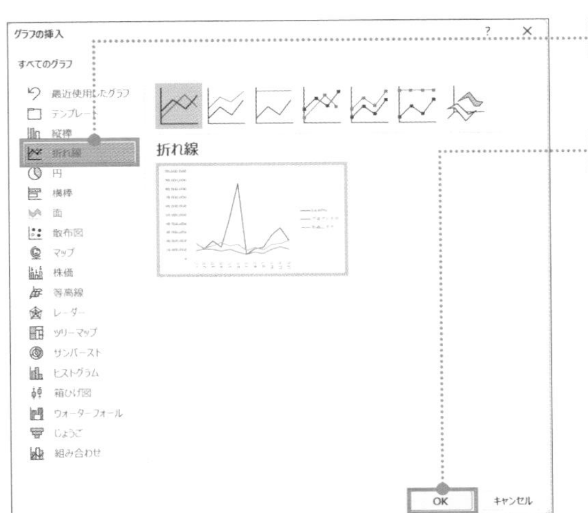

2

［折れ線］をクリック

3

［OK］ボタンをクリック

CHECK!

ピボットテーブルではなく、通常の表からグラフを作りたいときは［挿入］タブの［グラフ］グループから折れ線グラフを選択します。

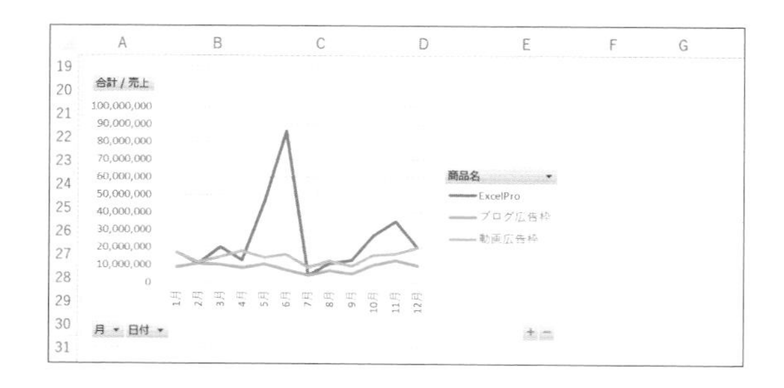

月ごとの売上推移がわかるピボットグラフができた。

スライサーを挿入する

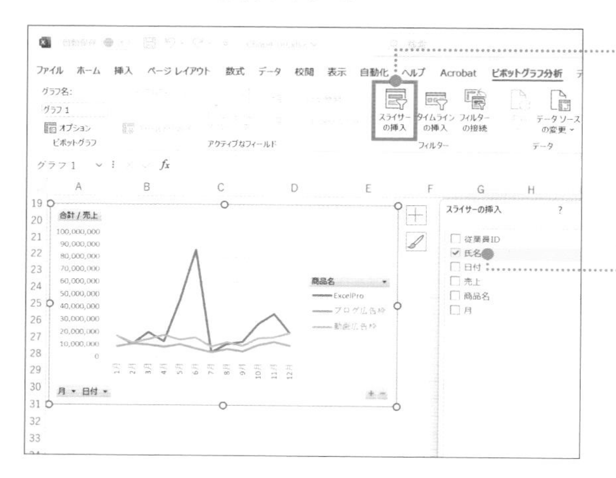

1

[ピボットグラフ分析]タブの[スライサーの挿入]をクリック

2

[氏名]クリックして[OK]ボタンをクリック

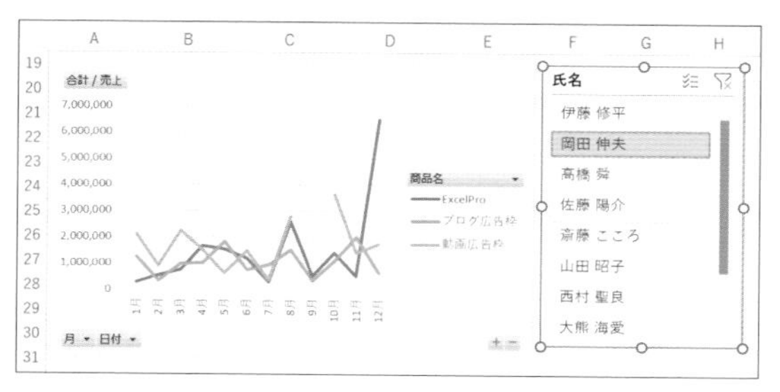

スライサーを挿入できた。[岡田 伸夫]をクリックすると、[岡田 伸夫]の売上推移が表示された。

CHECK!

スライサーはExcel 2010から追加された機能です。

ピボットグラフにはスライサーの他にも、日付データを自由にフィルターできる「タイムライン」という機能があります。

目的に合わせた「グラフの選び」のコツ

グラフの種類はたくさんありますが、全部覚える必要はありません。「縦棒」「横棒」「折れ線」「円」の４種類の特徴を知って、最適なグラフを選べるようになりましょう。

数値の大小を比較する縦棒グラフ（量）

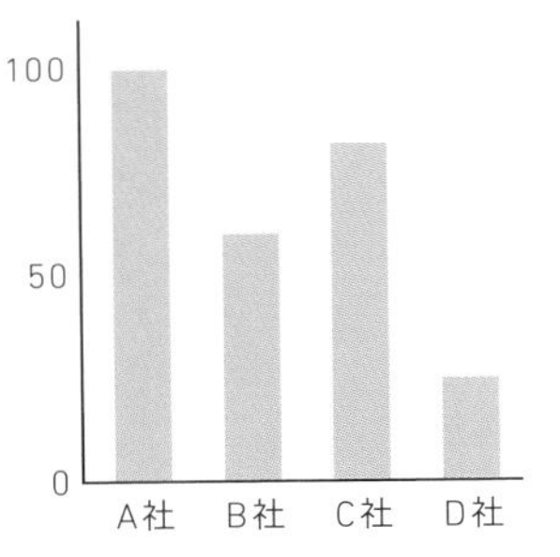

縦軸の基点は、量を表現するためゼロから始めます。横軸には、会社名や担当者名、時系列など比較したい項目を置きます。

数値の大小を比較する横棒グラフ（ランキング）

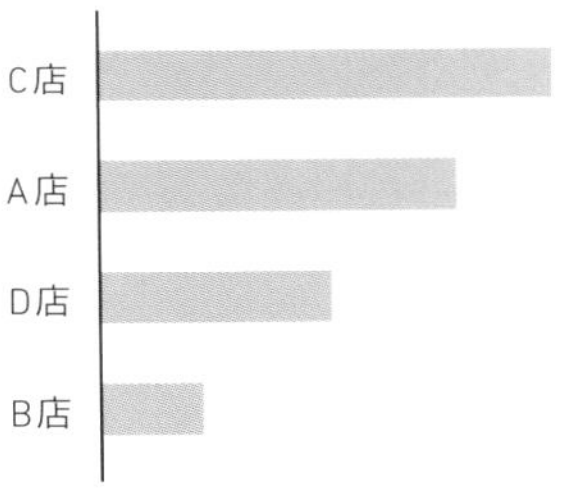

縦軸は、上からランキング順に並べます。横軸の基点は、量を表現するためゼロから始めます。

数値の変化の推移を見る折れ線グラフ（時系列）

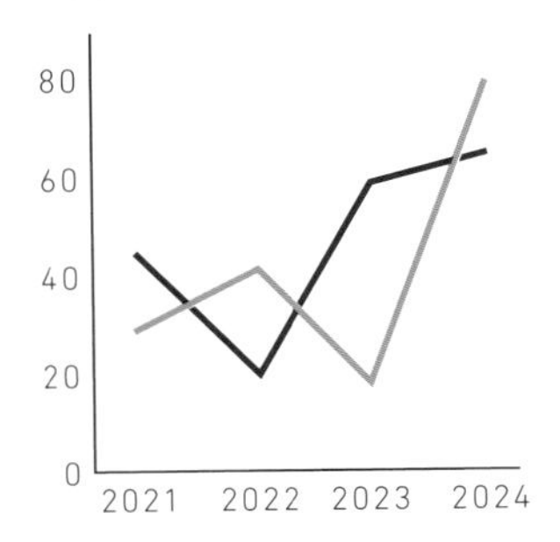

縦軸の基点は、量ではなく変化を見るため、必ずしもゼロから始める必要はありません。横軸には、時系列などの連続している項目を置きます。

数値の内訳を見る円グラフ（構成比）

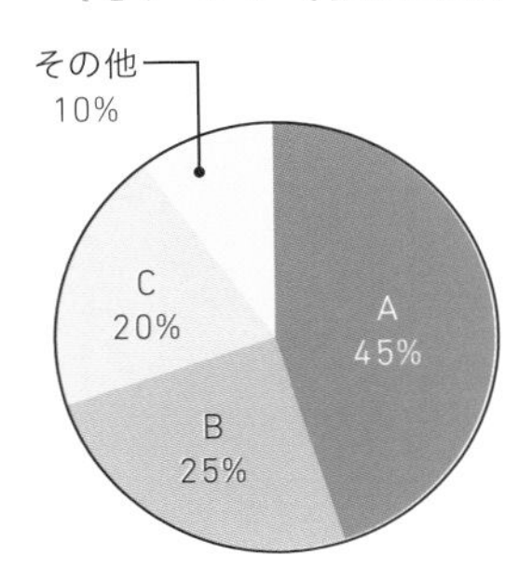

内訳の割合を面積で表します。推移を示すことはできないため、ある一時点の情報をシンプルに伝えたいときに向いています。

CHAPTER 4

加工・集計の最適化

COLUMN

まずはパワークエリ、パワーピボットに挑戦しよう。

本書、増強改訂版で新たに付け加えたテーマ「パワークエリ（CHAPTER1-11）」と「パワーピボット（CHAPTER4-9）」は、手動の繰り返し作業から解放されるための強力なツールとして近年注目されています。
VBA（マクロ）を使わないと自動化できなかった実務ニーズの高い領域で、プログラミングいらずで業務自動化を達成できる点が大きな特長です。モダンExcelと呼ばれるこれらのツールは、アフターコロナにおけるExcel実務の体系的な学びの中に含めるべきものとして、本書でその使い方の導入編をご紹介しました。
「パワークエリ」は、データ整形や集計における手動の繰り返し作業をボタン1つで解決してくれる優れもの。複雑なデータを効率的に整理できます。とくに、営業データや顧客情報のような膨大なデータの取り扱いにおいて、時間短縮とエラーの削減が期待できます。詳細は『できるYouTuber式Excelパワークエリ現場の教科書』をご参照ください。
「パワーピボット」は大量データの分析に特化したピボットテーブルの進化系です。高度な分析が可能で、企業の意思決定や戦略策定において有益です。パワーピボットを使用することで、膨大なデータの中から必要な情報を素早く引き出し、作業の精度向上や意思決定の迅速化が期待できます。詳細は『できるYouTuber式Excelパワーピボット現場の教科書』をご参照ください。
ともに大量データの取り扱いを得意とし、Excelが重たくなりがちだった処理を、高速でこなしてくれることも大きな利点です。あなたのExcel力を次のステージに進める、ROIの高いスキルアップの真骨頂ともいえます。
Excel力とは、実現したい成果に対する最適な解決策を選択できることであり、それこそが実務で求められていることです。個人の単発タスクだからサクッとショートカットでやろうとか、チームの定常タスクだからパワークエリでやろうとか。ここはVBA、ここはRPA、そういった手段の使い分けをできるようになったら素晴らしい限りです。現状のスキルに満足せず、また食わず嫌いをせず、新しいテクノロジーに対する学びを積極的に深めていきましょう。

CHAPTER 5

「シェア」の仕組み化でチームの生産性を上げる

01

シェア

誰でもシンプルに入力できる「仕組み」が大事

▶ チームでの作業は仕組みが9割

第5章では、第三者にExcelを共有する前に仕込んでおきたい機能を紹介します。まずはExcelで「共有するファイル」には、大きく分けて2種類あることを覚えておいてください。

- これ以上入力する必要のない「完成したファイル」
- 第三者に入力をお願いする「未完成のファイル」

ここでは、後者にフォーカスを当てて、どのようにすれば第三者によるインプットがスムーズに進むのかを考えていきます。誤入力や誤操作がなくなり、業務の出し戻しがなくなる仕組み作りを考えていきましょう。

仕組みがしっかりできていると、シェアからインプット→アウトプット→シェアというように業務フローがきれいなループを描き、効率的なワークを実現できるのです。

● 共同作業できるように[共有]モードに

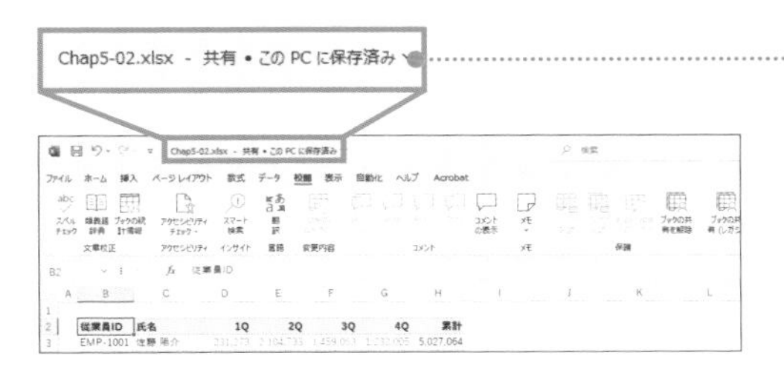

ブックの共有
複数人が同時に編集できる

POINT：

1. 他の人と共有するファイルは大きく2種類ある
2. それは「完成したファイル」と「未完成のファイル」
3. 第三者に入力をお願いするときは仕組み作りが大事

入力を簡単に、なおかつ正確にできる機能

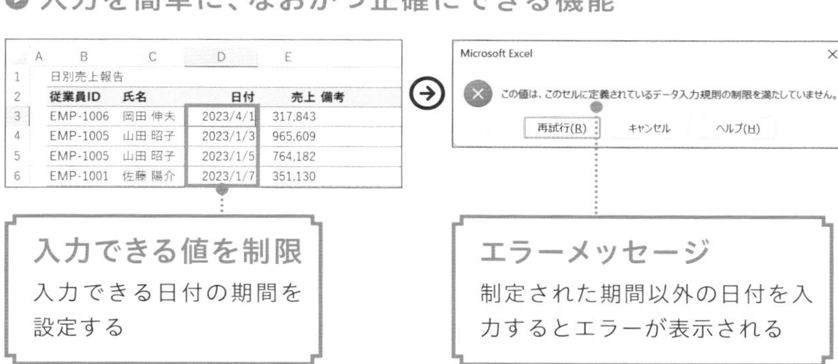

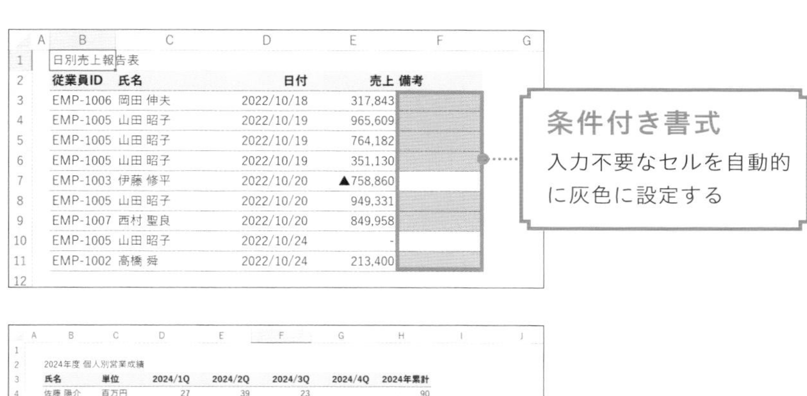

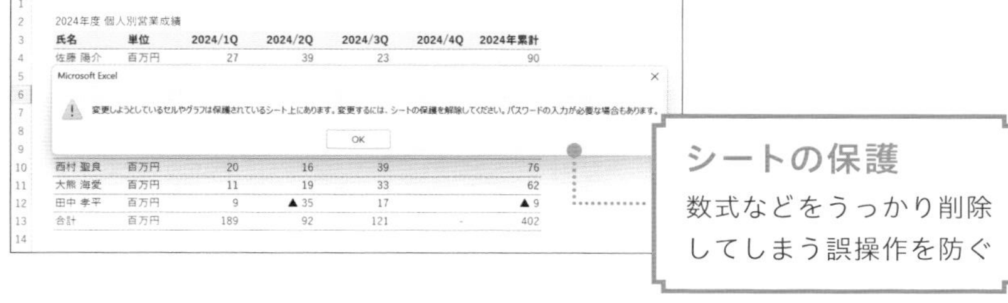

02

ファイルの共有／共同編集

FILE：Chap5-02.xlsx

Microsoft 365でファイルを共有し、共同編集しよう

1つのファイルを複数人で同時に編集できる！

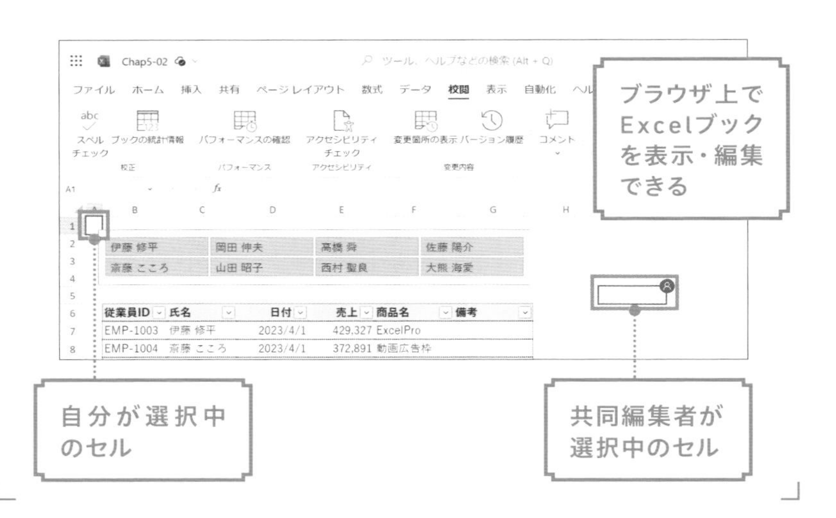

リモートワークが当たり前になった現代において、「Excelファイルを共有して共同編集する方法」は必須の知識です。Excelの「共有」という機能を使いこなすことで、複数人でブックを共有し、各自が行っている作業をリアルタイムで可視化できます。ここでは共有の具体的な操作方法を学びましょう。

誰かがフィルターを実行すると他の人の画面でもフィルターされてしまうといった「不便」を解消する機能もあります。併せて覚えておきましょう。

POINT：

1 1つのファイルを複数人で同時に編集できる

2 「共有」からメールを送信して共有する

3 フィルターを行う場合は自分の画面のみで実行する

MOVIE：

https://dekiru.net/ytex502

ブラウザ上でExcelファイルを開く

ブラウザ上でExcelファイルを編集できる「Microsoft 365」を使ってファイルを共有できます。まずはMicrosoft 365のWebページにアクセスし、共有したいExcelファイルをアップロードしましょう。

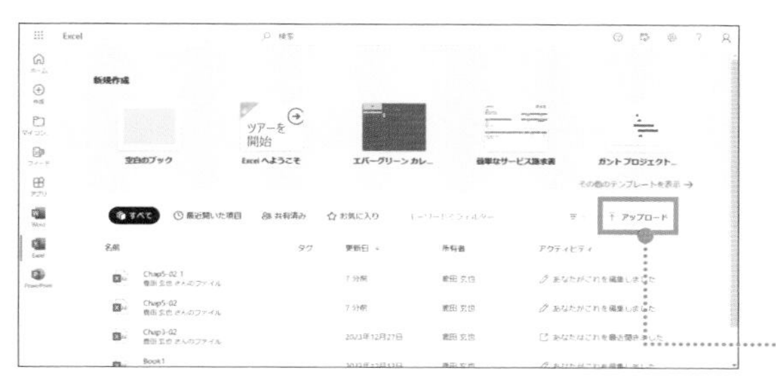

Microsoft 365のページ（https://www.office.com/）にアクセスし、サインインしておく。

1 「アップロード」をクリック

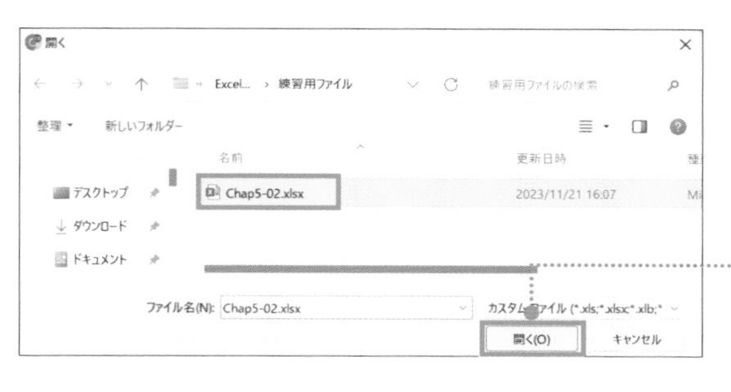

［開く］ウィンドウが表示された。

2 「Chap5-02.xlsx」を選択して［開く］をクリック

アップロードしたExcelファイルがブラウザ上に表示された。

ファイルを他の人と共有する

Microsoft 365にアップロードしたファイルは、ブラウザ上で編集可能になります。このファイルを共有することで他のメンバーと同時に作業できるようになります。

アップロードしたExcelの画面で操作を行う。

1 ［共有］→［共有］をクリック

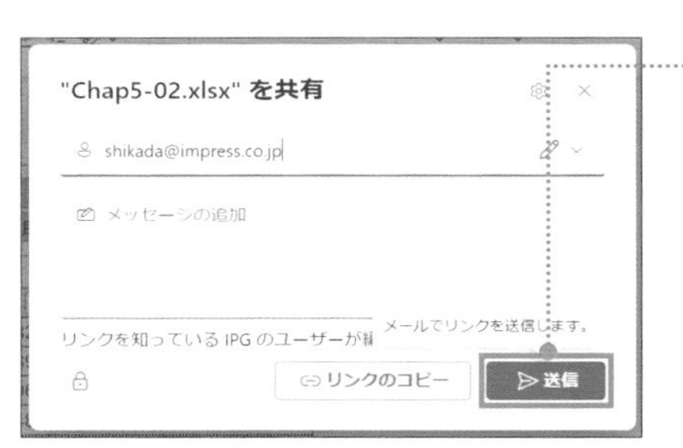

2 共有する相手のメールアドレスを入力し、［送信］をクリック

CHECK!

メールで共有する以外にも、［リンクのコピー］をクリックして、取得したURLを伝えてファイルを共有する方法もあります。

共有が完了し、Excelファイルを複数人で編集できる状態になった。

CHECK!

他の人が編集しているセルは、色付きの枠で表示されます。

▶ 自分が見ている画面でのみ並べ替えやフィルターを実行する

共有したブックで複数人が同時に作業をしていると、自分の操作が他人の画面にも反映されてしまい、迷惑をかけてしまう場合があります。自分の操作を自分の画面だけに反映するシートビュー機能を適切に使いましょう。

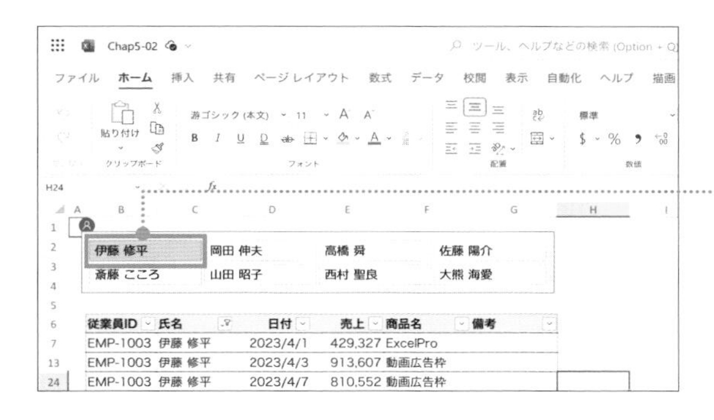

他の共同編集者がフィルターや並べ替えを行っている状態。

1 ［伊藤 修平］をクリックしてフィルターを実行

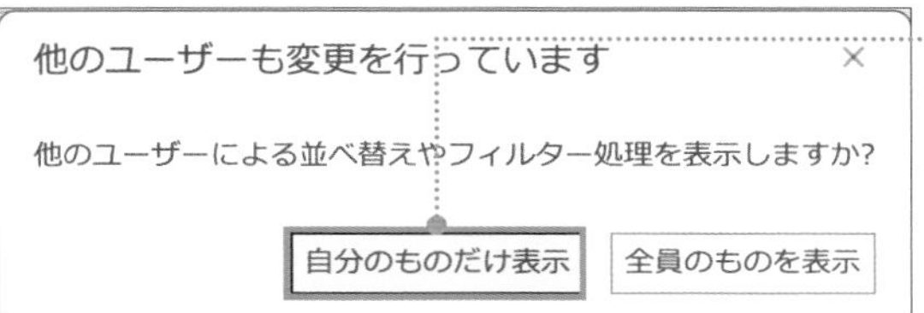

2 ［自分のものだけ表示］をクリック

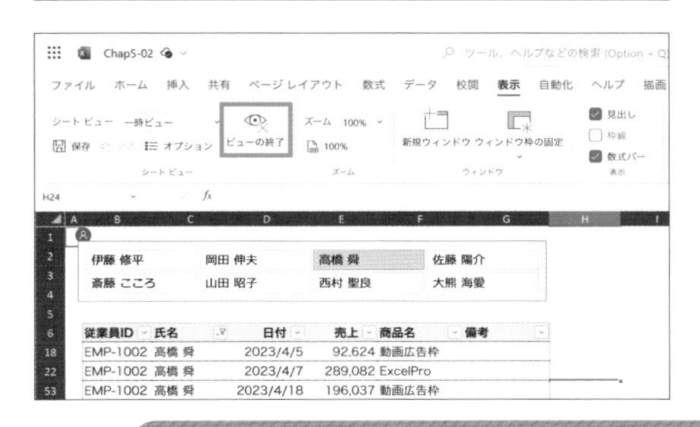

自分のものだけ表示になると、セルの枠が黒く変化する。ビューを終了するには、［ビューの終了］をクリック。

Microsoft 365で各自が行った変更は、自動で保存されます。共有された各メンバーが行った編集作業は、［校閲］タブ→［変更箇所の表示］をクリックすると確認できます。［校閲］タブ→［バージョン履歴］をクリックして、過去のバージョンを復元できます。

03 数式チェック

FILE : Chap5-03.xlsx

ただ眺めていては発見できない数式のエラー

シェアする前に F2 キーで数式をチェック！

SUM　=SUM(D3:G3)

	A	B	C	D	E	F	G	H
1								
2		従業員ID	氏名	1Q	2Q	3Q	4Q	累計
3		EMP-1001	佐藤 陽介	231,273	2,104,733	1,459,053	1,232,005	=SUM(D3:G3)
4		EMP-1002	髙橋 舜	1,229,174	2,111,151	766,456	1,518,036	5,624,817
5		EMP-1003	伊藤 修平	1,038,239	586,366	6,000,000	2,875,372	14,650,792
6		EMP-1004	斎藤 こころ	1,790,482	45,000	1,111,216	1,204,117	4,150,815
7		EMP-1005	山田 昭子	226,017	2,315,113	2,997,516	2,414,282	7,952,928
8		EMP-1006	岡田 伸夫	1,762,803	573,519	112,609,967	1,277,281	116,223,570
9		EMP-1007	西村 聖良	1,169,512	1,181,792	682,940	2,560,527	5,594,771
10		EMP-1008	大熊 海愛	2,111,105	1,481,439	1,104,665	200,042	4,897,251
11		EMP-1009	田中 孝平	165,464	1,290,644	1,219,116	761,213	3,436,437
12		累計	合計	9,724,069	11,689,757	11,950,929	14,042,875	47,407,630
13								

F2 キーを押して編集モードに切り替える

セルをダブルクリックしても数式を確認できますが、F2 キーを押すほうが素早く確認できます。

編集モードで数式をチェックする操作以外にも、エラーを確認する便利技があるので紹介していきます。

▶ 数式のエラーチェックを習慣にしよう

チームやクライアントに資料をシェアする前に、必ず数式のチェックをしてください。とくに、セルを削除した後は、数式のセル参照がずれる可能性があります。数値がおかしい資料は、いくら時間をかけて作ったとしても無価値です。あとになって「えっ、ぜんぜん違う数値を報告してた。やばい」なんてことが起こらないように気をつけてください。ここでは、私が経理時代に実践していた、まとまったセル範囲から傾向の異なるセルを調べる方法と、参照元をトレースしてエラーを探す方法を紹介していきます。

POINT：

1 資料をシェアする前に必ず数式のエラーチェックを

2 F2 キーとトレース機能で、数式を個別に確認

3 まとめて数式をチェックしたいときはジャンプ機能

MOVIE：

https://dekiru.net/ytex503

セル範囲から傾向と異なるセルを調べる

数式が入力されている列を選択して、ジャンプ機能の[アクティブ列との相違]を選択すれば、傾向の異なるセルを選択できます。参照元がずれている数式や、ベタ打ちされている値などが選択されます。行の場合は[アクティブ行との相違]を選択しましょう。

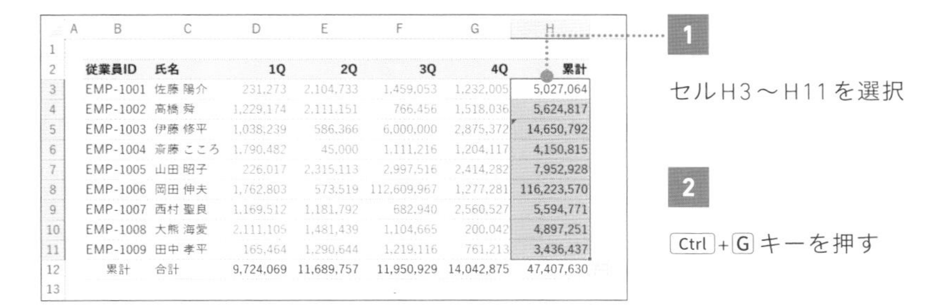

	A	B	C	D	E	F	G	H
1								
2		従業員ID	氏名	1Q	2Q	3Q	4Q	累計
3		EMP-1001	佐藤 陽介	231,273	2,104,733	1,459,053	1,232,005	5,027,064
4		EMP-1002	高橋 舜	1,229,174	2,111,151	766,456	1,518,036	5,624,817
5		EMP-1003	伊藤 修平	1,038,239	586,366	6,000,000	2,875,372	14,650,792
6		EMP-1004	斎藤 こころ	1,790,482	45,000	1,111,216	1,204,117	4,150,815
7		EMP-1005	山田 昭子	226,017	2,315,113	2,997,516	2,414,282	7,952,928
8		EMP-1006	岡田 伸夫	1,762,803	573,519	112,609,967	1,277,281	116,223,570
9		EMP-1007	西村 聖良	1,169,512	1,181,792	682,940	2,560,527	5,594,771
10		EMP-1008	大熊 海愛	2,111,105	1,481,439	1,104,665	200,042	4,897,251
11		EMP-1009	田中 孝平	165,464	1,290,644	1,219,116	761,213	3,436,437
12		累計	合計	9,724,069	11,689,757	11,950,929	14,042,875	47,407,630
13								

1 セルH3～H11を選択

2 Ctrl + G キーを押す

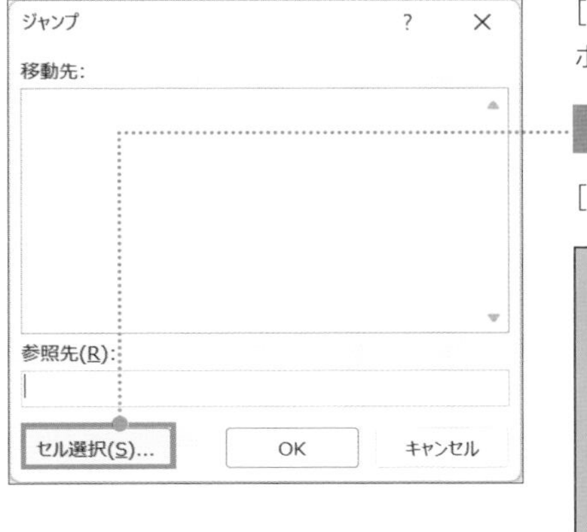

[ジャンプ]ダイアログボックスが表示された。

3 [セル選択]ボタンをクリック

CHECK!

データの件数が少ない場合は、F2 キーやトレース機能でセルをチェック。データ件数が多い場合は、ジャンプ機能を使って傾向と異なるセルを調べましょう。

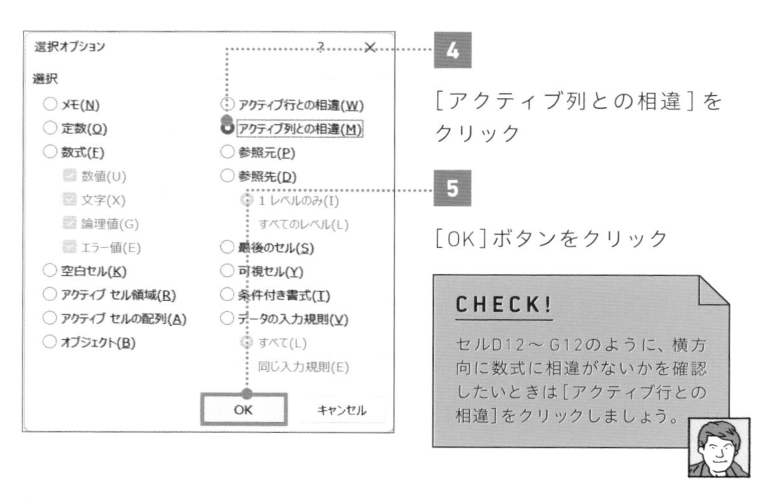

4

［アクティブ列との相違］をクリック

5

［OK］ボタンをクリック

> **CHECK!**
>
> セルD12～G12のように、横方向に数式に相違がないかを確認したいときは［アクティブ行との相違］をクリックしましょう。

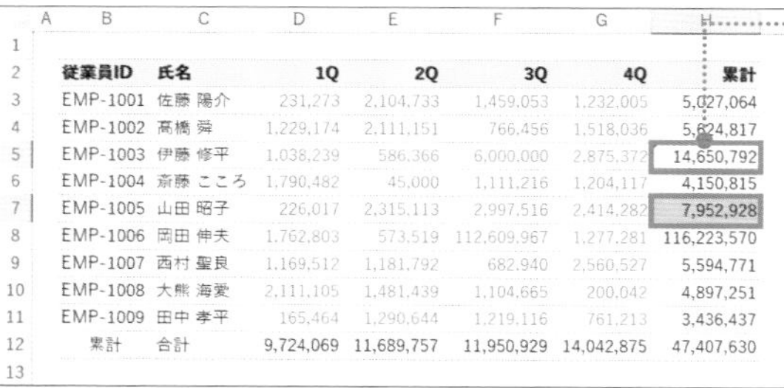

	従業員ID	氏名	1Q	2Q	3Q	4Q	累計
3	EMP-1001	佐藤 陽介	231,273	2,104,733	1,459,053	1,232,005	5,027,064
4	EMP-1002	高橋 舜	1,229,174	2,111,151	766,456	1,518,036	5,624,817
5	EMP-1003	伊藤 修平	1,038,239	586,366	6,000,000	2,875,372	14,650,792
6	EMP-1004	斎藤 こころ	1,790,482	45,000	1,111,216	1,204,117	4,150,815
7	EMP-1005	山田 昭子	226,017	2,315,113	2,997,516	2,414,282	7,952,928
8	EMP-1006	岡田 伸夫	1,762,803	573,519	112,609,967	1,277,281	116,223,570
9	EMP-1007	西村 聖良	1,169,512	1,181,792	682,940	2,560,527	5,594,771
10	EMP-1008	大熊 海愛	2,111,105	1,481,439	1,104,665	200,042	4,897,251
11	EMP-1009	田中 孝平	165,464	1,290,644	1,219,116	761,213	3,436,437
12	累計	合計	9,724,069	11,689,757	11,950,929	14,042,875	47,407,630

傾向と異なるセルとしてセルH5とセルH7が選択された。

6

Ctrl ＋ Shift ＋ @ キーを押す

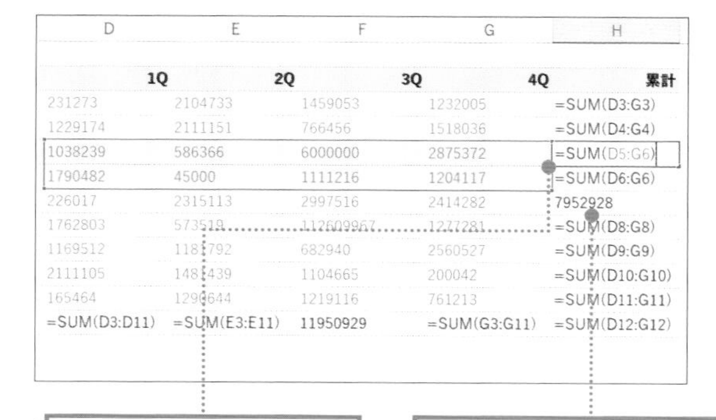

1Q	2Q	3Q	4Q	累計
231273	2104733	1459053	1232005	=SUM(D3:G3)
1229174	2111151	766456	1518036	=SUM(D4:G4)
1038239	586366	6000000	2875372	=SUM(D5:G6)
1790482	45000	1111216	1204117	=SUM(D6:G6)
226017	2315113	2997516	2414282	7952928
1762803	573519	112609967	1277281	=SUM(D8:G8)
1169512	1181792	682940	2560527	=SUM(D9:G9)
2111105	1481439	1104665	200042	=SUM(D10:G10)
165464	1290644	1219116	761213	=SUM(D11:G11)
=SUM(D3:D11)	=SUM(E3:E11)	11950929	=SUM(G3:G11)	=SUM(D12:G12)

数式が表示された。セルH5とセルH7のエラーの原因を確認する。

・ジャンプ機能 ………………………… P.056

トレース機能で参照元を確認する

B	C	D	E	F	G	H
業員ID	氏名	1Q	2Q	3Q	4Q	累計
MP-1001	佐藤 陽介	231,273	2,104,733	1,459,053	1,232,005	5,027,064
MP-1002	髙橋 舜	1,229,174	2,111,151	766,456	1,518,036	5,624,817
MP-1003	伊藤 修平	1,038,239	586,366	6,000,000	2,875,372	14,650,792
MP-1004	斎藤 こころ	1,790,482	45,000	1,111,216	1,204,117	4,150,815
MP-1005	山田 昭子	226,017	2,315,113	2,997,516	2,414,282	7,952,928
MP-1006	岡田 伸夫	1,762,803	573,519	112,609,967	1,277,281	116,223,570
MP-1007	西村 聖良	1,169,512	1,181,792	682,940	2,560,527	5,594,771
MP-1008	大熊 海愛	2,111,105	1,481,439	1,104,665	200,042	4,897,251
MP-1009	田中 孝平	165,464	1,290,644	1,219,116	761,213	3,436,437
累計	合計	9,724,069	11,689,757	11,950,929	14,042,875	47,407,630

1

セルH3をクリックして選択して、Alt → T → U → Tキーを押す

セルH3の参照元が確認できた。

B	C	D	E	F	G	H
業員ID	氏名	1Q	2Q	3Q	4Q	累計
MP-1001	佐藤 陽介	231,273	2,104,733	1,459,053	1,232,005	5,027,064
MP-1002	髙橋 舜	1,229,174	2,111,151	766,456	1,518,036	5,624,817
MP-1003	伊藤 修平	1,038,239	586,366	6,000,000	2,875,372	14,650,792
MP-1004	斎藤 こころ	1,790,482	45,000	1,111,216	1,204,117	4,150,815
MP-1005	山田 昭子	226,017	2,315,113	2,997,516	2,414,282	7,952,928
MP-1006	岡田 伸夫	1,762,803	573,519	112,609,967	1,277,281	116,223,570
MP-1007	西村 聖良	1,169,512	1,181,792	682,940	2,560,527	5,594,771
MP-1008	大熊 海愛	2,111,105	1,481,439	1,104,665	200,042	4,897,251
MP-1009	田中 孝平	165,464	1,290,644	1,219,116	761,213	3,436,437
累計	合計	9,724,069	11,689,757	11,950,929	14,042,875	47,407,630

2

Enterキーを押して、セルH4へ移動

3

Alt → T → U → Tキーを押す

セルH4の参照元が確認できた。

B	C	D	E	F	G	H
業員ID	氏名	1Q	2Q	3Q	4Q	累計
MP-1001	佐藤 陽介	231,273	2,104,733	1,459,053	1,232,005	5,027,064
MP-1002	髙橋 舜	1,229,174	2,111,151	766,456	1,518,036	5,624,817
MP-1003	伊藤 修平	1,038,239	586,366	6,000,000	2,875,372	14,650,792
MP-1004	斎藤 こころ	1,790,482	45,000	1,111,216	1,204,117	4,150,815
MP-1005	山田 昭子	226,017	2,315,113	2,997,516	2,414,282	7,952,928
MP-1006	岡田 伸夫	1,762,803	573,519	112,609,967	1,277,281	116,223,570
MP-1007	西村 聖良	1,169,512	1,181,792	682,940	2,560,527	5,594,771
MP-1008	大熊 海愛	2,111,105	1,481,439	1,104,665	200,042	4,897,251
MP-1009	田中 孝平	165,464	1,290,644	1,219,116	761,213	3,436,437
累計	合計	9,724,069	11,689,757	11,950,929	14,042,875	47,407,630

4

Alt → T → U → Aキーを押す

セルH3～H4のトレースが削除された。

もう1つ、数式チェックの応用ショートカットキーがこちら！ 数式上でCtrl + [キーを押すと一瞬で「参照元のセル」へ移動できます。動画でも紹介しているのでぜひチェックしてくださいね！

04

行列／目盛線／書式設定

FILE : Chap5-04.xlsx

美しいシートに仕上げるデザインのルール

こんな資料は要改善！資料の見栄えはシンプルに

前年同期比（個人別年間売上）				
氏名	単位	2022年(A)	2023年(B)	前年同期比(B-A)
佐藤 陽介	円	231,273	2,104,733	1,873,460
高橋 舜	円	3,543,391	2,111,151	-1,432,240
伊藤 修平	円	1,038,239	586,366	-451,873
斎藤 ここ	円	1,790,482	-45,000	-1,835,482
山田 昭子	円	226,017	2,315,113	2,089,096
岡田 伸夫	円	1,762,803	573,519	-1,189,284
西村 聖良	円	1,169,512	1,181,792	12,280
大熊 海愛	円	2,111,105	1,481,439	-629,666
田中 孝平	円	165,464	1,290,644	1,125,180
合計	円	12,038,286	11,599,757	-438,529

改善点1：行幅
文字があふれている

改善点2：罫線
すべてのセルを罫線で囲んでいる

Excelのシートは無駄がなくシンプルなデザインのほうが、訴求力が上がります。

▶ ひと手間かけて洗練された見た目に

Excelシートは、見た目がよいほうがいいに決まっていますが、時間をかければいいというわけではありません。行や列、罫線、書式など、項目ごとに見やすいデザインのコツをつかめれば、毎回デザインに時間を費やすことなくスッキリとした資料を作れます。このレッスンでは、時間がない中でも、最低限やっておきたいExcelシートを整える5つのルールをご紹介します。これらを基本として会社独自のデザインを標準化すると、メンバーごとの資料の質のバラつきがなくなり、チーム共有するときの生産性を高められます。

POINT :

1. 「Simple is best！」なデザインを目指す
2. スッキリした表は、情報の訴求力が増す
3. 目盛線、罫線など無駄をカットする

MOVIE :

https://dekiru.net/ytex504

Excelシートを整える5つのルール

1. 行の高さと列の幅を調整する
2. 目盛線は非表示にして、罫線は下だけに引く
3. セルを結合したいときは、[選択範囲の中央揃え]を使う
4. 使わない行や列は非表示にする
5. 数値の表示形式にルールを決める

列幅を自動調整する

前年同期比（個人別年間売上）

氏名	単位	2022年(A)	2023年(B)	前年同期比(B-A)
佐藤 陽介	円	231,273	2,104,733	1,873,460
髙橋 舜	円	3,543,391	2,111,151	-1,432,240
伊藤 修平	円	1,038,239	586,366	-451,873
斎藤 ここ	円	1,790,482	-45,000	-1,835,482
山田 昭子	円	226,017	2,315,113	2,089,096
岡田 伸夫	円	1,762,803	573,519	-1,189,284
西村 聖良	円	1,169,512	1,181,792	12,280
大熊 海愛	円	2,111,105	1,481,439	-629,666
田中 孝平	円	165,464	1,290,644	1,125,180
合計	円	12,038,286	11,599,757	-438,529

表を選択して Alt → H → O → I キーを押す

前年同期比（個人別年間売上）

氏名	単位	2022年(A)	2023年(B)	前年同期比(B-A)
佐藤 陽介	円	231,273	2,104,733	1,873,460
髙橋 舜	円	3,543,391	2,111,151	-1,432,240
伊藤 修平	円	1,038,239	586,366	-451,873
斎藤 こころ	円	1,790,482	-45,000	-1,835,482
山田 昭子	円	226,017	2,315,113	2,089,096
岡田 伸夫	円	1,762,803	573,519	-1,189,284
西村 聖良	円	1,169,512	1,181,792	12,280
大熊 海愛	円	2,111,105	1,481,439	-629,666
田中 孝平	円	165,464	1,290,644	1,125,180
合計	円	12,038,286	11,599,757	-438,529

列幅が自動調整され、文字があふれているセルがなくなった。

CHECK!

[ホーム]タブの[セル]グループの[書式]をクリックして[列幅の自動調整]を選択しても列幅を自動調整できます。

行の高さを「20」に設定する

表を選択して Alt → O → R → E キーを押して「20」と入力

前年同期比（個人別年間売上）

氏名	単位	2022年(A)	2023年(B)	前年同期比(B-A)
佐藤 陽介	円	231,273	2,104,733	1,873,460
高橋 舜	円	3,543,391	2,111,151	-1,432,240
伊藤 修平	円	1,038,239	586,366	-451,873
斎藤 こころ	円	1,790,482	-45,000	-1,835,482
山田 昭子	円	226,017	2,315,113	2,089,096
岡田 伸夫	円	1,762,803	573,519	-1,189,284
西村 聖良	円	1,169,512	1,181,792	12,280
大熊 海愛	円	2,111,105	1,481,439	-629,666
田中 孝平	円	165,464	1,290,644	1,125,180
合計	円	12,038,286	11,599,757	-438,529

行の高さが「20」に調整された。

CHECK!

［ホーム］タブの［セル］グループの［書式］をクリックして［行の高さ］を選択しても［行の高さ］ダイアログボックスを表示できます。

目盛線を非表示にして、罫線を引く

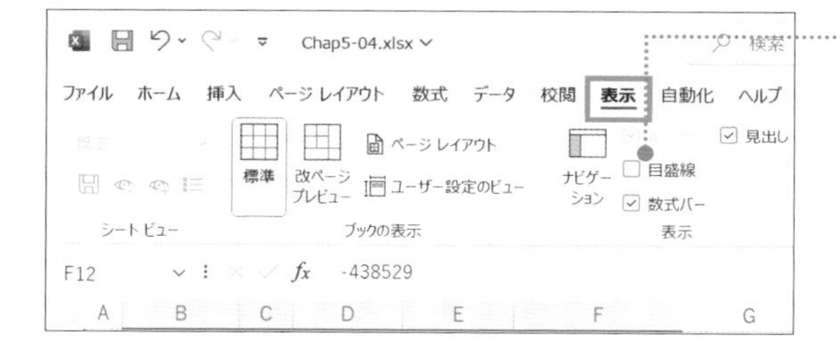

1

［表示］タブの［表示］グループにある［目盛線］をクリックして、チェックマークを外す

前年同期比（個人別年間売上）

氏名	単位	2022年(A)	2023年(B)	前年同期比(B-A)
佐藤 陽介	円	231,273	2,104,733	1,873,460
高橋 舜	円	3,543,391	2,111,151	-1,432,240
伊藤 修平	円	1,038,239	586,366	-451,873
斎藤 こころ	円	1,790,482	-45,000	-1,835,482
山田 昭子	円	226,017	2,315,113	2,089,096
岡田 伸夫	円	1,762,803	573,519	-1,189,284
西村 聖良	円	1,169,512	1,181,792	12,280
大熊 海愛	円	2,111,105	1,481,439	-629,666
田中 孝平	円	165,464	1,290,644	1,125,180
合計	円	12,038,286	11,599,757	-438,529

目盛線が非表示になった。

2

表を選択して Ctrl + 1 キーを押す

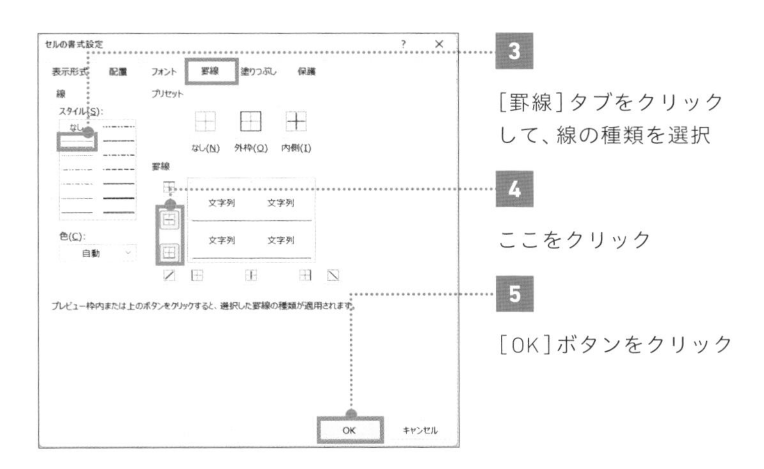

3

[罫線]タブをクリックして、線の種類を選択

4

ここをクリック

5

[OK]ボタンをクリック

	A	B	C	D	E	F	G
1		前年同期比（個人別年間売上）					
2		氏名	単位	2022年(A)	2023年(B)	前年同期比(B-A)	
3		佐藤 陽介	円	231,273	2,104,733	1,873,460	
4		高橋 舜	円	3,543,391	2,111,151	-1,432,240	
5		伊藤 修平	円	1,038,239	586,366	-451,873	
6		斎藤 こころ	円	1,790,482	-45,000	-1,835,482	
7		山田 昭子	円	226,017	2,315,113	2,089,096	
8		岡田 伸夫	円	1,762,803	573,519	-1,189,284	
9		西村 聖良	円	1,169,512	1,181,792	12,280	
10		大熊 海愛	円	2,111,105	1,481,439	-629,666	
11		田中 孝平	円	165,464	1,290,644	1,125,180	
12		合計	円	12,038,286	11,599,757	-438,529	

セルの下だけに罫線が引かれた。

CHECK!

罫線のデザインに正解はないのですが、私はセルの下だけに点線を引きます。

▶ 使わない行・列は非表示にする

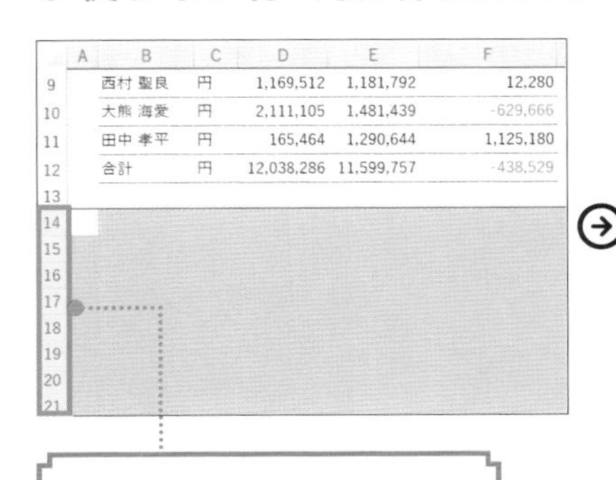

	A	B	C	D	E	F
9		西村 聖良	円	1,169,512	1,181,792	12,280
10		大熊 海愛	円	2,111,105	1,481,439	-629,666
11		田中 孝平	円	165,464	1,290,644	1,125,180
12		合計	円	12,038,286	11,599,757	-438,529
13						
14						
15						
16						
17						
18						
19						
20						
21						

14行目以降を選択して、Ctrl + 9 キーを押す

	A	B	C	D	E	F
9		西村 聖良	円	1,169,512	1,181,792	12,280
10		大熊 海愛	円	2,111,105	1,481,439	-629,666
11		田中 孝平	円	165,464	1,290,644	1,125,180
12		合計	円	12,038,286	11,599,757	-438,529
13						

15行目以降が非表示になった。列を非表示にするときは Ctrl + 0 キーを押す。

数値の書式ルールを決めておこう

数値の書式には、ルールを決めておくことをおすすめします。私の場合は、前年同期比や前月比のデータを分析する機会が多かったので、「実績値」と「実績値の差」で数値の見た目を変えていました。

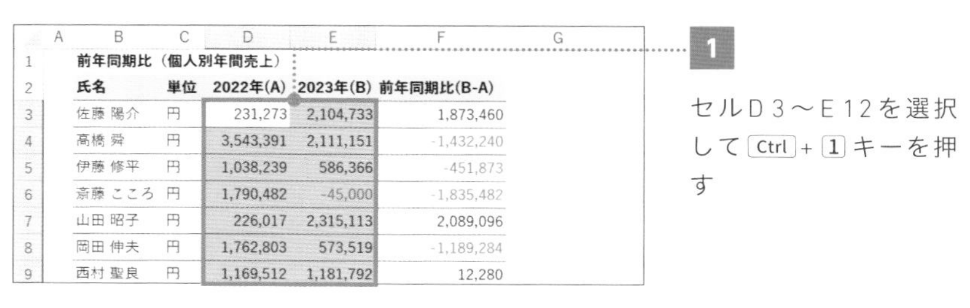

	A	B	C	D	E	F	G
1		前年同期比（個人別年間売上）					
2		氏名	単位	2022年(A)	2023年(B)	前年同期比(B-A)	
3		佐藤 陽介	円	231,273	2,104,733	1,873,460	
4		高橋 舜	円	3,543,391	2,111,151	-1,432,240	
5		伊藤 修平	円	1,038,239	586,366	-451,873	
6		斎藤 こころ	円	1,790,482	-45,000	-1,835,482	
7		山田 昭子	円	226,017	2,315,113	2,089,096	
8		岡田 伸夫	円	1,762,803	573,519	-1,189,284	
9		西村 聖良	円	1,169,512	1,181,792	12,280	

1

セルD3～E12を選択して Ctrl + 1 キーを押す

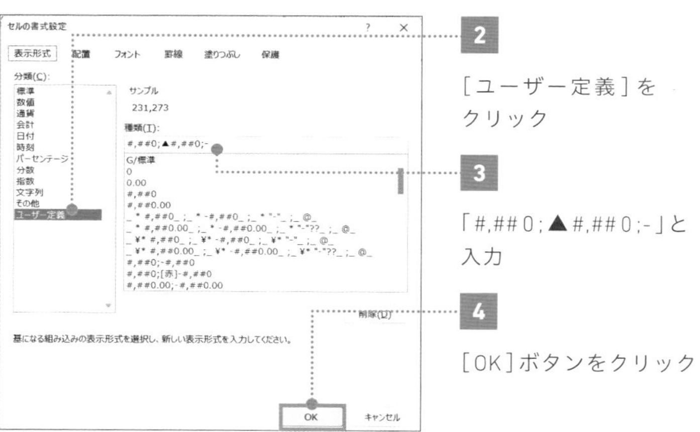

2

［ユーザー定義］をクリック

3

「#,##0;▲#,##0;-」と入力

4

［OK］ボタンをクリック

	A	B	C	D	E	F	G
1		前年同期比（個人別年間売上）					
2		氏名	単位	2022年(A)	2023年(B)	前年同期比(B-A)	
3		佐藤 陽介	円	231,273	2,104,733	1,873,460	
4		高橋 舜	円	3,543,391	2,111,151	-1,432,240	
5		伊藤 修平	円	1,038,239	586,366	-451,873	
6		斎藤 こころ	円	1,790,482	▲45,000	-1,835,482	
7		山田 昭子	円	226,017	2,315,113	2,089,096	
8		岡田 伸夫	円	1,762,803	573,519	-1,189,284	
9		西村 聖良	円	1,169,512	1,181,792	12,280	
10		大熊 海愛	円	2,111,105	1,481,439	-629,666	
11		田中 孝平	円	165,464	1,290,644	1,125,180	
12		合計	円	12,038,286	11,599,757	-438,529	
13							

正の値（100）、負の値（▲100）に書式を設定できた。

CHECK!

もし「0」の売上があれば、「-」が表示されます。

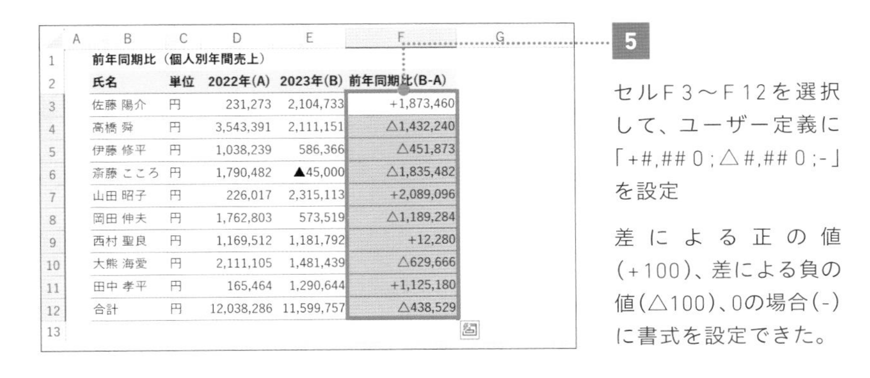

	A	B	C	D	E	F	G
1		前年同期比（個人別年間売上）					
2		氏名	単位	2022年(A)	2023年(B)	前年同期比(B-A)	
3		佐藤 陽介	円	231,273	2,104,733	+1,873,460	
4		高橋 舜	円	3,543,391	2,111,151	△1,432,240	
5		伊藤 修平	円	1,038,239	586,366	△451,873	
6		斎藤 こころ	円	1,790,482	▲45,000	△1,835,482	
7		山田 昭子	円	226,017	2,315,113	+2,089,096	
8		岡田 伸夫	円	1,762,803	573,519	△1,189,284	
9		西村 聖良	円	1,169,512	1,181,792	+12,280	
10		大熊 海愛	円	2,111,105	1,481,439	△629,666	
11		田中 孝平	円	165,464	1,290,644	+1,125,180	
12		合計	円	12,038,286	11,599,757	△438,529	
13							

5

セルF3～F12を選択して、ユーザー定義に「+#,##0;△#,##0;-」を設定

差による正の値(+100)、差による負の値(△100)、0の場合(-)に書式を設定できた。

正の値、負の値、「0」に異なる書式を設定するには、セミコロン「;」で区切って条件を記します。最初は正の値、次に「;」で区切って負の値、最後に「;」で区切って「0」の書式を設定します。

・書式記号 ································ P.033

理解を深めるHINT

複数セルの中央に文字を配置したい

1つのセルではなく、複数のセルの中央にデータを配置したいときは、下の手順を参考に[選択範囲内で中央]を設定しましょう。セル結合でも中央揃えは可能ですが、データベース形式の表として機能させるために、なるべくセルは結合しないようにしましょう。

	A	B	C	D	E	F	G
1		前年同期比（個人別年間売上）					
2		氏名	単位	2022年(A)	2023年(B)	前年同期比(B-A)	
3		佐藤 陽介	円	231,273	2,104,733	+1,873,460	
4		高橋 舜	円	3,543,391	2,111,151	△1,432,240	
5		伊藤 修平	円	1,038,239	586,366	△451,873	

1

セルB1～F1を選択してCtrl+1キーを押す

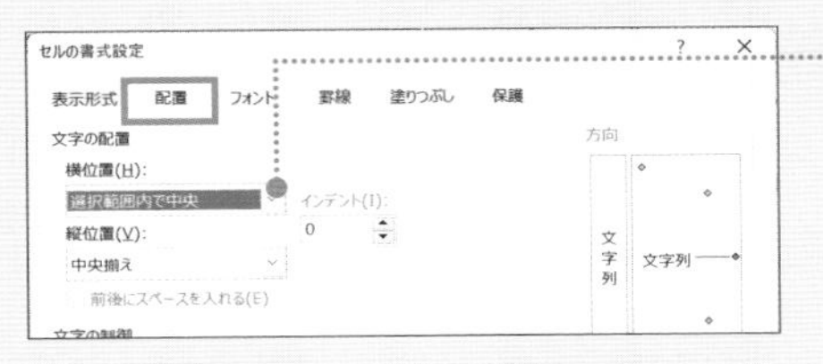

2

[配置]タブのここをクリックして[選択範囲内で中央]を選択

05

データの入力規則

FILE：Chap5-05.xlsx

入力ミスを直ちに見つける仕組みを作ろう

入力できる文字を制限して、ミスを防ごう！

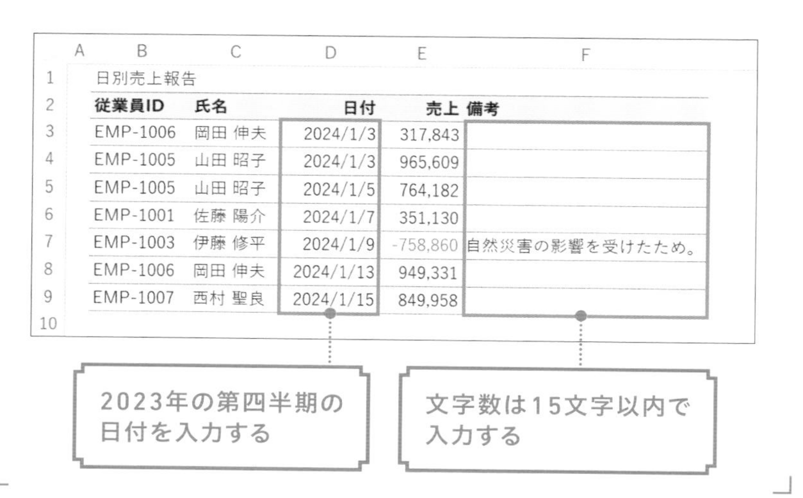

日別売上報告

従業員ID	氏名	日付	売上	備考
EMP-1006	岡田 伸夫	2024/1/3	317,843	
EMP-1005	山田 昭子	2024/1/3	965,609	
EMP-1005	山田 昭子	2024/1/5	764,182	
EMP-1001	佐藤 陽介	2024/1/7	351,130	
EMP-1003	伊藤 修平	2024/1/9	-758,860	自然災害の影響を受けたため。
EMP-1006	岡田 伸夫	2024/1/13	949,331	
EMP-1007	西村 聖良	2024/1/15	849,958	

複数人で入力するときは入力規則をセルに仕込む

誤入力を防ぐ仕組みとして有能なのが、データの入力規則です。ここでは現場でよく使う、文字列の長さと日付データの期間を制御する方法を紹介します。実務では四半期ごとにデータを集める機会が多いので、日付のデータ入力欄には、該当四半期のデータのみを入力できるように入力規則を設定しておくといいでしょう。もし入力規則に反する値が入力された場合、エラーメッセージを返すことができます。何を入力してもらいたいか、あらかじめエラーメッセージを設定しておくと、とても親切なExcelファイルができあがります。

POINT：

1 入力できる文字を制限して効率化を図る

2 入力できるデータの文字数や期間を設定できる

3 間違ったデータを入力したときにエラーを表示させる

MOVIE：

https://dekiru.net/ytex505

入力できる文字列を15文字以下に設定する

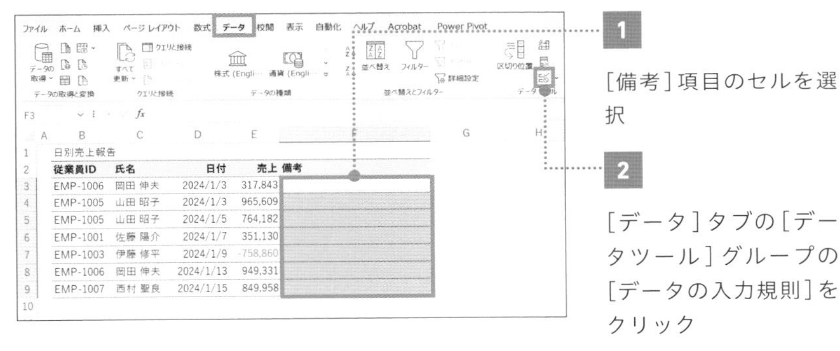

1 [備考]項目のセルを選択

2 [データ]タブの[データツール]グループの[データの入力規則]をクリック

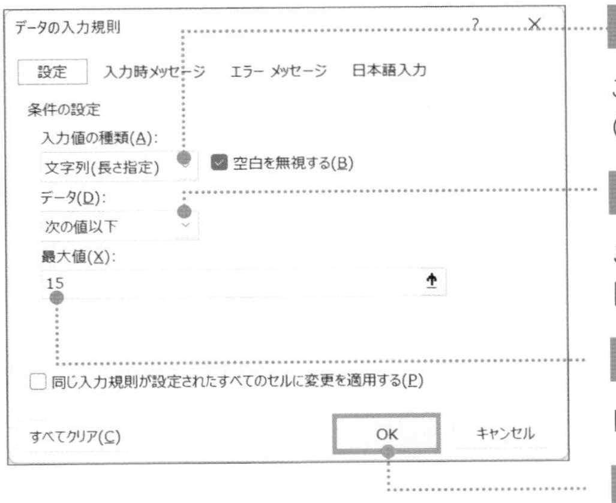

3 ここをクリックして[文字列(長さ指定)]を選択

4 ここをクリックして[次の値以下]を選択

5 「15」と入力

6 [OK]ボタンをクリック

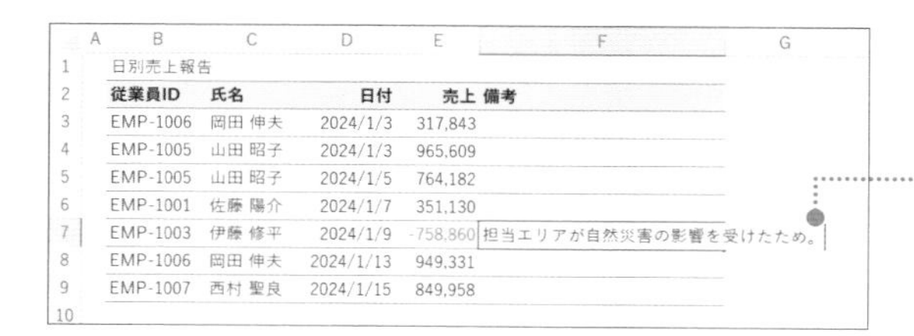

	A	B	C	D	E	F
1		日別売上報告				
2		従業員ID	氏名	日付	売上	備考
3		EMP-1006	岡田 伸夫	2024/1/3	317,843	
4		EMP-1005	山田 昭子	2024/1/3	965,609	
5		EMP-1005	山田 昭子	2024/1/5	764,182	
6		EMP-1001	佐藤 陽介	2024/1/7	351,130	
7		EMP-1003	伊藤 修平	2024/1/9	-758,860	担当エリアが自然災害の影響を受けたため。
8		EMP-1006	岡田 伸夫	2024/1/13	949,331	
9		EMP-1007	西村 聖良	2024/1/15	849,958	
10						

[備考]項目に入力規則が設定できた。

7

セルF7に15文字以上の文字を入力

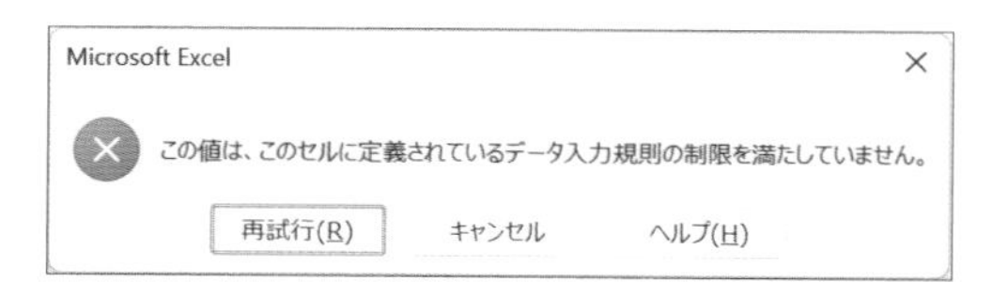

エラーメッセージが表示された。

[再試行]をクリックするとデータを入力し直せて、[キャンセル]をクリックすると入力を中止できます。

入力できる日付を設定する

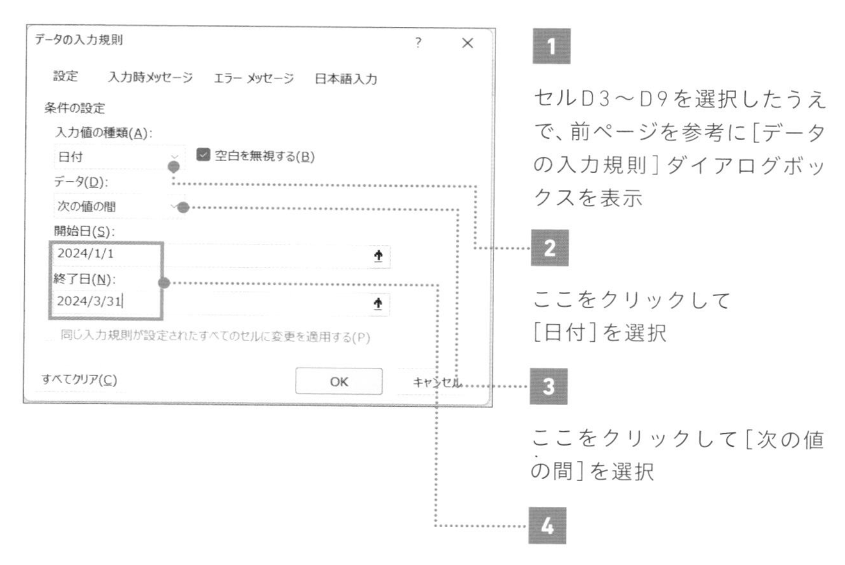

1

セルD3～D9を選択したうえで、前ページを参考に[データの入力規則]ダイアログボックスを表示

2

ここをクリックして[日付]を選択

3

ここをクリックして[次の値の間]を選択

4

開始日に「2024/1/1」、終了日に「2024/3/31」と入力

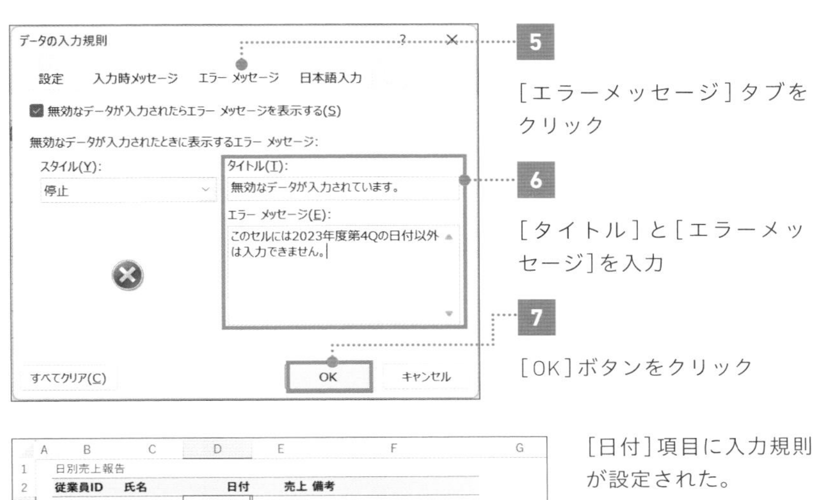

5 [エラーメッセージ]タブをクリック

6 [タイトル]と[エラーメッセージ]を入力

7 [OK]ボタンをクリック

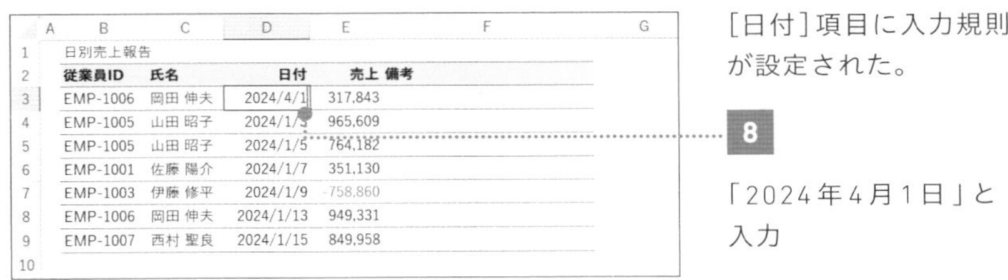

	A	B	C	D	E	F	G
1		日別売上報告					
2		従業員ID	氏名	日付	売上	備考	
3		EMP-1006	岡田 伸夫	2024/4/1	317,843		
4		EMP-1005	山田 昭子	2024/1/3	965,609		
5		EMP-1005	山田 昭子	2024/1/5	764,182		
6		EMP-1001	佐藤 陽介	2024/1/7	351,130		
7		EMP-1003	伊藤 修平	2024/1/9	-758,860		
8		EMP-1006	岡田 伸夫	2024/1/13	949,331		
9		EMP-1007	西村 聖良	2024/1/15	849,958		
10							

[日付]項目に入力規則が設定された。

8 「2024年4月1日」と入力

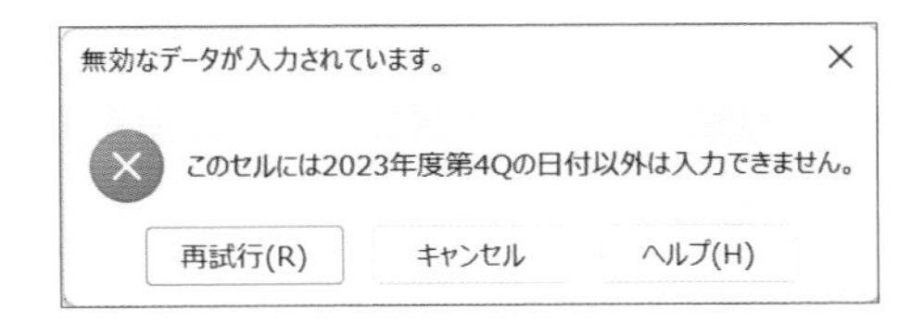

手順6で設定したタイトルとエラーメッセージが表示された。

理解を深めるHINT

セルごとに入力モードを自動的に切り替えられる

商品名や日付、金額などさまざまなデータを入力するとき、入力モードを切り替えながら入力するのは大変な手間です。そんなときは、[データの入力規則]ダイアログボックスの[日本語入力]タブで入力モードを設定してみましょう。入力時に入力モードが自動的に切り替わり、効率よく入力できます。

06

条件付き書式

FILE：Chap5-06.xlsx

セルに書式を設定して入力漏れを防ぐ工夫を！

BEFORE

D	E	F
日付	売上	備考
2022/10/18	317,843	
2022/10/19	965,609	
2022/10/19	764,182	
2022/10/19	351,130	
2022/10/20	▲758,860	
2022/10/20	949,331	
2022/10/20	849,958	
2022/10/24	-	
2022/10/24	213,400	

隣のセルが0かマイナスの場合だけ備考欄を入力してほしい

AFTER

D	E	F
日付	売上	備考
2022/10/18	317,843	
2022/10/19	965,609	
2022/10/19	764,182	
2022/10/19	351,130	
2022/10/20	▲758,860	
2022/10/20	949,331	
2022/10/20	849,958	
2022/10/24	-	
2022/10/24	213,400	

入力が不要なセルは灰色にする

色の効果を使って入力漏れを防ぐ

データの入力漏れを防ぐという観点で、条件付き書式を使えるようになりましょう。条件付き書式とは、ある条件を満たした任意のセルの書式を変えられる機能です。たとえば、「入力しないでいいセルは灰色」「入力してほしいセルは白色」といった設定もできます。初めてそのシートを見た人にも「白色のセルには何か入力しなければいけないんだ」と気づいてもらえるはずです。また、条件付き書式は、「100％以上の値を太字にする」「トップ5だけ色を付ける」などアピールしたい数値を目立たせたいときにも便利です。

POINT：

1 データの入力場所をわかりやすくしてミスを防ぐ

2 セルに色を付けて、入力すべき個所を視覚的に伝える

3 条件付き書式は、条件に合ったセルだけに色を付けられる

MOVIE：

https://dekiru.net/ytex506

▶ 売上がプラスのときだけ[備考]に色を付ける

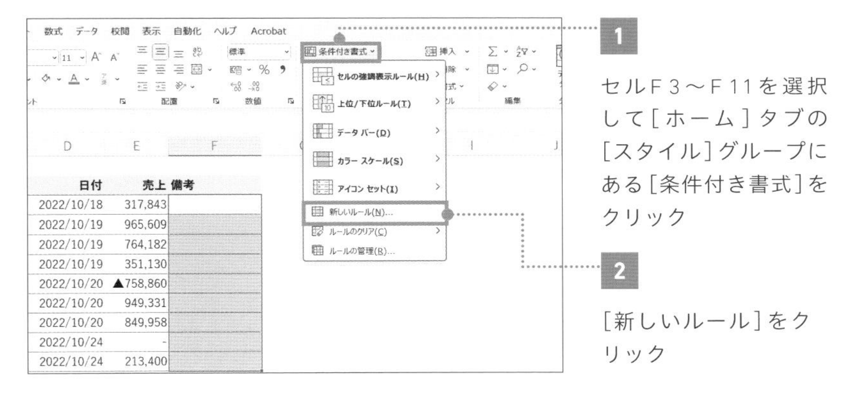

1

セルF3～F11を選択して[ホーム]タブの[スタイル]グループにある[条件付き書式]をクリック

2

[新しいルール]をクリック

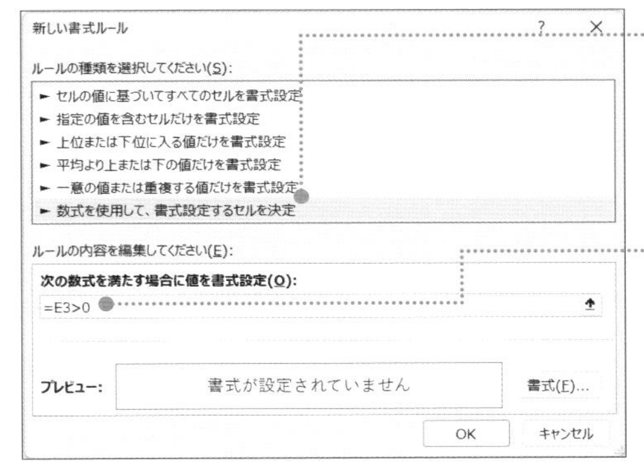

3

[数式を使用して、書式設定するセルを決定]をクリック

4

「=E3>0」と入力

CHECK!

↑をクリックして、数式を参照しながら入力するとき、入力欄で矢印キーを押すと意図しないセル番号が設定されます。これを回避するには、F2キーを押して入力モードから編集モードに切り変えてみましょう。

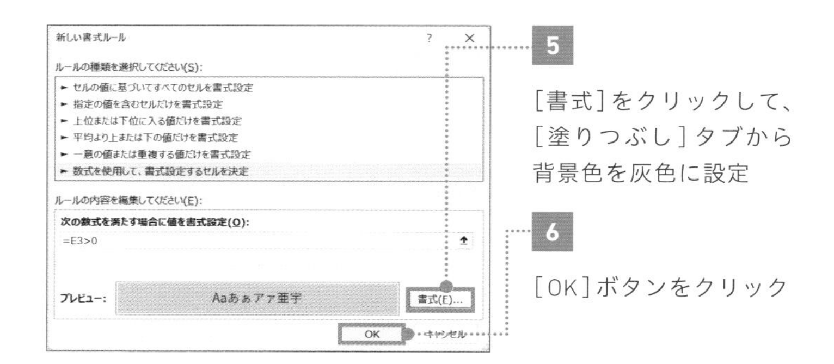

5

[書式]をクリックして、[塗りつぶし]タブから背景色を灰色に設定

6

[OK]ボタンをクリック

	A	B	C	D	E	F
1		日別売上報告表				
2		従業員ID	氏名	日付	売上	備考
3		EMP-1006	岡田 伸夫	2022/10/18	317,843	
4		EMP-1005	山田 昭子	2022/10/19	965,609	
5		EMP-1005	山田 昭子	2022/10/19	764,182	
6		EMP-1005	山田 昭子	2022/10/19	351,130	
7		EMP-1003	伊藤 修平	2022/10/20	▲758,860	
8		EMP-1005	山田 昭子	2022/10/20	949,331	
9		EMP-1007	西村 聖良	2022/10/20	849,958	
10		EMP-1005	山田 昭子	2022/10/24	-	
11		EMP-1002	高橋 舜	2022/10/24	213,400	

E列の売上がプラスのときは[備考]項目が灰色に設定された。

ルールの数式には「=」を入力し、91ページで紹介した「〇〇記号××」の原則で条件を指定するのがポイントです。

理解を深めるHINT

条件に合った「行」を塗りつぶすには

上のケースでは条件に合ったセルを塗りつぶしましたが、行を塗りつぶしたいときは、表全体を選択して操作4で「=$E3>0」と入力しましょう。E列に判断の基準となるセルがあるので列のみ絶対参照で指定します。

	A	B	C	D	E	F	G
1		日別売上報告表					
2		従業員ID	氏名	日付	売上	備考	
3		EMP-1006	岡田 伸夫	2022/10/18	317,843		
4		EMP-1005	山田 昭子	2022/10/19	965,609		
5		EMP-1005	山田 昭子	2022/10/19	764,182		
6		EMP-1005	山田 昭子	2022/10/19	351,130		
7		EMP-1003	伊藤 修平	2022/10/20	▲758,860		
8		EMP-1005	山田 昭子	2022/10/20	949,331		

E列の売上がプラスのときは行全体が灰色に設定された。

理解を深めるHINT

注目すべき数値を目立たせて、売上表をもっとわかりやすく!

このレッスンでは、チームでシェアするときに便利という切り口で条件付き書式を紹介しましたが、数値の差を簡単に目立たせたいときにも便利です。[新しいルール]から数式で設定してもいいですし、[条件付き書式]ボタンの一覧にある「データバー」「カラースケール」「アイコンセット」を使って、簡単にメリハリを付けるのもいいでしょう。

氏名	日付	売上	備考
岡田 伸夫	2022/10/18	317,843	
山田 昭子	2022/10/19	965,609	
山田 昭子	2022/10/19	764,182	
山田 昭子	2022/10/19	351,130	
伊藤 修平	2022/10/20	▲758,860	
山田 昭子	2022/10/20	949,331	
西村 聖良	2022/10/20	849,958	
山田 昭子	2022/10/24	-	
高橋 舜	2022/10/24	213,400	

データバー
値の大小を棒グラフのように表示できる

氏名	日付	売上	備考
岡田 伸夫	2022/10/18	317,843	
山田 昭子	2022/10/19	965,609	
山田 昭子	2022/10/19	764,182	
山田 昭子	2022/10/19	351,130	
伊藤 修平	2022/10/20	▲758,860	
山田 昭子	2022/10/20	949,331	
西村 聖良	2022/10/20	849,958	
山田 昭子	2022/10/24	-	
高橋 舜	2022/10/24	213,400	

カラースケール
値の大小を複数の色分けで表示できる

氏名	日付	売上	備考
岡田 伸夫	2022/10/18	➡ 317,843	
山田 昭子	2022/10/19	⬆ 965,609	
山田 昭子	2022/10/19	⬆ 764,182	
山田 昭子	2022/10/19	➡ 351,130	
伊藤 修平	2022/10/20	⬇ ▲758,860	
山田 昭子	2022/10/20	⬆ 949,331	
西村 聖良	2022/10/20	⬆ 849,958	
山田 昭子	2022/10/24	➡ -	
高橋 舜	2022/10/24	➡ 213,400	

アイコンセット
値の大小を複数のアイコンで区別できる

07

FILE：Chap5-07.xlsx

シートの保護／ブックの保護

誤ったデータの削除や数式の書き換えを防ぐ

入力欄のセルだけ編集可能にしよう！

2024年度 個人別営業成績

氏名	単位	2024/1Q	2024/2Q	2024/3Q	2024/4Q	2024年累計
佐藤 陽介	百万円	27	39	23		90
高橋 舜	百万円	31	7	22		59
伊藤 修平	百万円	19	▲ 34	▲ 39		▲ 54
斎藤 こころ	百万円	37	7	3		48
山田 昭子	百万円	8	34	20		62
岡田 伸夫	百万円	26	39	2		67
		20	16	39		76
		11	19	33		62
		9	▲ 35	17		▲ 9
		189	92	121	-	402

[シートの保護]を設定
シートの編集ができなくなり、誤操作で内容が書き換えられることを防ぐ

[セルのロック]を解除
第三者に入力をお願いする個所だけセルのロックを解除して、入力できるようにする

▶ 書き換えてほしくない場所を意思表示する

入力誤りを防ぐための入力規則や、入力漏れを防ぐための条件付き書式を学んできましたが、もう1つ、データの書き換えを防ぐための[シートの保護]をマスターしましょう。この機能を用いると、余計なデータが入力されたり、大事な行や列が削除されたりといった誤操作を避けられます。

さらに、第三者に共有するときに関係者以外には見られたくないというブックには、[パスワードを使用して暗号化]を設定しておきましょう。パスワードを知っている人だけがブックを開けるようになります。

POINT：

1 編集されたくないセルは[シートの保護]で守る

2 第三者が入力を行う個所は[セルのロック]を解除する

3 重要なファイルにはブックにパスワードを設定しよう

MOVIE：

https://dekiru.net/ytex507

一部のセルだけを編集できるようにする

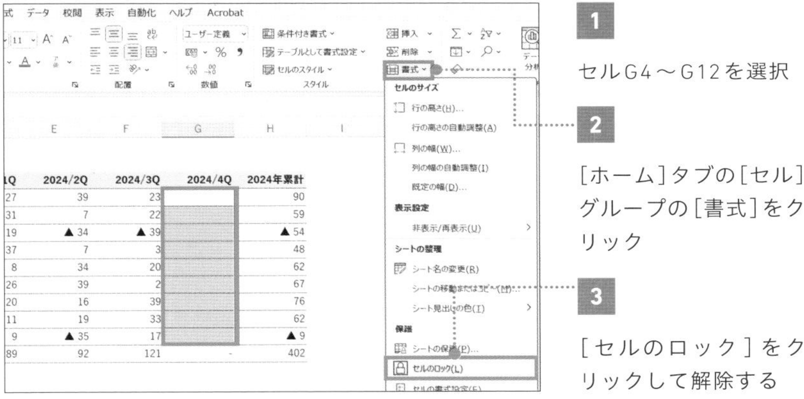

1

セルG4～G12を選択

2

[ホーム]タブの[セル]グループの[書式]をクリック

3

[セルのロック]をクリックして解除する

選択したセルのロックが解除された。

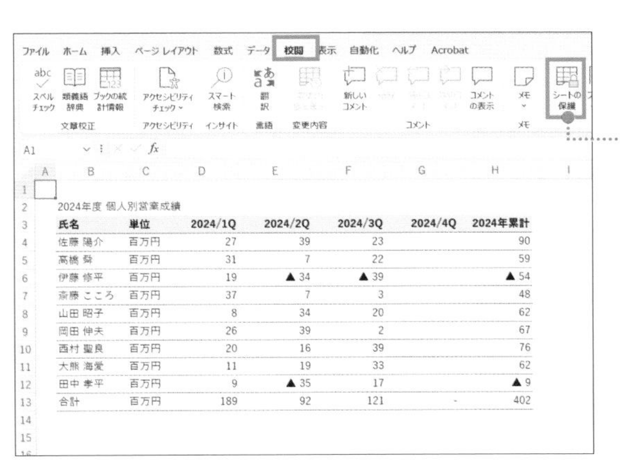

4

[校閲]タブの[保護]グループの[シートの保護]をクリック

CHECK!

[シートの保護]を設定する前に、入力欄のセルだけ先に、[セルのロック]を解除しておくのがポイントです。

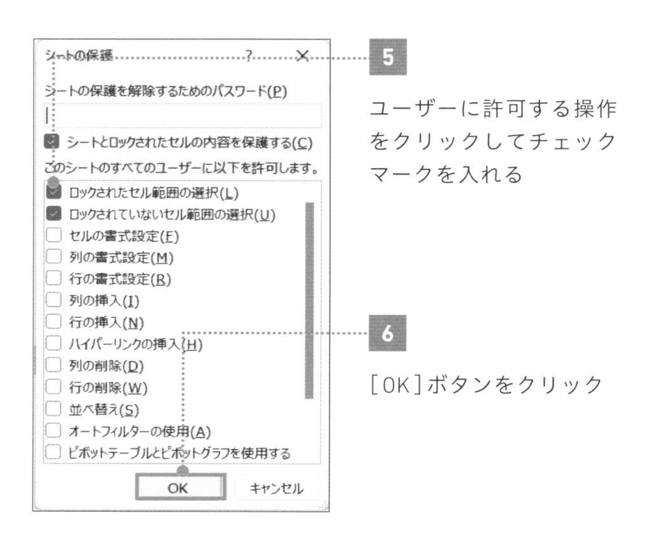

5 ユーザーに許可する操作をクリックしてチェックマークを入れる

6 [OK]ボタンをクリック

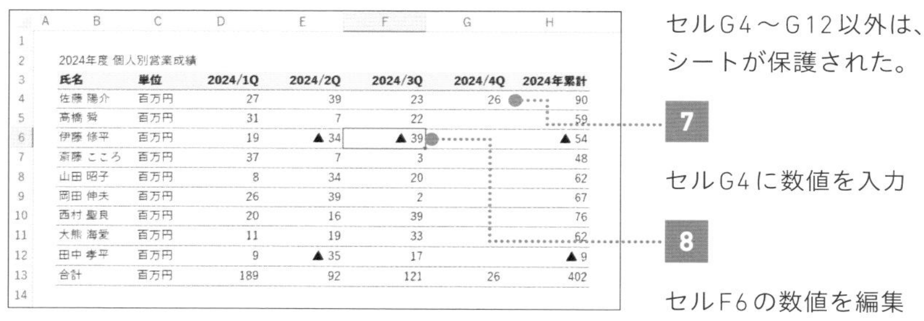

2024年度 個人別営業成績

氏名	単位	2024/1Q	2024/2Q	2024/3Q	2024/4Q	2024年累計
佐藤 陽介	百万円	27	39	23	26	90
高橋 舜	百万円	31	7	22		59
伊藤 修平	百万円	19	▲34	▲39		▲54
斎藤 こころ	百万円	37	7	3		48
山田 昭子	百万円	8	34	20		62
岡田 伸夫	百万円	26	39	2		67
西村 聖良	百万円	20	16	39		76
大熊 海愛	百万円	11	19	33		62
田中 孝平	百万円	9	▲35	17		▲9
合計	百万円	189	92	121	26	402

セルG4～G12以外は、シートが保護された。

7 セルG4に数値を入力

8 セルF6の数値を編集

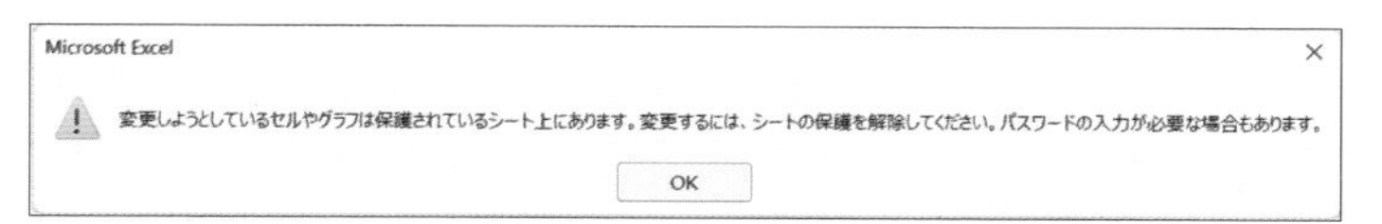

セルF6を編集しようとするとメッセージが表示される。

[校閲]タブの[変更]グループにある[シート保護の解除]ボタンをクリックすると、シートの保護が解除されます。なお、[シートの保護]ダイアログボックスでパスワードを設定しておくと、パスワードを知っている人だけしか解除できないので安心です。

ブックにパスワードを設定する

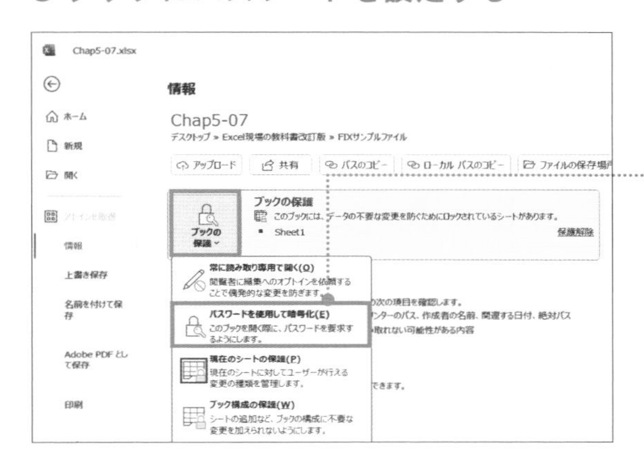

［ファイル］タブの［情報］画面を表示しておく。

1

［ブックの保護］の［パスワードを使用して暗号化］をクリック

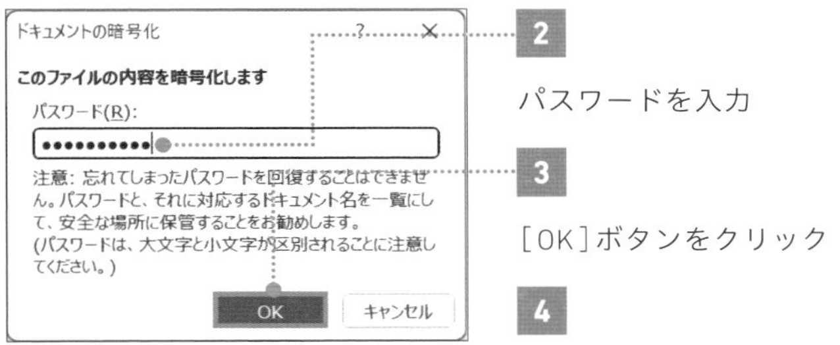

2

パスワードを入力

3

［OK］ボタンをクリック

4

パスワードの確認画面で
パスワードを再入力

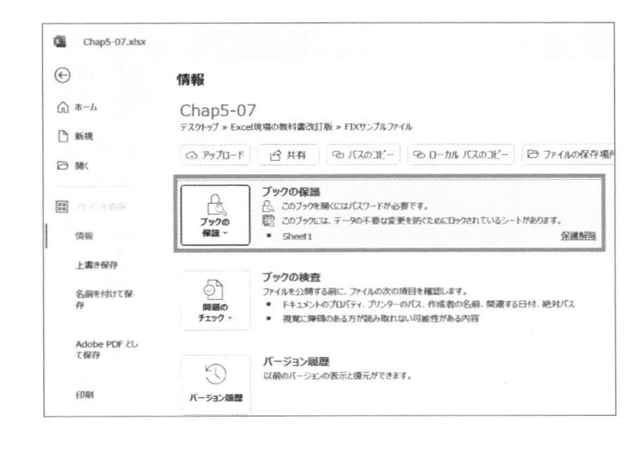

パスワードが設定され、「このブックを開くにはパスワードが必要です」と表示された。

CHECK!

パスワードを解除するには再度［パスワードを使用して暗号化］をクリックしてパスワードを削除し、ブックを上書き保存します。

08

FILE：Chap5-08.xlsx

印刷／フッター

印刷設定を工夫して見やすい資料に仕上げる

印刷イメージを確認してからシェアしよう！

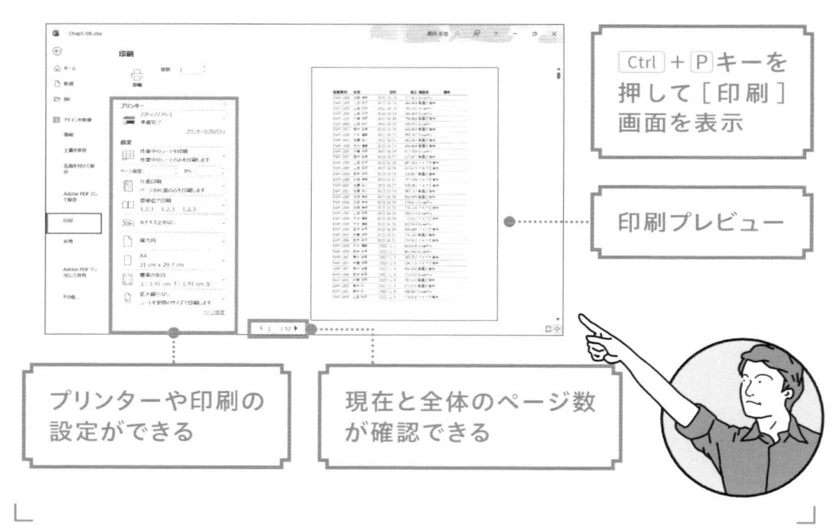

誰が見ても見やすい配付資料を心掛ける

Excelシートは、紙に印刷して共有することも多々あります。会議の資料として配付したり、各部署に捺印して回覧したりする資料もあります。そこで大切なことは、「気が利いているかどうか」です。

「表が途切れている」「データが#####となっていた」といった資料を作って相手にストレスを与えないためにも、必ず印刷前に印刷プレビューを確認してください。ここでは、大きな表を印刷する例で、各ページに見出しやページ番号を付けるなど、気の利いた印刷の設定技を紹介します。

POINT：

1 すべての「列」を1ページに収めよう

2 2ページ目以降にも、表の見出しを設定する

3 ヘッダーまたはフッターに、ページ番号を挿入する

MOVIE：

https://dekiru.net/ytex508

▶ 1列分はみ出した表を収める（改ページプレビュー）

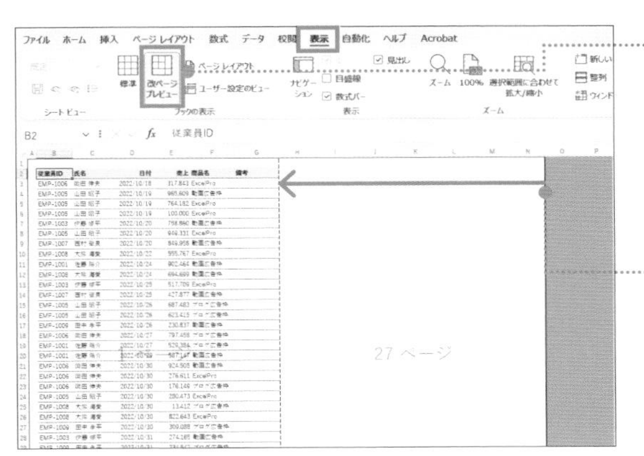

1

［表示］タブの［ブックの表示］グループにある［改ページプレビュー］をクリック

2

ページの区切り線にマウスポインターを合わせて、G列までドラッグ

印刷する範囲が変更された。

CHECK!

元の表示に切り替えたいときは［表示］タブの［標準］ボタンをクリックしましょう。

少し表がはみ出しているときは、［印刷］画面にある［拡大縮小なし］から［すべての列を1ページに印刷］を選択しても収められます。

すべてのページに行見出しを印刷する

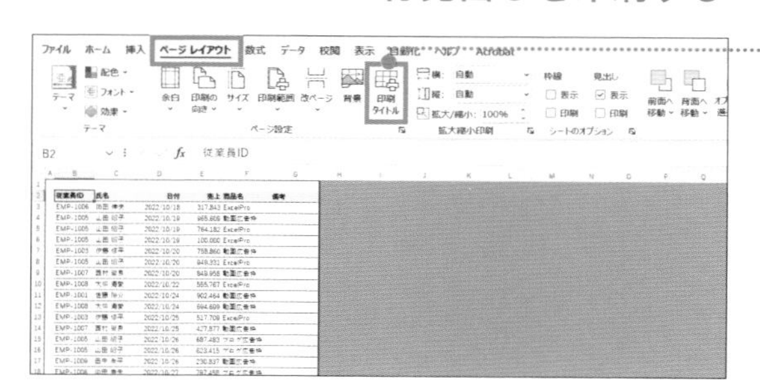

1 ［ページレイアウト］タブにある［ページ設定］グループの［印刷タイトル］をクリック

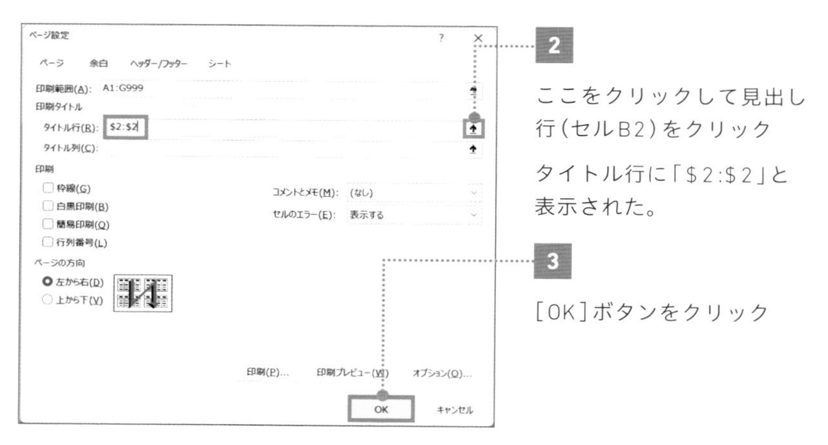

2 ここをクリックして見出し行（セルB2）をクリック

タイトル行に「$2:$2」と表示された。

3 ［OK］ボタンをクリック

1ページ目

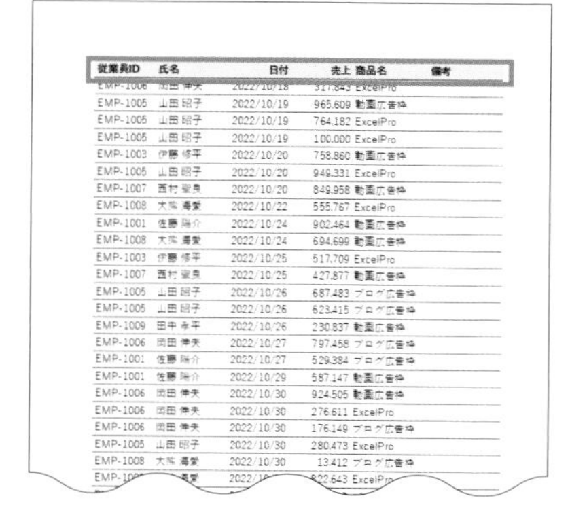

2ページ目

すべてのページに見出しが設定されたことを印刷プレビューで確認しておく。

ページ番号をフッターに挿入する(ページレイアウトビュー)

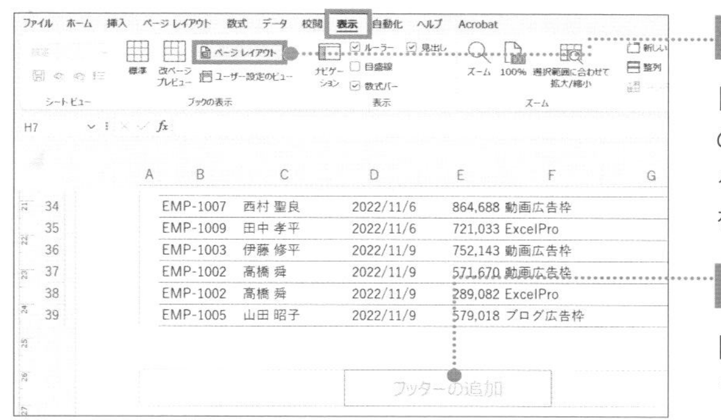

1

[表示]タブの[ブックの表示]グループにある[ページレイアウト]をクリック

2

[フッターの追加]をクリック

3

[ヘッダーとフッター]タブの[ヘッダー/フッター要素]グループにある[ページ番号]をクリック

フッターにページ番号が表示された。

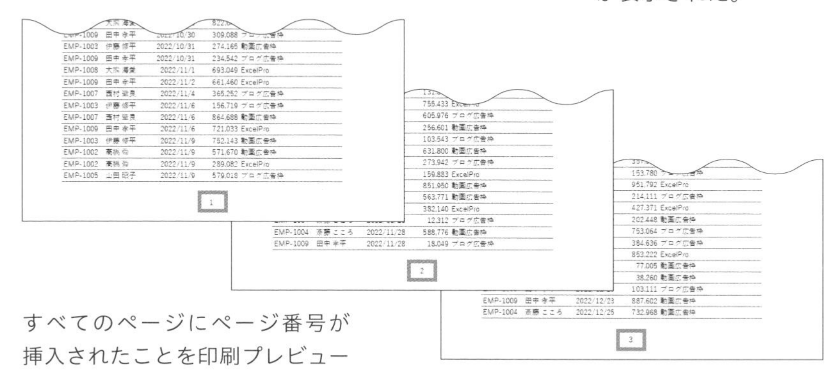

すべてのページにページ番号が挿入されたことを印刷プレビューで確認しておく。

次の章では現代人の必須スキル、
生成AIの活用法を紹介します!

COLUMN

Excel VBA(マクロ)を学ぶことが、より重要な時代に。

新しいテクノロジーが次々に生まれる現代において、Excelユーザーである私たちも、これまでと同じような働き方をしていればいいという時代は終わりました。私は、Excel VBA(Excelのプログラミング言語)を学ぶ重要度が飛躍的に高まっていると感じています。それは、現場実務に新たなトレンド「RPA(Robotic Process Automation)」の波が押し寄せているからです。RPAとは、オフィス業務を自動化するテクノロジーの総称ですが、たとえば、Excelで集計したデータをメールで送るというような作業を自動実行してくれるような技術を指します。私たちの仕事を楽にしてくれる一方で、これまでと同じ働き方をしていると、いつの間にか仕事がなくなる時代に突入しているのです。

では、私たち個人はどうすればいいか。本書の読者におすすめするのは、Excel VBAを学び「プログラミングの基礎知識」を身につけることです。プログラミングと聞くと拒絶反応が起こる気持ちはわかります。しかし、ビジネスマンにとって重要なのは、エンジニアのようなコーディング力ではなく、ロボットがわかるよう業務を構造化できる発想力です。そのため、Excelという身近なツールを最大限に利用し、変数や条件分岐、繰り返し構文といった「プログラミングの基礎知識」を身につけることによって、RPAロボットのメリットを最大限に享受する、新しい時代の働き方を手に入れられると考えています。

学びの歩みを止めてはいけません。変わりゆく時代だからこそ、さまざまなことに挑戦し、人生の選択肢を増やしましょう。ここからが本番です。私も、本書「できるYouTuber式 Excel 現場の教科書」をマスターした皆様の次のステップを応援するべく、現場の働き方を変えるさまざまな教育コンテンツをYouTubeやExcelProといった媒体を通じて発信していきます。

これからも一緒に、よりよい働き方を目指していきましょう!

CHAPTER 6

ChatGPTでExcel仕事をさらに効率化する

01

AI活用

ChatGPTでExcel業務を強化しよう

ChatGPT for Excelで、Excelの可能性を広げる！

活用法①

セル参照を使ったテキスト生成 ➔ 242ページ

活用法②

わからない関数の使い方を聞く ➔ 246ページ

活用法③

長く複雑な数式をシンプルで簡潔に直す ➔ 250ページ

ChatGPTのテキスト生成とExcelを組み合わせて利用する

さて「ChatGPT」は聞いたことがある方も多いのではないでしょうか。いわゆるテキスト生成AIとして名を馳せたツールですね。日本語や英語などの自然言語で質問をすると、その質問に対して、まるで人間が答えているような自然な回答をしてくれます。このテキスト生成AIの挙動をExcelの中で実現できるのが「ChatGPT for Excel」です。「ChatGPTに直接聞くほうが簡単なのに、なぜわざわざExcel内でChatGPTを使うのか」と思う方もいるかもしれません。ここでの学びのポイントは、セル参照との合わせ技で、ChatGPT for Excelは大きな力を発揮するということです。使い方の工夫次第では、かつて数時間かけていたリサーチ業務や、メール作成業務などを、一気に簡略

POINT：

1 ChatGPTは
テキスト生成が得意なAI

2 ChatGPT for Excelを使うと
Excel内でテキスト生成を行える

3 Excel関数に関する疑問も
ChatGPTで解決できる

化できます。また、Excel関数に関する疑問もChatGPTを活用することで簡単に解決できます。それでは一緒に学びを深めていきましょう！

ChatGPT for Excelは利用量に応じて、ChatGPT APIの従量課金で料金が発生することに注意しましょう。

理解を深めるHINT

AIツールの利用に慣れておこう

AIを用いた業務効率化に大きな期待が寄せられています。Microsoft 365の利用者にとっては「Copilot（コパイロット）」がAIツールの本丸といわれていますが、執筆時点ではMicrosoft 365のプレビュー版や法人向けプランでしか利用できません。しかし、Microsoftは今後あらゆるプロダクトにこのAI機能を実装しようとしています。本章では、そんなCopilotの未来に備えた予行演習として「ChatGPT for Excel」というExcelの新機能と「ChatGPT」というツールをExcel業務の中でいかに使いこなすかを学んでいきます。ChatGPTとCopilotは技術的に同種のAIモデルを利用しており、近い将来、私たちがCopilotを使い始めたときに見せる挙動を、擬似的に体験することが可能です。実務の先取りが大好きな読者の皆様に向けて、これらの機能の活用事例を紹介していきます。

02

API連携

FILE：Chap6-02.xlsx

ChatGPT for Excelを使う準備をしよう

ExcelとChatGPTをAPI連携する

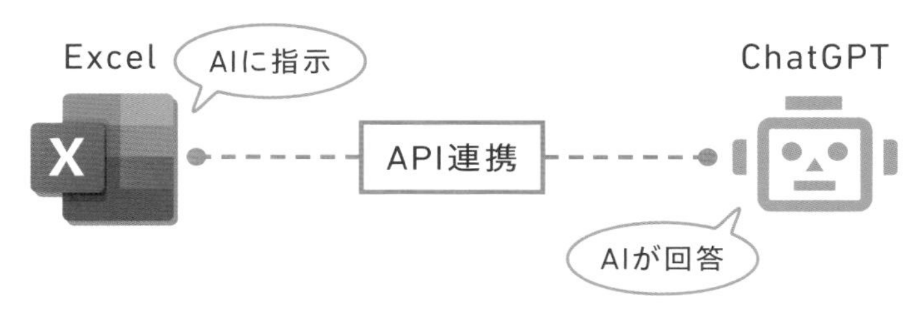

ChatGPT for Excelを使う前準備

OpenAI社が開発したChatGPTを、Excelの中で用いるためには、相互のツールを連携させる必要があります。これを「API連携」と呼びます。
APIとは、Webサービスをアプリケーションに組み込んで利用するための仕組みのことです。たとえば、食べログという飲食店を探せるサービスを思い出してください。食べログには、お店の位置情報を伝えるための地図が載っていますね。これは、Googleマップという別サービスを食べログに組み込むことで、食べログ上でGoogleマップを参照する機能を実現しています。ここまで説明したようなAPI連携を行うことで、ChatGPTの機能をExcelに組み込めるのです。

API連携を行うためには、まず「APIキー」と呼ばれる文字列を取得する必要があります。APIキーは、APIを利用するためのIDだと思ってください。
それでは、ChatGPT for Excel をインストールしたうえで、OpenAI社のAPIキーを取得して、ExcelにAPI連携する方法を学んでいきましょう！

POINT :

1 ChatGPT for Excelを利用するにはAPI連携が必要

2 API連携を行うと、Excel内でChatGPTへの指示を行える

3 API連携を行うためにはAPIキーの発行が必要

MOVIE :

https://dekiru.net/ytex602

ChatGPT for Excelをインストールする

ChatGPT for Excelは、Excelに後から追加するアドイン機能です。まずはアドインをインストールしましょう。

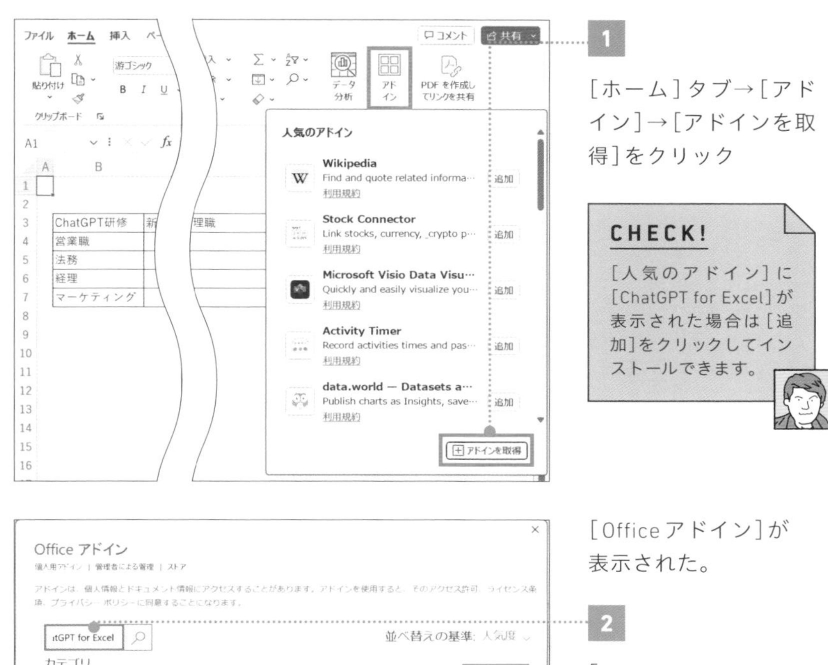

1 [ホーム]タブ→[アドイン]→[アドインを取得]をクリック

CHECK!

[人気のアドイン]に[ChatGPT for Excel]が表示された場合は[追加]をクリックしてインストールできます。

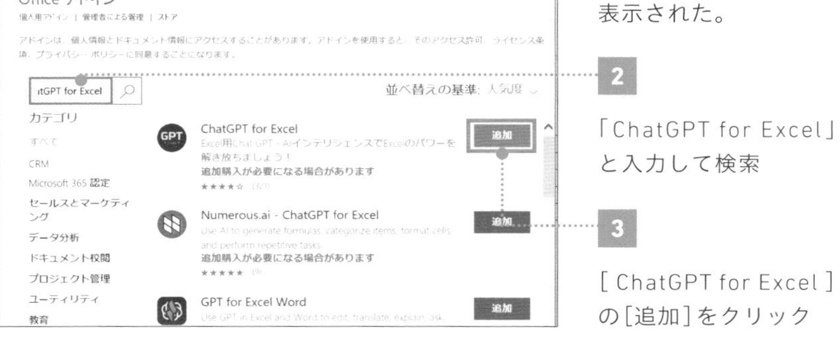

[Officeアドイン]が表示された。

2 「ChatGPT for Excel」と入力して検索

3 [ChatGPT for Excel]の[追加]をクリック

ChatGPT for Excel アドインが追加された。

▶ APIキーを取得する

ChatGPTのAPIキーを取得するには、OpenAIのサイト（https://openai.com/）にアクセスして、クレジットカードなどの情報を登録する必要があります。また、APIキーは外部に漏れると悪用されるおそれがあります。取得後は適切に管理しましょう。

1

Webブラウザで「https://openai.com/」にアクセスし、[Log in]をクリック

2

ログイン方法を選んでログインする

CHECK!

ChatGPTのアカウントを持っていない場合は、上記URLの[Sign up]から新規作成してください。

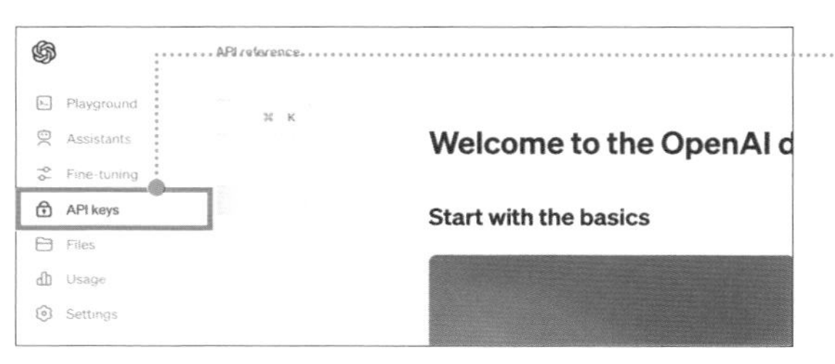

3

左側のメニューから[API keys]をクリック

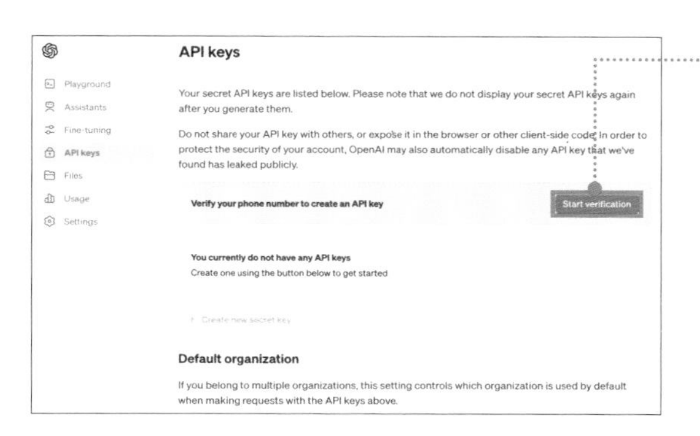

4

［Start verification］をクリックし、画面の指示に従ってAPIキーを取得する

CHECK!

APIキーの取得手順について詳しくはレッスン動画で解説しています。

API連携を行う

APIキーが取得できたら、Excelを開いてAPIの連携を行います。

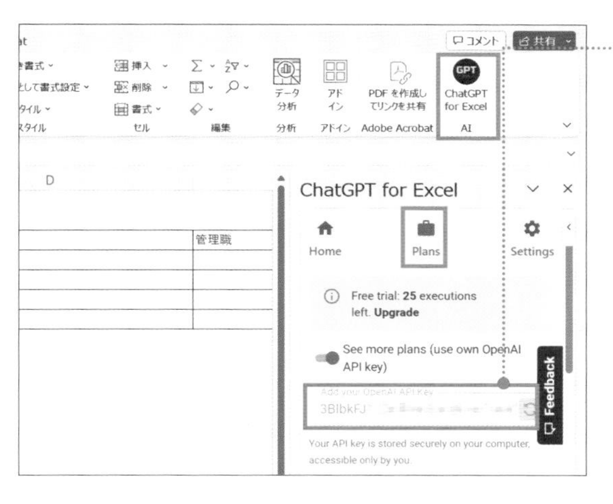

1

［ホーム］タブ→［ChatGPT for Excel］→［Plans］をクリックし、［Add your OpenAI API Key］にAPIキーを入力

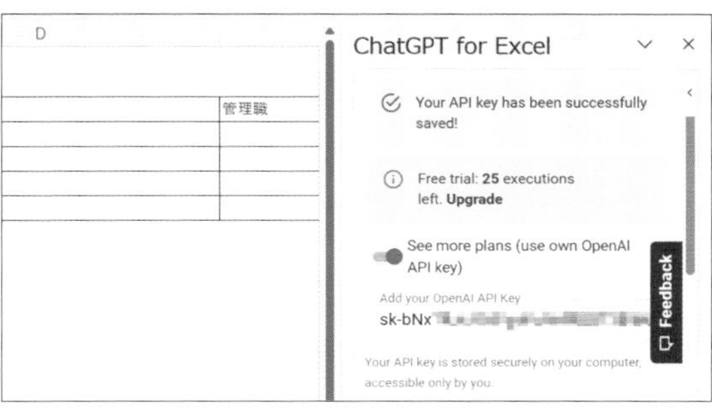

「Your API Key has been successfully saved!」と表示され、API連携ができた。

03

AI.ASK

FILE：Chap6-03.xlsx

ChatGPT for Excelでセルの値からメール文面を作成する

BEFORE

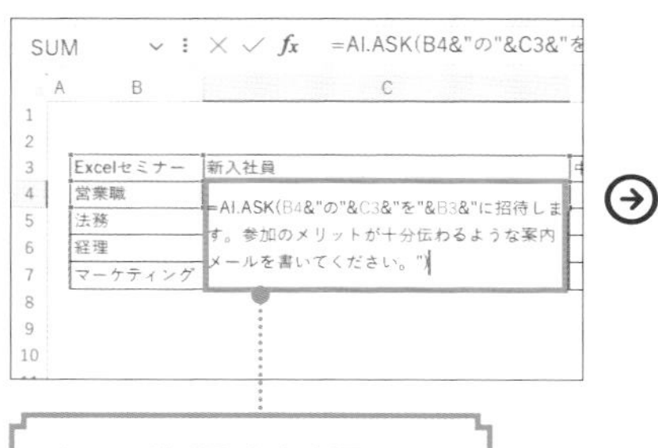

セル参照を活用してAIに指示を出す

AFTER

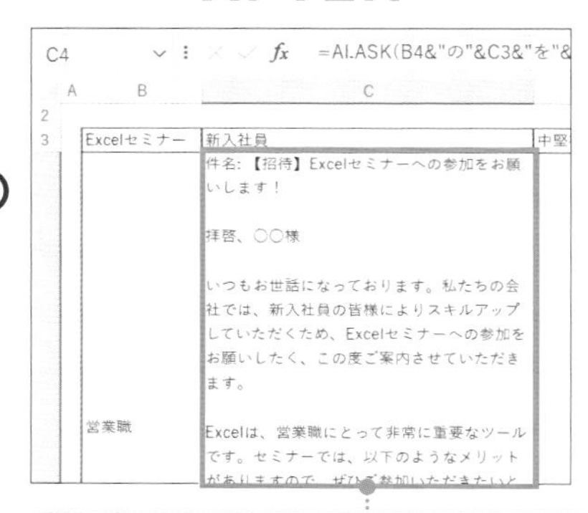

参照したセルの職種、階層向けの文章が生成された

▶ プロンプトの書き方をひと工夫しよう！

ここでは、前のレッスンでインストールしたChatGPT for Excelに用意されたAI.ASK関数を使って、セルに入力した情報から文章を生成します。使い方はいたってシンプル。引数に、普段使っている言葉（自然言語といいます）で指示を入れるだけです。また、このときにセル参照を組み込むことで、そのセルの情報をもとに生成させることも可能です。

ChatGPTなどの生成AIでは、チャット形式でAIに指示出しをしますよね。あの指示を引数に入れるイメージです。

POINT：

1 ChatGPT for ExcelをAPI連携すると、AI関数が使えるようになる

2 セル参照との組み合わせが、AI.ASK関数のポイント

3 実務での活用法をYouTubeで発信中

MOVIE：

https://dekiru.net/ytex603

Excel上でChatGPTに回答させる

AI.ASK（prompt）（エーアイアスク）

引数［prompt］に、ChatGPTへの指示文（プロンプト）を入力すると、セルに生成結果を表示する。

〈 数式の入力例 〉

=AI.ASK（"新入社員向けのExcelセミナーの案内メールを書いてください"）

ChatGPTにメールの文面を自動生成させる

ChatGPT for Excelでは、AI.ASK関数を利用して、ChatGPTに文章を生成させることが可能です。ここではセル参照を用いて、営業職の新入社員向けに、Excelセミナーの案内をするメールの文章を生成させましょう。

=AI.ASK（B4&"の"&C3&"を"&B3&"に招待します。参加のメリットが十分伝わるような案内メールを書いてください。"）

1 セルC4に上の数式を入力

CHAPTER 6

ChatGPTでExcel仕事をさらに効率化する

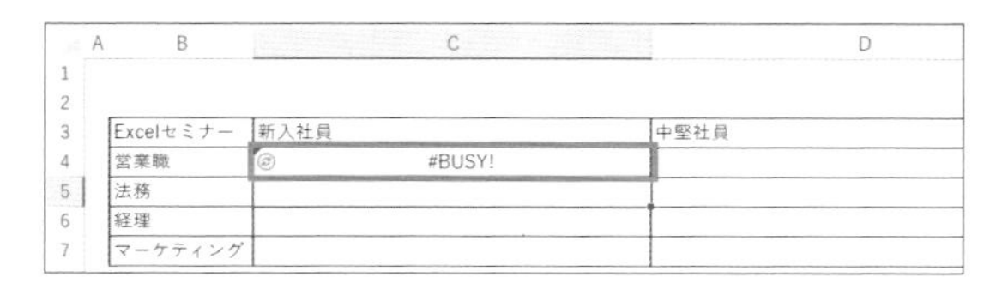

「#BUSY!」と表示されるため、そのまましばらく待つ

B	C	D
Excelセミナー	新入社員	中堅社員
営業職	件名:【招待】Excelセミナーへの参加をお願いします! 拝啓、〇〇様 いつもお世話になっております。私たちの会社では、新入社員の皆様によりスキルアップしていただくため、Excelセミナーへの参加をお願いしたく、この度ご案内させていただきます。 Excelは、営業職にとって非常に重要なツールです。セミナーでは、以下のようなメリットがありますので、ぜひご参加いただきたいと思います。	

指定した社員向けの案内メールの文章が生成された

CHECK!

AIが生成した文章には誤った内容が含まれている可能性があるため、内容をチェックしたうえで利用しましょう。

▶ セル参照を活かして、場合ごとの文章を自動生成する

ここまでで行った文章生成は、ブラウザ版のChatGPTでも同様の生成ができます。ChatGPT for Excelを使うメリットは、セル参照をうまく活かすことで、場合ごとの文章生成を容易にできることです。ここでは、オートフィルを使って「営業職」「経理」などの職種や、「新入社員」「中堅社員」などの階層に応じた案内メールの文章を生成させてみましょう。

=AI.ASK ($B4&"の"&C$3&"を"&$B$3&"に招待します。参加のメリットが十分伝わるような案内メールを書いてください。")

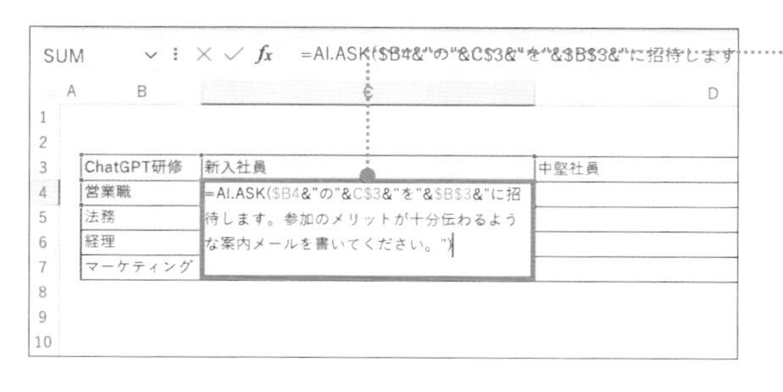

1 セルC4に上の数式を入力

CHECK!

オートフィルで、職種はB列、階層は3行目を参照させたいため、職種では列のみ、階層では行のみを絶対参照しています（44ページ参照）。

ChatGPT研修	新入社員	中堅社員	管理職
営業職	@ #BUSY!	@ #BUSY!	@ #BUSY!
法務	@ #BUSY!	@ #BUSY!	@ #BUSY!
経理	@ #BUSY!	@ #BUSY!	@ #BUSY!
マーケティング	@ #BUSY!	@ #BUSY!	@ #BUSY!

2 セルC4の数式をE7までコピー

ChatGPT研修	新入社員	中堅社員	管理職
営業職	件名：ChatGPT研修へのご招待 拝啓　〇〇様 私たちの会社では、新入社員の皆様により良いビジネスパーソンとして成長していただくため、様々な研修プログラムを用意しております。その中でも、今回は特に注目の研修プログラムをご案内させていただきます。 それは、ChatGPT研修です。ChatGPTとは、人工知能を活用したチャットボットのことで、最近では多くの企業が導入し、顧客対応や業務効率化に大きな効果をもたらしています。 この研修では、ChatGPTを活用した顧客対応や営業活動の方法を学ぶことができます。具体的には、ChatGPTを使った顧客対応のシミュレーションや、営業メールの作成方法などを実践的に学ぶことができます。また、ChatGPTを活用することで、よりスムーズなコミュニケーションが可能になるため、顧客との信頼関係を築く	件名：ChatGPT研修へのご招待 拝啓　〇〇様 いつもお世話になっております。私たちの会社では、新しいコミュニケーションツールとして注目を集めているChatGPTを活用した研修を開催することになりました。 ChatGPTとは、人工知能を活用したチャットボットのことで、自然言語処理技術を駆使して人間との会話を行うことができます。今回の研修では、ChatGPTを活用したコミュニケーションの方法や、顧客とのやり取りでの活用方法などを学ぶことができます。 この研修には、当社の中堅社員の皆様を対象にご招待させていただきます。参加いただくことで、以下のようなメリットがあります。 ・ChatGPTを活用したコミュニケーションのスキルアップが図れる	件名：【ChatGPT研修】営業職の管理職の皆様へご案内 いつもお世話になっております。私たちの会社では、今後ますます重要性が高まるChatGPT（チャットジーピーティー）に関する研修を開催することになりました。 ChatGPTとは、人工知能を活用したチャットボットの一種であり、顧客とのコミュニケーションをよりスムーズかつ効率的に行うことができる画期的な技術です。今後、顧客とのコミュニケーションはますますオンライン化が進み、ChatGPTを活用することで顧客満足度の向上や業務効率化が期待できます。 そこで、私たちは営業職の管理職の皆様を対象に、ChatGPT研修を開催することにしました。この研修に参加することで、以下のようなメリットがあります。 ・ChatGPTの基礎知識や活用方法を学ぶことが
	件名：【重要】ChatGPT研修へのご招待 拝啓　企業法務部の皆様	件名：ChatGPT研修へのご招待 尊敬する〇〇様	件名：ChatGPT研修へのご招待 尊敬する法務の管理職の皆様へ、

職種や階層ごとの案内メールの
文章が生成された。

理解を深めるHINT

AI.ASK関数以外のChatGPT for Excelの関数

ChatGPT for ExcelにはさまざまなAI関数が用意されています。たとえばAI.FILL関数は、事前に入力されたデータから文脈を類推して空白のデータを自動的に埋めてくれる機能です。たとえば、セルA1に「Ctrl+C」、セルB1に「コピー」、セルA2に「Ctrl+V」、セルB2に「貼り付け」と入力されている際に、セルA3に「Ctrl+S」と入力されていたとします。このとき、AI.FILL関数は「ショートカットの関係性だな」と判断して、セルB3に「保存」という値を返します。データ入力の省力化に貢献してくれる優れものですね。

04

関数の疑問を解消

わからない関数はChatGPTに聞く

具体例を挙げて説明してくれる

ChatGPT

もちろんです。以下に、より簡単な例を挙げて説明します。

想像してみてください。あるプロジェクトの作業が、2023年1月1日（日曜日）から2023年1月7日（土曜日）までの期間に行われるとします。ただし、週末（土曜日と日曜日）および祝日は作業日ではありません。

この場合、`NETWORKDAYS.INTL`関数を使って、このプロジェクトの営業日の数を計算できます。関数は次のようになります。

```excel
=NETWORKDAYS.INTL("2023/1/1", "2023/1/7", 1, {"2023/1/2","2023/1/6"})
```

ChatGPTが数式の意味をわかりやすく解説してくれる

▶ 難しい関数の意味を一発で解決！

「引き継ぎで渡されたExcelファイルの数式が、関数だらけで解読できない……」という悩みを実務で抱えたことはありませんか？　知らない関数の意味や書式を確認するのは時間がかかる大変な作業です。しかしChatGPTを用いれば、このお悩みも次の3ステップで解決できます。具体的には「①この数式の意味を解説してください」「②もっと簡単な事例で解説してください」「③Excelの表で表現するとどうなりますか」の3つです。それでは実際に各ステップについて解説していきます。

POINT：

1 ChatGPTに難しい数式の説明をさせる

2 理解しやすい、簡単な事例に落とし込む

3 表の形式で説明させることも可能

MOVIE：

https://dekiru.net/ytex604

数式の意味を解説させる

まずは、ChatGPTに指示して、難しい数式の意味を解説させます。ここでは、「NETWORKDAYS.INTL」という関数を含めた数式の意味を解説させてみましょう。

以下の数式の意味を解説してください。
NETWORKDAYS.INTL（E73,E74,1,D77:E78）

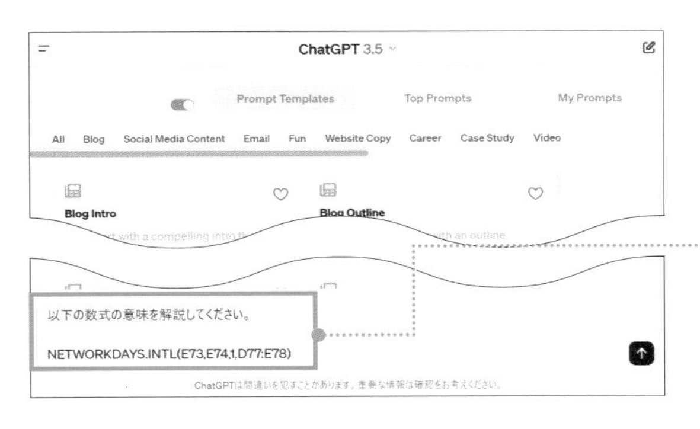

ChatGPTのWebページ（https://chat.openai.com/）にアクセスし、ログインしておく。

1 チャット欄に上のテキストを入力して Enter キーを押す

ChatGPT
この数式は、Microsoft Excelの関数であり、特に`NETWORKDAYS.INTL`関数です。この関数は、指定された範囲内の営業日の数を計算します。以下に数式の各部分を解説します。

- `E73`：営業日の範囲の開始日を示すセル（例えば、開始日が2023年1月1日など）。
- `E74`：営業日の範囲の終了日を示すセル（例えば、終了日が2023年12月31日など）。
- `1`：週の開始日を示す数値。ここでは1が指定されており、これは週の始まりが日曜日であることを意味します。他の値（2から7）を指定すると、週の始まりがそれに対応する曜日になります。
- `D77:E78`：祝日の範囲を示すセルの範囲。これには範囲内の祝日が含まれています。

この関数は、指定された範囲内の開始日から終了日までの営業日の数を計算します。週末や祝日は除外され、範囲内の営業日のみが数えられます。

Share Save

数式の意味を解説する文章が生成された。

CHECK!
ChatGPTの生成結果は毎回異なりますが、同じプロンプトを入力すれば、おおむね同じ意味の内容が生成されます。

▶ より簡単な事例で解説させる

ChatGPTが解説した文章を読んだだけでは、まだ理解が難しいこともよくあります。続けて、よりわかりやすい例で解説させましょう。

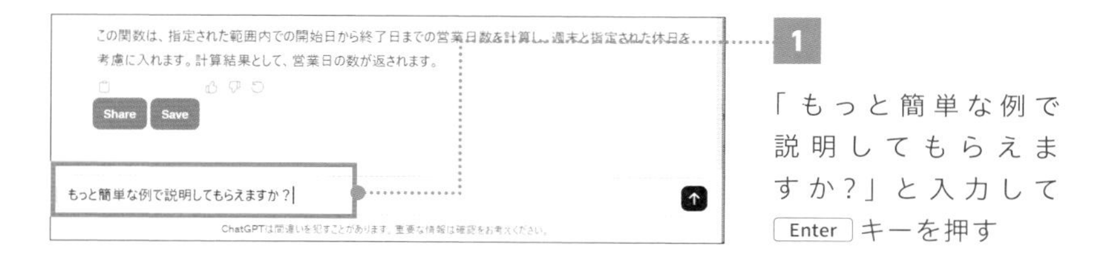

1 「もっと簡単な例で説明してもらえますか？」と入力して Enter キーを押す

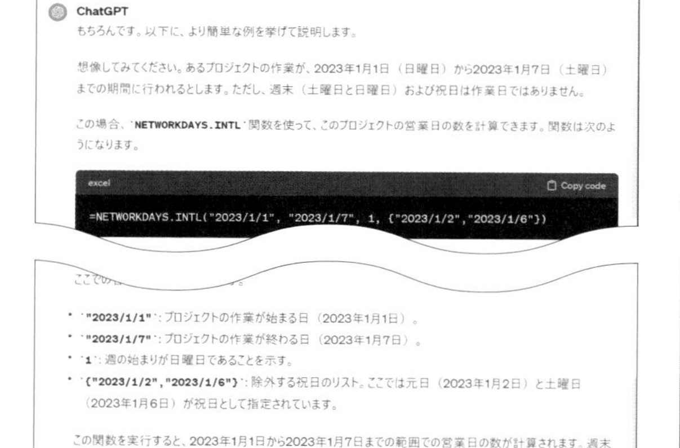

より簡単な例を用いた説明が出力された。

CHECK!

数式が表示された部分の右側にある［Copy code］をクリックすると、表示された数式をコピーできます。

▶ Excelの表で表現させる

最後に、よりイメージしやすいように、Excelの表の形式で表現させましょう。ChatGPTは単なる文章の形式だけではなく、表の形式でも出力が可能です。

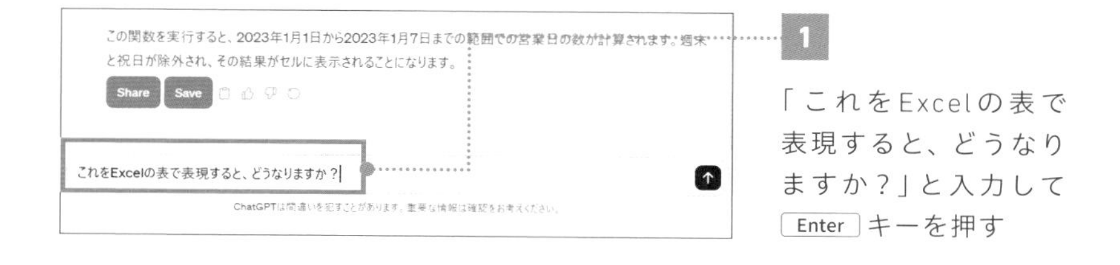

1 「これをExcelの表で表現すると、どうなりますか？」と入力して Enter キーを押す

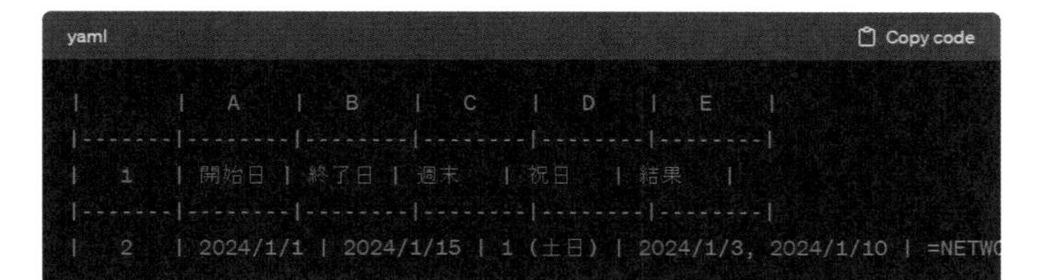

表の形式で説明が出力された。

文章だけの説明だとイメージしにくい場合でも、実際のExcelの表と同じ形式で説明させれば理解しやすくなりますね。

理解を深めるHINT

難しいマクロを読み解くこともできる

難しい数式を簡単に理解できるのなら、マクロを理解するのにも役立ちそうです。個人情報が含まれていないことを前提にコードをChatGPTに貼り付けて「コードについて概要を教えてください」と聞くと、きちんと教えてくれます。さらに「先ほどのコードについて簡潔なドキュメントをください」とお願いすれば、引継ぎ書にそのまま利用できるようなドキュメントを返してくれます。

```
(General)
Sub ExportPDF()
    Dim ws2 As Worksheet, ws1 As Worksheet
    Dim fName As String, fPath As String
    Dim i As Integer

    Set ws2 = ThisWorkbook.Sheets("Sheet2")
    Set ws1 = ThisWorkbook.Sheets("Sheet1")

    fPath = ThisWorkbook.Path & "¥"

    For i = 3 To 5
        ws1.Range("B2").Value = ws2.Range("B" & i).Value

        fName = ws2.Range("B" & i).Value & ".pdf"

        ws1.ExportAsFixedFormat Type:=xlTypePDF, _
                                Filename:=fPath & fName, _
                                Quality:=xlQualityStandard, _
                                IncludeDocProperties:=True, _
                                IgnorePrintAreas:=False, _
                                OpenAfterPublish:=False

    Next i

    MsgBox "PDF出力が完了しました。"
End Sub
```

このコードは、Excel VBAによって、ワークシートの特定のセルの値に基づいて、PDFファイルを作成するマクロです。

具体的には、このコードでは、シート2のB列の3行目から5行目までのセルの値を取得し、シート1のB2セルに代入しています。そして、シート1をPDFファイルにエクスポートし、そのファイル名をシート2のB列の値に基づいて設定します。

このコードでは、`ExportAsFixedFormat`メソッドを使用して、ワークブックをPDFファイルに変換しています。このメソッドは、Type、Filename、Quality、IncludeDocProperties、IgnorePrintAreas、およびOpenAfterPublishの6つの引数を受け取ります。

マクロの読解にも活用すればさらに業務を効率化できる

05

数式の簡略化

複雑な数式はChatGPTでシンプルに！

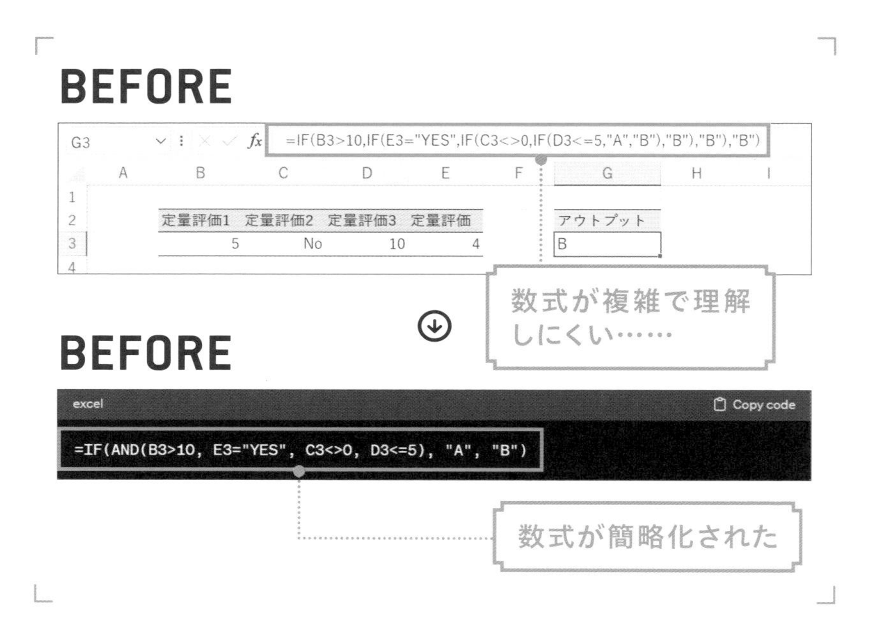

難しい関数はChatGPTに書き換えてもらおう

前のレッスンでは、複雑な数式の意味を読み解く方法をお伝えしました。本レッスンでは、複雑な数式をより簡単なものに書き換える方法を学んでいきましょう。ChatGPTに対して「次の数式を、もっと簡単にできますか？」といったシンプルな問いを投げてみましょう。そのうえで、ChatGPTが返してくる文章に制約条件があった場合は「その制約を無視して考えてください」といったような指示を続けます。必ずしも同じ回答が返ってくるわけではなく、何往復かやりとりする必要がある場合もありますが、トライアンドエラーで実行してみましょう。

POINT：

1 複雑な数式の書き換えにも ChatGPTは活用できる

2 毎回同じ出力がされるわけではない

3 やりとりを繰り返しながら自分の得たい回答を導く姿勢が大切

MOVIE：

https://dekiru.net/ytex605

複雑な数式を簡略化する

業務で扱うExcelファイルには、長く複雑な数式が記載されていることがあります。ChatGPTを活用して簡略化しましょう。

以下のExcelの式をもっと簡単にしてください。
#式
=IF(B3>10,IF(E3="YES",IF(C3<>0,IF(D3<=5,"A","B"),"B"),"B"),"B")

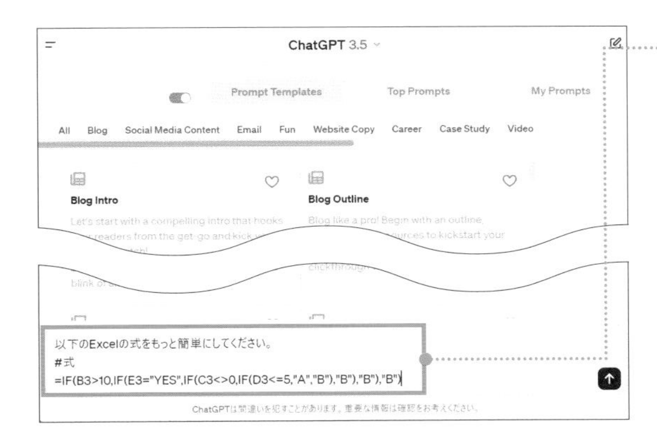

1

ChatGPTのWebページ（https://chat.openai.com/）にアクセスし、チャット欄に上のテキストを入力して Enter キーを押す

簡略化された数式が生成された

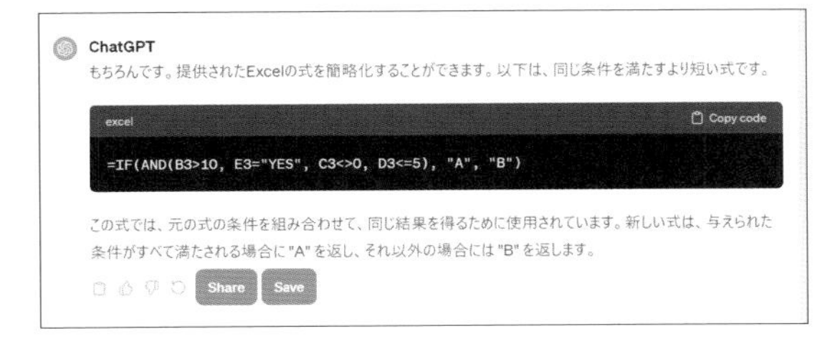

CHECK!

ChatGPTが「元の式の論理構造を維持したまま、少し簡略化します」などと回答して複雑な数式を出力した場合は、「論理構造を維持しなくてもよいので、もっと簡単にできますか？」と入力して、より簡略化した式を出力させましょう。

COLUMN

もっとChatGPTを活用するには。

私たちユースフルが、日頃ChatGPTを用いるうえで、とくに意識している業務要件は以下の3つです。当てはまるものが多いほど、削減できる時間が大きくなります。

①文字列データを扱う　②定期的に発生する　③過去の成果物がある

私たちユースフルでは、毎日定刻にYouTubeに投稿しているMicrosoft講義動画の内容に関するクイズを生成する際にChatGPTを活用しています。以前は担当者が1つの問題を作成するのに1時間以上かけていました。動画内容のチェック、つまずくポイントの理解、得た知識をもとに問題と解答を作成、という業務フローを定期的に回していたのです。ChatGPT活用によりこのフローは10分ほどで済むようになりました。このインパクトは計り知れません。50分×365日分としたときに、年間300時間ものコスト削減効果がある取り組みでした。売上を作る時間にも充てられるため、PLインパクトはさらに大きなものになります。

なお、ChatGPTは有料版にするとモデルの精度を上げられます。私たちが検証したExcel実務におけるChatGPTの利活用において、とくに効果が現れたのはマクロのコード生成です。無料版ではなかなか理想的なコードが出てこない一方、有料版では癖はあるものの、動くコードが生成される確率が著しく高まりました。現時点におけるChatGPTや生成AIは、Excelなどと同様に、業務効率化をするための1つのツールとして極めて有効なツールです。上述の通り、ChatGPTが得意な領域が何かを見定め、実務活用していくことがポイントです。逆に対比構造として、定期的に発生する数字データの分析は、ChatGPTではなくExcelが得意とするのだな、ということを理解したうえで、本書で学んだ機能や関数、パワークエリやパワーピボットを用いることで、大きな業務効率化が実現できることを心に留めておきましょう。Microsoftツールを用いて働き方を変えた成功体験のある皆様だからこそ、AI仕事術についても楽しみながら学びを深めることができると確信しています。

INDEX

機能名やキーワードから知りたいことを探せます。

記号・数字

アルファベット

ア

カ

サ

タ

ナ

ハ

マ

ヤ

ラ

ワ

ユースフル / スキルの図書館

ユースフルチャンネルは「明日の働き方を変える」をテーマに、個人が抱えるキャリアやスキルの悩み、経営人事が抱えるAI活用、DX人材育成の悩みに対するお役立ちコンテンツをお届けしています。ChatGPTやMicrosoft CopilotなどのAI仕事術の他、Excel・Word・PowerPoint・Access・Outlook・GoogleなどのIT仕事術、法人の経営陣や育成担当者のインタビューなど、現代に求められるビジネスのコアスキルが体系的に学べます。

長内孝平 おさない こうへい

Microsoft技術を中心に法人向けDXサービスを展開する、Youseful（ユースフル）株式会社代表取締役。米ワシントン大学留学、神戸大学経営学部を卒業後、新卒で伊藤忠商事株式会社に入社。2021年から3年連続でMicrosoft社公認のMVPを受賞し、365やCopilotの開発現場に日本からフィードバックを行う役割を務める。

STAFF

カバーデザイン	tobufune
カバー写真	渡 徳博
本文デザイン	大上戸由香（nebula）
本文イラスト	野崎裕子
校正	株式会社トップスタジオ
デザイン制作室	鈴木 薫
制作担当デスク・DTP	柏倉真理子
編集協力	鹿田玄也
副編集長	田淵 豪
編集長	藤井貴志

本書は、Excelを使ったパソコンの操作方法について2024年2月時点の情報を掲載しています。紹介している内容は用途の一例であり、すべての環境において本書の手順と同様に動作することを保証するものではありません。本書の利用によって生じる直接的または間接的被害について、著者ならび、弊社では一切責任を負いかねます。あらかじめご了承ください。

■ 商品に関する問い合わせ先

このたびは弊社商品をご購入いただきありがとうございます。本書の内容などに関するお問い合わせは、下記のURLまたは二次元バーコードにある問い合わせフォームからお送りください。

https://book.impress.co.jp/info/

上記フォームがご利用いただけない場合のメールでの問い合わせ先

info@impress.co.jp

※お問い合わせの際は、書名、ISBN、お名前、お電話番号、メールアドレス に加えて、「該当するページ」と「具体的なご質問内容」「お使いの動作環境」を必ずご明記ください。なお、本書の範囲を超えるご質問にはお答えできないのでご了承ください。

- 電話やFAX でのご質問には対応しておりません。また、封書でのお問い合わせは回答までに日数をいただく場合があります。あらかじめご了承ください。
- インプレスブックスの本書情報ページ　https://book.impress.co.jp/books/1123101093 では、本書のサポート情報や正誤表・訂正情報などを提供しています。あわせてご確認ください。
- 本書の奥付に記載されている初版発行日から3年が経過した場合、もしくは本書で紹介している製品やサービスについて提供会社によるサポートが終了した場合はご質問にお答えできない場合があります。

■ 落丁・乱丁本などの問い合わせ先

FAX 03-6837-5023

service@impress.co.jp

※古書店で購入されたものについてはお取り替えできません。

増強改訂版　できるYouTuber式

Excel 現場の教科書

2024年3月1日　初版発行

著者　ユースフル（長内孝平）

発行人　高橋隆志

発行所　株式会社インプレス

〒101-0051　東京都千代田区神田神保町一丁目105番地

ホームページ　https://book.impress.co.jp/

印刷所　株式会社 暁印刷

ISBN 978-4-295-01864-3　　C3055

Printed in Japan